岩土工程规范杂议

付文光　著

U0249088

中国建筑工业出版社

图书在版编目（CIP）数据

岩土工程规范杂议/付文光著. —北京：中国建筑
工业出版社，2016.7
ISBN 978-7-112-19556-5

Ⅰ.①岩…　Ⅱ.①付…　Ⅲ.①岩土工程-文集
Ⅳ.①TU4-53

中国版本图书馆 CIP 数据核字（2016）第 146186 号

　　本书选取了典型的三十余部岩土工程规范，对其在应用过程中容易产生疑惑的规范条文的背景、依据、理由等进行深入挖掘，帮助读者理解条文所要表达的准确意思并能在工程实践中灵活应用。本书共分 16 章，第 1～2 章总结了岩土工程规范相关基础知识、国内外岩土规范在技术与管理体制上的差异，第 3～15 章结合工程实践经验及理论研究成果对岩土工程规范条文进行了深入的思考，第 16 章是对规范编制及执行的期盼。

　　本书适合从事岩土工程勘察、设计、施工、审图、管理等相关人员学习参考。

责任编辑：杨　允
责任设计：李志立
责任校对：王宇枢　张　颖

岩土工程规范杂议
付文光　著
*
中国建筑工业出版社出版、发行（北京西郊百万庄）
各地新华书店、建筑书店经销
北京科地亚盟排版公司制版
北京建筑工业印刷厂印刷
*
开本：787×1092 毫米　1/16　印张：15¼　字数：321 千字
2016 年 9 月第一版　2016 年 12 月第二次印刷
定价：**40.00** 元
ISBN 978-7-112-19556-5
（28741）

自　序

（1）

为什么要写这本书？

我毕业后即从事岩土工程，早先的十多年里，和绝大多数工程技术人员一样，对工程中各种规范、规程、规定、规则、导则、实施细则、标准、指南、图集、方法、决定、要点、条例、技术要求等技术标准（本书中统称为规范）一直奉若神明、高高在上，偶有不惑，皆归因于自己技术水平低下，对规范不敢有丝毫怀疑。直到十一二年前，作为某项地基处理工程的项目经理，我严格按相关规范施工，检测结果却不尽人意，心里很是不服气。百思不得其解之后，开始对规范产生疑惑。随着实践经验越来越多，疑惑也越来越多。有时与同行们交流一下，发现无论是勘察、设计、施工，还是检测、监测、验收，不能完全理解及执行规范者远不止我一人，这加重了我的疑惑。后来有机会参加全国性学术会议，与各地学者交流发现，同感者大有人在，于是更加疑云重重。

狐疑中，偶然发现了清华大学李广信教授所著《岩土工程20讲—岩坛漫话》一书，拜读后恍然大悟：原来顶尖专家们的观点是分流派、有分歧的，规范不可能采纳所有观点，有不同于规范的观点或对规范有不同的理解是正常的！顺藤摸瓜学习了张在明、顾宝和、高大钊、陈祖煜、龚晓南、张旷成等方家鸿儒们关于岩土工程规范的数篇大作，如醍醐灌顶；近几年又有幸参加了几本规范的编写，终于算是揭去了罩在规范上的那层神秘面纱。

胆气不由得壮了起来。掐指一算，工作二十余年，负责过的大大小小的岩土工程设计咨询项目二三百个、施工项目五六十个、勘察项目三四十个、检测监测项目二三十个、其他类项目数十个，自诩也算是身经百战，便给自己发了一张能够代表长期摸爬滚打在一线的工程技术人员的资格证，借各规范编制征求意见之机，前前后后写了二十余份意见书表达了草根阶层的敬仰与疑惑。均泥牛入海，不见回音，也未见些许采纳。郁闷，叹人微言轻。

我本一介懦弱书呆，擅长逆来顺受忍气吞声，如果不因某事，不愿、也不敢公开表达对规范的疑惑。那是个基坑支护工程，设计方案为排桩加内支撑，桩间设旋喷桩止水挡土。施工者偷工减料，桩间旋喷桩及护面混凝土中的钢筋均未做，一场暴雨中，桩间土随素面层大面积崩落，引发安全事故。政府主管部门事故调查，查阅计算书，发现一级基坑抗隆起安全系数为1.76，不是某规范要求的1.8，便以设计不满足规范为由拟处罚。我作为设计人忿忿不平：第一，桩间土侧漏，与基坑是否隆起无关；第二，基坑尚未开挖到底，此时抗隆起安全系数远不止1.76；第三……官员一句话就将我雷倒：处罚的，是设计不满足规范这种行为！我一时脑梗，弱弱地说：某规范中一级基坑抗隆起安全系数指标为1.6，某某规范为1.4，1.8未必合理，而且1.76四舍五入即为1.8……官员摇头：规范之间矛盾时，以严格的为准。至于1.8合理不合理，我们也不懂，你说了也不算，规范这么写的，就得这么执行，对吧？无语，泪奔。不满足规范这根大棒，不知道抢倒过多少江湖好汉！

神经受到了强烈刺激，我要抗议。趁没人注意，夯着胆子悄悄写了两篇论文，对某些岩土规范条文说三道四了一番。未见有人拎板斧上门，就又断断续续发表了数篇，很是发泄了一通不解、不满及不甘，精神上得到了阿Q式的满足。

岩土江湖中，我不过一小虾米，以为事情无声无息地就过去了，不料被建工出版社的编辑杨允先生眼尖瞧见，认为有些吐槽还是有些内涵的，建议修整成书。我胆怯。杨先生鼓励再三：学术界就该百家争鸣，不同声音有利于技术进步。我怦然心动，顺杆爬上，点头称是，曰范仲淹不是说了吗，宁鸣而死，不默而生，为明辨是非，我甘做另类，纵被围观践踏淹口水也在所不辞，云云。好吧，我承认这些高大上的豪言壮语多是瞎扯淡，主要还是被某些规范条文踩着了尾巴，疼。

仍有心无胆，担心有二：一怕惹恼了有关专家使我以后难再行走于江湖，二怕我之浅薄嘚瑟出来丢人现眼。我既非名门望族出身，又缺八斗五车才学，也没高瞻之眼界及熟虑之功底，一天到晚闷头干着工匠的活，积攒了点工程经验，观读规范犹如蛙之井底观天，狭隘、肤浅、片面、偏颇、无知在所难免甚或比比皆是，东施效颦，徒增笑料。同事张总工先笑了：别太把自己当根葱。像你这样的草根一抓一大把，人家才懒得理呢。再说了，你身为跪族（跪着挣钱一族）多年，尊严早已扫地，再丢脸还能丢到哪儿去。是啊，不能以我等之心度君子之腹，编写规范的专家我也识得一些，多具高僧大德之德才、闻过则喜之胸襟，谁会和我计较什么呢！

于是挽袖甩膀开干，两年多时光码成此书。自知虽是殚精竭虑、绞尽脑汁，仍难登大雅之堂，聊表心意吧。

（2）

这本书写了点儿啥？

和很多人一样，本人在使用规范的过程中，对一些条文的准确性、适用性、严谨性、合法性、协调性、时效性、针对性、逻辑性、全面性、松紧度或者来源、目的、作用等，产生了一些疑惑。本书尽量去寻找这些条文的背景、依据、理由或作用，力图去理解条文要表达的准确意思；实在理解不了就提出自己的观点；没观点就提出自己的疑惑，期待着能有人解答。因非正解，故为杂议。

这些条文有二百多条，来自三十余部规范。一个普通岩土工程师工作中所用到的工程规范，国标及行标有二百多本；还有若干地标，如北上广深地区各有几十本；如果再计上产品标准（国标及行标），大多地区都有三四百本，其中常用的有近百本。本人水平及能力有限，不能一一深入学习、对照及思考，选择了认为较为典型的三十余部，包括：

① 地基基础设计规范类：

《建筑地基基础设计规范》GB 50007—2011；

《建筑地基基础设计规范》DBJ 15—31—2003；

《地基基础勘察设计规范》SJG 01—2010；

② 勘察工程规范类：

《岩土工程勘察规范》GB 50021—2001（2009 版）；

《高层建筑岩土工程勘察规程》JGJ 72—2004；

《市政工程勘察规范》CJJ 56—2013；

③ 桩基工程规范类：

《建筑桩基技术规范》JGJ 94—2008；

④ 地基处理及复合地基工程规范类：

《建筑地基处理技术规范》JGJ 79—2012；

《建筑地基处理技术规范》DBJ 15—38—2005；

《复合地基技术规范》GB/T 50783—2012；

⑤ 基坑工程规范类：

《建筑基坑支护技术规程》JGJ 120—2012；

《深圳市基坑支护技术规范》SJG 05—2011；

⑥ 边坡工程规范类：

《建筑边坡工程技术规范》GB 50330—2012；

《建筑边坡工程鉴定与加固技术规范》GB 50843—2013；

⑦ 锚杆及土钉墙等工程专项规范类：

《复合土钉墙基坑支护技术规范》GB 50739—2011；

《土钉支护技术规程》DBJ/T 15—70—2009；

《岩土锚固与喷射混凝土支护工程技术规范》GB 50086—2015；

《高压喷射扩大头锚杆技术规程》JGJ/T 282—2012；

⑧ 检测监测规范类：

《建筑基桩检测技术规范》JGJ 106—2014；

《建筑地基基础检测规范》DBJ 15—60—2008；

《建筑基坑工程监测技术规范》GB 50497—2009；

《建筑地基检测技术规范》JGJ 340—2015；

《深圳市建筑基桩检测规程》SJG 09—2015；

《工程测量规范》GB 50026—2007；

《建筑变形测量规范》JGJ 8—2007；

《工程测量基本术语标准》GB/T 50228—2011；

《通用计量术语及定义》JJF 1001—2011；

《锚杆检测与监测技术规程》JGJXX—201X（征求意见稿）；

⑨ 施工质量评价与验收规范类：

《建筑地基基础工程施工质量验收规范》GB 50202—2002；

《建筑边坡工程施工质量验收规范》GB 5XX—201X（征求意见稿）；

⑩ 施工安全规范类：

《建筑施工土石方工程安全技术规范》JGJ 180—2009；

《建筑深基坑工程施工安全技术规范》JGJ 311—2013。

这些规范按效力，大多数为强制性标准；按适用范围，有国标、行标及地标，行标主要为建筑行业的，地标仅限于深圳及广东地区的；按工程领域，主要为建筑行业；按工程建设阶段，大部分为设计环节，少部分为勘察、施工、检测与监测、质量验收、生产安全等内容；按时效，主要为近十年发布的现行规范，必要时参考了已废止版本及征求意见稿。书中从这些规范引用条文时不再一一注明。选择讨论条文时，主要选择严格程度为很严格及严格的条文，即用词为"必须、严禁、应、不应、不得、不可"的条文；表示稍有选择的条文，即用词为"宜、不宜、可"的条文，疑惑很大时也有挑选。

本书分为 16 章。第 1～2 章为对岩土工程相关知识及规范管理体制的一些理解，以作为后文的理解基础。第 3～15 章体现了本人对岩土工程技术的体会与思考，是二十多年工程实践经验及理论研究成果的总结，主观上是想尽量客观一些谈技术。从勘察及地基基础类规范中挑选的有关勘察的条文集中在第 4 章中，从桩基及地基基础类规范中挑选的有关桩基的条文集中在第 5 章中，以此类推；从安全类规范中挑选的条文分散在各章的"构造设计与施工"一节；各规范中的强制性条文可能是未来技术法规的雏形，所以特别挑选了一些集中在第 15 章；第 16 章是对规范编制及执行的一些想法与期盼。

（3）

这本书适合谁看？

理论派的？建议看看，看看现场是怎么把活干出来的，为什么有时没按规范的要求去做，规范里的哪些条文惹得现场干活儿的忿忿不平了。

实践派的？建议看看，看看某些理论是怎么回事，别被忽悠了，也别以为几个工程没出事就可以把自己的经验放之五湖四海皆真理了，要上升到理论高度去总结。张在明院士说：经验之果必须生长在理论之树上。

设计者？建议看看。不少依葫芦画瓢做出的设计方案乍看起来好像没啥大毛病，但所依据的理论是否准确，提出的技术要求是否合理，把握住重点了吗，不妨听听本书的说辞。

施工者？建议看看。别看施工队伍庞大人数众多，但在技术上能够仗义执言的恐怕没几个。看看本书吧，为什么施工质量达不到规范要求，为什么总受相关各方责备，不一定永远都是施工者的错。

审图者？建议看看。有时判断勘察设计文件违反了规范，说不定恰好是审图者或审勘察报告者没有全面准确理解规范的本意呢。

质量监督、工程监理、质量检验及监测等检查监督者……恳请看看。这些人往往执掌着评判使用者行为是否符合规范的生杀大权。

注册岩土工程师考生？考试前别看。咱有言在先，如果看了本书又信了书中的观点导致考试通不过，责任自负哦。

结构工程师等非本专业人士，建议对感兴趣的内容看看。岩土专业和结构专业不大一样，请用岩土的眼光看待岩土。

（4）

最后，照例秀把谦虚。谦辞打油如下：

原本门外汉，混在岩土里，每日奔波苦，节假不得息。

项目做不少，施工又设计，应用经验多，理论水平低。

才疏学也浅，眼低手亦低，区区一工匠，舞文谈何易。

言辞或过激，实无伤人意，若是肯拍砖，感激至零涕。

恳请不吝者赐教至本人邮箱：zgjy1992@126.com。

付文光

2016 年 5 月于深圳

目　　录

自序

第1章　岩土工程及岩土工程设计法 ················· 1

　1.1　岩土的概念及工程特点 ···················· 1

　1.2　岩土工程设计法 ······················· 7

　　参考文献 ························· 13

第2章　岩土工程技术标准及标准管理体制 ············· 14

　2.1　国内外关于技术标准的若干名词术语 ·········· 14

　2.2　国内外岩土工程技术标准特点比较 ············ 16

　2.3　国内外工程建设标准管理体制的差异 ·········· 18

　　参考文献 ························· 20

第3章　若干名词术语与承载力的值态 ··············· 21

　3.1　土钉墙 ··························· 21

　3.2　复合土钉墙 ························ 25

　3.3　其他名词术语 ······················ 27

　3.4　承载力的值态 ······················ 31

　　参考文献 ························· 40

第4章　勘察 ··························· 42

　4.1　专门性、专项性及单独勘察 ··············· 42

　4.2　勘探点密度 ························ 43

　4.3　地基承载力 ························ 45

　4.4　抗剪强度试验方法 ···················· 47

　4.5　若干小建议 ························ 49

　　参考文献 ························· 53

第5章　桩基 ··························· 54

　5.1　单桩承载力计算公式 ··················· 54

　5.2　长摩擦桩的有效长度 ··················· 58

　5.3　大直径桩的尺寸效应 ··················· 59

　5.4　抗拔系数 ··· 59

　5.5　人工挖孔桩的构造设计 ··· 60

　参考文献 ··· 61

第6章　地基处理 ··· 62

　6.1　地基承载力 ·· 62

　6.2　复合压缩模量 ·· 64

　6.3　是褥垫层，还是找平层？ ··· 66

　6.4　填土压实系数 ·· 69

　6.5　复合地基承载力计算公式 ··· 71

　6.6　构造设计与施工 ··· 74

　参考文献 ··· 76

第7章　边坡 ··· 77

　7.1　边坡安全等级 ·· 77

　7.2　塌滑区范围估算公式与边坡破裂角 ·································· 78

　7.3　岩体等效内摩擦角 ·· 80

　7.4　查图表设计法 ·· 83

　7.5　锚喷面板作法的确定依据 ··· 87

　7.6　主动岩体压力修正系数 ·· 87

　7.7　岩体分类表 ·· 88

　7.8　适用范围 ··· 92

　7.9　构造设计与施工 ··· 95

　参考文献 ··· 96

第8章　基坑 ··· 98

　8.1　抗隆起验算公式 ··· 98

　8.2　基坑安全等级判定标准 ··· 104

　8.3　基坑变形控制标准 ··· 105

　8.4　拉锚式钢板桩 ··· 106

　8.5　规范的适用范围 ··· 107

　8.6　使用年限 ··· 108

　8.7　构造设计与施工 ··· 109

　8.8　四节一环保 ·· 116

　参考文献 ··· 117

目　录

第9章　锚杆 ···················· 118

9.1　锚固段的有效长度 ············· 118

9.2　水平刚度系数 ················ 119

9.3　裂缝验算 ···················· 121

9.4　止浆塞 ····················· 123

9.5　压力型锚杆的注浆体强度增大系数 ··· 125

9.6　抗浮锚杆整体稳定验算 ·········· 130

9.7　水泥土锚杆的防腐 ············· 130

9.8　构造设计与施工 ··············· 132

参考文献 ······················ 135

第10章　土钉墙 ················ 136

10.1　破坏模式种类 ··············· 136

10.2　整体稳定性 ················ 137

10.3　平移、倾覆与墙底压力 ········· 138

10.4　单钉拔出与设计抗拔力 ········· 140

10.5　杆体拔出、拉断与弯剪 ········· 146

10.6　钉间面层破坏 ··············· 147

10.7　钉头破坏 ·················· 149

10.8　局部稳定性 ················ 150

10.9　构造设计与施工 ············· 153

参考文献 ······················ 156

第11章　复合土钉墙 ············· 157

11.1　整体稳定性验算通用表达式及存在的差异 ··· 157

11.2　研究的技术路线 ············· 158

11.3　预应力锚杆复合土钉墙 ········· 159

11.4　截水帷幕复合土钉墙 ·········· 163

11.5　微型桩复合土钉墙 ············ 165

11.6　其他类型复合土钉墙 ·········· 167

参考文献 ······················ 168

第12章　静载荷试验 ············· 169

12.1　复合地基试验 ··············· 169

12.2　锚杆试验 ·················· 173

12.3　桩的抗拔试验结果与自重 ·················· 182

参考文献 ·················· 182

第 13 章　检测与监测 ·················· 184

13.1　方案论证 ·················· 184

13.2　检测监测方法的适用性 ·················· 184

13.3　项目选择 ·················· 187

13.4　数量、频率与量程 ·················· 190

13.5　基坑变形测量精确度 ·················· 192

13.6　检测、监测结果的评价及处理 ·················· 198

参考文献 ·················· 199

第 14 章　质量评价与验收 ·················· 200

14.1　相关验收规范主控项目设置的不足 ·················· 200

14.2　各分部分项工程中的主控项目设置 ·················· 202

14.3　主控项目指标的允许偏差水准 ·················· 206

参考文献 ·················· 208

第 15 章　强制性条文 ·················· 209

15.1　勘察 ·················· 209

15.2　边坡 ·················· 210

15.3　地基基础 ·················· 211

15.4　基坑 ·················· 212

15.5　复合地基 ·················· 214

15.6　桩基 ·················· 215

参考文献 ·················· 216

第 16 章　对规范的几许期盼 ·················· 217

16.1　对规范严格程度的再认识 ·················· 217

16.2　指令性规定 ·················· 218

16.3　指导性规定 ·················· 220

16.4　执行规范 ·················· 224

16.5　结束语 ·················· 227

参考文献 ·················· 228

致谢 ·················· 229

第1章 岩土工程及岩土工程设计法

1.1 岩土的概念及工程特点

1.1.1 岩石与岩体的概念及力学性质

地质学中，把在各种地质作用下，由一种或几种元素结合形成的具有一定化学成分及结构的化合物称为矿物；天然产出的、由一种或几种矿物按一定规律组成的自然集合体称为岩石；在地质历史过程中形成的、由结构面及结构体组成的、具有一定的结构并赋存于一定的地质环境中的地质体称为岩体。

岩石与岩体的概念不同，岩体＝岩石＋结构面。尽管岩石具有复杂的成分和结构，影响着岩体的工程地质性质，但通常被认为是一种材料，性质比较单一。岩体由各种各样的结构体及结构面组成，具有一定的结构和构造，形成过程中经受了构造变动、风化作用和卸荷作用等各种内外力地质作用，又生成了各种不同类型的结构面。这些原生的、构造的及次生的结构面，是不同方向、不同规模、不同形态以及不同特性的面、缝、层、带状的地质界面，具有不连续性、非均质性和各向异性，因此，不能以小型的完整的单块岩石作为岩体的代表。

岩体的力学性质首先取决于岩体结构类型与特征，其次是岩石（或结构体）本身的性质及岩体的赋存条件。（1）岩体中结构体的形状和大小多种多样，外形大致分为柱状、块状、板状、楔形、菱形及锥形6种。岩石的力学性质主要包括变形特征、流变特性及强度[1]，变形特性可分为弹性变形及塑性变形，流变特性包括蠕变、松弛、流动特征和长期强度，破坏类型可分为拉断破坏和剪断破坏两种基本形式，其强度分为抗压强度、抗拉强度及抗剪强度等。（2）结构面类型分为层理、层面、片理、沉积间断面等物质分异面，劈理、节理、断层面、顺层裂缝或错动面、卸荷裂隙、风化裂隙等破裂面，以及软弱夹层或软弱带、构造岩、泥化夹层、充填夹泥（层）等。结构面的特性主要有5方面：结构面的规模，通常从数十厘米到数十千米不等；结构面的形态，即平整度、光滑度；结构面的密集程度，反映了岩体的完整情况；结构面连通性，指在某一定空间范围内的岩体中，结构面在走向、倾向方向的连通程度；结构面的张开度和充填情况[2]。（3）岩体结构指岩体中结构面与结构体的组合方式，不同岩体结构类型具有不同的工程力学与地质特性（承载能力、变形、抗风化能力、渗透性等）。岩体结构的基本类型可分为整体状结构、块状结构、层状结构、碎裂状结构与散体状结构 5 类。整体状结构整体强度高，变形特征接近于各向同性的均质弹性体，变形模量、承载能力、稳定性、抗风化及抗渗透能力均较高；散体状结构节理裂隙很发育，岩体非常破碎，岩石强度很低，接近土类；其他 3 类岩体结构特性位于两者之间。（4）岩体赋存的环境条件直接影响与制约岩体力学性质。一般来说，岩体赋存的环境条件包括地应力、地下水及地温，地应力指存在于岩体中的自然应力，呈三维状态有规律分布而构成地应力场；对地下水在岩体中分布状态、活动规律及其对工程岩体稳定性影响等课题的研究形成了岩体力学的一个分支，即岩体水力学；地温的作用主要是促使岩体风化及力学性质蜕化，以及引起岩体发生热应力变化，但这方面的研究尚很少[3]，有志青年们不妨深入一下。

1.1.2　土与土体的概念及力学性质

一般认为，土是岩石风化后形成的大小悬殊的颗粒、在原地残留或经过不同的搬运方式、在各种自然环境中形成的堆积物；土体则是由土层组成的、具有一定结构形式并赋存于一定地质环境中的地质体。土体与土都是由颗粒（固相）、水溶液（液相）及气体（气相）组成的三相分散体系，颗粒间无联结或有微弱联结，就工程意义而言，可认为差别不大，从术语角度，目前只有“土力学”而没有“土体力学”名词，这与“岩石力学”与“岩体力学”并存的情况有些不同。实际上，土体与岩体也没有严格的界限，如土体可视为正在历经成岩作用的沉积岩，而岩体极度风化后则形成残积土。

土的力学性质主要是由土的物理性质和状态决定的。土通常由固、液、气三相组成，颗粒大小和矿物成分差别很大，三相间的比例差别很大，颗粒与水溶液之间有着复杂的物理化学作用，三相组成性质、比例以及土体的结构和构造等与其形成的年代及成因有关的各种因素，决定了土的轻重、疏密、干湿、软硬等一系列物理性质和状态。

土的三相组成物质中，固体颗粒（即土粒）构成土的骨架主体，是土的最主要的物质成分，也是最稳定、变化最小的成分；三相之间相互作用中，土粒一般也居主导地位，故本质上，土的工程性质主要取决于组成土的土粒的大小及矿物成分。（1）土的颗粒大小以直径计，称为粒径，土的粒径从大到小变化时，工程性质也相应变化，故工程上把粒径划分为不同的粒组，同一粒组内的土粒的工程性质接近。一般根据界限粒径（mm）200、20、2、0.075 及 0.005，把土粒分成漂石（块石）、卵石（碎石）、圆砾（角砾）、砂粒、粉粒及黏粒 6 个粒组。土的矿物成分可分为原生矿物、不溶于水的次生矿物、可溶盐类及易分解的矿物、有机质 4 类，后 3 类为不稳定矿物，对土的工程性质影响极大的黏粒主要就由这 3 类组成。（2）土中水是溶液，与土粒及气体有着复杂的相互作用关系，根据作用结果使土中水呈现出的性质差异及对土的影响性质与程度，可将土中水分为结合水（土粒表面结合水）及非结合水两类，结合水又分为强结合水（吸着水）及弱结合水（薄膜水）2小类，非结合水又分为液态水（又分为自由状态的重力水及半结合状态的毛细水）、气态水（水蒸气）及固态水（冰）3小类。（3）土中气体主要为空气和水气，有时含有二氧化碳、沼气及硫化氢等。气体在土孔隙中以封闭气体及游离气体两种形式存在，其中封闭气体对土的性质影响较大。

土体的工程性质及变化还在较大程度上与土体的天然结构和构造因素有关，如土粒间的连结性质和强度、层理特点、裂隙发育程度和方向、土的均匀性等。土体的结构构造指物质成分的连结特点、空间分布及变化形式等，结构性即指土颗粒、孔隙的性状和排列形式及其颗粒之间的相互作用。黏性土中，土粒间除了结合水膜的连接外，往往还有其他盐类结晶、凝胶薄膜等连接存在。根据土粒之间的粒间排列及其连结性质，土的结构可分为单粒（散粒）结构及集合体结构两大基本类型，单粒结构如碎石类土、砾石类土及砂土，其工程性质主要由其松密程度决定；集合体结构为黏性土所特有，分为蜂窝状及絮状两种，对外界条件变化（如应力、振动、干湿以及水溶液成分和性质变化等）敏感，易产生质的变化，为易变结构。土体构造指土体构成上的不均匀性特征的总和，如层理、夹层、透镜体、结核、组成颗粒及裂隙的特征等。

1.1.3 岩土的工程特性

从工程材料的角度，混凝土、钢材、砌体等人工材料的类型、性质、几何尺寸、结构形式、性能等都是清晰的、事先确定的，材质可控、性能均匀、变异性小、不随所处位置而变化、几何尺寸有限、界面清晰；岩土体则不然，与人工材料相比，岩土体具有天然性、不连续性与碎散性、多相性以及变异性等重要特性。

1. 天然性

岩土是自然条件下的产物，在其形成和发展历程中经历了漫长而复杂的风化、搬运、沉积和地质运动，遭受到各种物理化学作用且有不同的赋存条件。其天然性在于：（1）独特性。严格意义上，世界上没有完全相同的原状岩土体，正如世界上没有两片完全相同的树叶一样；（2）多样性。自然界的岩土类型多种多样，性质变化多端，矿物成分、裂隙分布、颗粒大小形状与级配、状态与结构等，使岩土的形态千差万别；（3）边界不确定性。岩土体赋存于复杂的地质环境中，没有明确的边界，或者说边界条件及边界位置不能明确，工程中常假设其为半无限体；（4）渐变性。不同类型的岩土体之间没有明显的界限；（5）唯一性。工程场地确定后，岩土环境条件就是唯一的，没得选择；（6）自相关性，即两点位置距离越近，性质越接近；随着距离增大，这种相关性逐渐减弱直至不相关。

岩土的一些重要工程特性正是源于其天然性，如：（1）结构性及不均匀性。岩土材料是地质过程中形成的天然材料，其关键因素是颗粒之间的胶结，胶结的不均匀性导致结构的形成[4]。这种不均匀性可能是原生的，也可能是次生的；（2）各向异性。主要是结构性导致了各向异性，严格意义上岩土体都是非均质的、各向异性的及非线性的；（3）时空性。岩土体的性质随所处环境不同而不同，且随时间而变化。

2. 不连续性与碎散性

岩体与土体都是不连续介质，充满了节理裂隙，土体根本就是碎散的颗粒集合体，岩石的裂隙性和土的孔隙性是岩土材料与人工材料的重要区别。（1）岩石的裂隙性[5]。岩石总是或稀或密、或宽或窄、或长或短地存在着各种裂隙，这是岩石区别于混凝土的主要特点。这些裂隙有的粗糙、有的光滑，有的平直、有的弯曲，有的充填、有的不充填，有的产状规则、有的规律性很差。裂隙的成因多种多样，在岩体中构成极为多样非常复杂的裂隙系统，人们将岩石和裂隙视为一个整体，即岩体，将裂隙概化为结构面，显然，结构面是岩体中最薄弱的环节。（2）土的孔隙性与碎散性。土是一种散体材料，存在着大量相互连通的孔隙，可以透水透气，使土体具有碎散性。土受到外力以后极易发生变形，其体积变化主要表现为孔隙发生变化。

3. 多相性

饱和土由固、液两相组成，非饱和土由固、液、气三相组成，岩体亦如此，三相间可发生化学反应形成新的矿物，不同的比例关系及其相互作用，以及应力场、温度场及渗流场的共同及耦合作用，使岩土体形成了复杂多变的物理力学性质。

岩体中的地下水沿着岩体中的裂隙和洞穴流动，随着裂隙和洞穴的形态和分布的不同有脉状裂隙水、网状裂隙水、层状裂隙水、洞穴水等不同类型的地下水，不同地段岩体的富水性、透水性及水压力差别非常大，摸清其规律非常困难。土体中压力分为有效压力和孔隙压力，孔隙压力又分为孔隙水压力和孔隙气压力，设计计算中分为总应力法和有效应力法两种原理和方法，有效应力原理是土力学区别于一般材料力学的主要标志。在饱和土中，孔隙水压力的增长和消散导致不同加荷速率下地基承载力不同，是否及时支撑对软土基坑稳定的影响不同，渗透系数和地层组合的差别导致基础沉降速率的不同；超静水压力可导致挤土效应使桩被挤断、挤歪和上浮，地震时的超静水压力导致砂土和粉土液化，等等。非饱和土的孔隙气压力形成基质吸力，基质吸力不稳定，随着土中含水量的增加而降低。膨胀土和黄土随湿度的增加而强度显著降低，非饱和土基坑在雨季容易发生事故，花岗岩残积土边坡在暴雨期间容易发生浅层滑坡，都和基质吸力降低有关[5]。

4. 变异性

同类岩土在不同区域、同一区域在不同点位、同一点位在不同深度的性能参数都具有一定的差异，有时差异还很大，不太可能以人工材料的精确度来确定岩土参数。

岩土体的这些特性导致了岩土性质的复杂性及不确定性，实际上，岩土的地质历史过程和现状、物质组成、结构构造、性状性质等都无法彻底搞清楚。研究岩土的工程性质及变化规律时，通常要从岩土的成因、成分和结构出发，对岩土体在温度、湿度、压力、时间等因素影响下的性状变化做出定量的评价，即把地质学的方法与数学、力学的方法结合起来，这样才能得出一个近似的结果。

1.1.4 岩土工程的特点

岩土工程是土木工程的一个分支，以工程为目的，以工程地质学、土力学、岩体力学及基础工程学为理论基础，研究对象是岩土体，包括岩土体中的水。岩土工程包括学科与技术（或称理论与工程技术）两方面，前者是基础，后者是应用。

岩土工程的最大特点是不确定性。

1. 不确定性概念及分类

不确定性是指事件出现或发生的结果不能准确确定，事先不能给出一个准确的预测。按不确定性产生的原因和条件，事物的不确定性可分为随机性、模糊性和认知的不完善性 3 类。

（1）随机性。传统的因果律认为，有果必有因，通过因可以完全确定果。随机性是偶然性的一种形式，是由于条件不充分而导致的结果的不确定性，指具有某一概率的事件集合中的各个事件所表现出来的不确定性，如混凝土的强度误差。随机性弥补了因果律的不足，用可能性取代必然性。

（2）模糊性。传统的排中律认为，A 是 B 或不是 B，意为任一事物在同一时间里具有某种属性或不具有某种属性，而没有其他可能。模糊性是指事物本身的概念不清楚、事物属性的不分明或中间过渡性所产生的不确定性，即一个事物是否属于一个集合是不明确的，如岩石的风化程度。模糊性弥补了排中律的不足，用隶属度来表示肯定、否定或中介过渡状态，是比随机性更为深刻的不确定性。

（3）认知的不完善性。有些因素既无随机性也无模糊性，纯粹是由于条件限制而对它们认识不清。认知的不完善性分为两类：一是客观信息的不完备，如受勘察测试数量及误差限制，设计信息不完善；二是指知识不足造成的对客观事物认识的局限性，如对地震强度的预测。

就目前的科学发展水平而言，在这三种不确定性中，对随机性的研究比较充分，概率论、数理统计和随机过程理论是描述和研究这种不确定性的工具；模糊性的研究还不完善，描述模糊性问题的方法为模糊数学，模糊可靠性理论正在研究和发展；认知的不完善性尚无可行的数学分析方法，一般采用经验或专家系统进行处理。岩土工程中存在大量的认知不完善性问题，是可靠度设计方法在岩土工程设计中难以推行的重要原因之一。

2. 岩土工程的不确定性

（1）岩土体结构及岩土参数的不确定性及固有变异性。岩土参数包括地质参数及材料性质参数，这些参数变异性很大，即使是同一种类型、同一层岩土。岩土参数变异性大的原因包括：岩土体的不均匀性而造成的结构性及各向异性，裂隙水和孔隙水压力的多变性，参数的空间变异性及时间变异性；地质作用和地质演变的复杂性等。岩土参数的变异性是固有的，只能尽量准确描述而不可能减小。

（2）地下水不确定性。主要指其多样性、多变性及流动性。这些都很难准确预测。

（3）测试结果的不确定性。岩土性质可用"测不准"一词来描述。①岩土参数测试过程中，取样、运输、样本制备、试验操作等环节的扰动，以及试验、取值、计算等产生的误差，使测试数据呈随机分布，其变异性比混凝土等人工材料大得多。②测试数据与样本的位置有关。土样从土层取出后地应力就被解除了，即使再精细的取土技术也不能保证室内测定的试验结果与原位一致，而岩体的节理裂隙根本无法取样试验。③试验样本数量不充分带来的统计误差。④岩土体的尺寸与试验样本相比要大很多倍，试验样本性能并不能完全代表岩土体性能；而对于岩体，因体积太大，一些力学参数根本无法测定。⑤岩土工程的测试可分为室内试验、原位测试和原型监测三大类，还有各种试验模型，各有各的特点和用途，同一种参数，不同试验方法得到的成果数据不同，选用合理的测试方法成为岩土工程计算能否达到预期效果的重要环节[6]，而这非常不容易做到。⑥界限划分的模糊性。例如强风化岩与全风化岩是渐变的，无法明确划分出界面，也就无法分别提供出确切的参数。一般来说，试验不确定性会随着试验技术的提高及设备的改进而减小，统计不确定性会随着统计计算方法的改善和试样数量的增加而减小，但模糊性及方法的不完善性带来的不确定性几乎不能实质性减少。

（4）作用的不确定性。岩土工程施工和使用期间，要受到其自身和外加的各种作用并因此产生各种效应，可能发生的自然现象如地震、降雨、风压力等各种作用，需要考虑但不能确知。

（5）边界条件和初始条件的不确定性[4]。边界条件的不确定性有两个方面含义：一是边界位置的不确定性，二是边界上要素值的不确定性。岩土工程修建在地壳上，人们不可能把整个地壳作为研究范围，只能从中划分出一小块进行考察，如何划分则带有任意性，这就是边界位置的不确定性。岩土工程暴露在自然环境中，最不确定的还不是边界荷载，而是耦合分析中降水量、蒸发量等自然要素的变化。初始条件的不确定性除了地应力的不确定性外，还有孔隙中的初始吸力和节理裂隙分布的不确定性等。

（6）模型的不确定性[7]。对于任何复杂事物的分析，都要对其进行理想化，即建立分析模型。模型必须反映主要特征，略去次要特征，而主要特征与问题的性质和所关注的目标有关，故建立模型没有统一的标准，即模型不是唯一的。岩土工程的模型种类主要有地质模型、变形破坏机制、力学介质类型、材料的本构模型、力学计算模型等。分析模型与人们的认识水平和分析能力直接相关，有很多未能考虑的不确定性、机制未明和简化处理带来的不确定性。

（7）计算模式的不确切性和不精确性。对于各种岩土本构模型，不管采用经验法、解析法和数值法等哪种分析计算模式，除了计算参数与实际之间存在着差别外，计算模式本身的不确切性也是重要因素，计算结果都难言准确，与工程实测有时差别很大，况且实测结果也未必就准确。为了弥补这方面的误差，岩土工程设计大量采用经验系数修正的方法，而经验系数和经验公式必然存在着局限性与适用范围。

3. 岩土工程对自然条件的依赖性

岩土工程的天然性体现在：（1）岩土材料的性质与所处的空间位置关系密切且具有独特的自相关性，不同区域、不同点位、不同深度、不同成因、不同地质年代、不同地质条件等，都会造成岩土的工程性质差异很大；（2）岩石与土是自然形成，无论作为材料还是结构物，都不能由工程师选定和控制，只能通过勘察等手段去查明。

4. 岩土体的半无限性

岩土工程的研究对象通常是半无限体，这与由梁板柱墙等构件组成的结构体系不同，岩土内部各点之间的应力与应变的相互影响极为复杂，求解对象是整体岩土体，分不出单个构件与整体结构，不能像结构一样先求取孤立的几个截面、再解决整体结构，必须一开始就要从半无限体这个复杂的三维介质出发。

1.2 岩土工程设计法

1.2.1 简介

作用（荷载）与抗力是一对矛盾，为了确保工程安全，抗力必须大于荷载且有一定的裕度，即安全度。从安全度的观点来看，岩土工程设计方法目前主要有工程类比法、容许应力法、单一安全系数法、多项安全系数法及概率极限状态法5大类。

1. 工程类比法

工程类比法就是参照已有的类似工程经验，对拟建工程进行设计[8]。最早的工程设计都是纯经验的，采用的都是工程类比法，直到现在也还在少数岩土工程技术中占有一定地位。例如隧道工程，工程师通常只能在基本信息极其匮乏的条件下做出设计及施工决策，专家的经验知识不得不起着主导作用，基本上还是依赖工程类比法处在定性设计水准。

工程类比法涉及经验的外推和类比，其局限性显而易见：专家的数量不会有很多，不可能普遍地实施咨询和指导；专家经验也是有限的，可能会判断失误；没有完全一样的工程，不同工程之间的相似性及相似度只能定性、不能定量，面临全新的问题时，这种方法做出的决策就令人狐疑了。所以，在混凝土结构、钢结构以及绝大多数岩土工程问题中，工程类比法都已经被更为先进的设计方法所替代。

2. 容许应力法

岩土工程中容许应力法的概念与结构工程中有些不同。结构中材料的容许应力（实为容许强度），通过极限强度（强度标准值）除以安全系数的方法获得；而地基土的竖向抗压容许承载力（容许承载力可视为"承载强度"）可不通过极限状态获得，而是通过理论分析或静载荷试验等方法直接确定，此时并不清楚地基土的极限状态或说极限承载力在哪里，不存在明确的安全系数 K，安全系数是"暗"的。国内目前岩土工程中使用"容许承载力"概念的还有岩石地基承载力及复合地基承载力等，均主要通过静载荷试验获得，容许承载力所对应的安全系数都是隐含的、不明确的。容许应力法在结构工程中通常被视为单一安全系数法，但岩土工程中则不同，就是容许应力法。

容许应力法现在仍是岩土工程中一种设计方法，应用简便，在信息不充分、更多依赖经验的情况下有效而实用，故目前一些工程技术标准中仍在应用，如地基土承载力特征值本质上就是容许应力值。容许应力法缺点有：（1）安全系数不明确，不能够定量地表示安全度，例如地基土容许承载力，有一定的安全储备，安全度已经隐含在其中，但极限到底是多少，隐含的安全度有多大，不清楚，安全程度很不明确；（2）不能满足结构功能的多样性要求。结构要满足承载能力要求，还要满足正常使用时的裂缝、变形要求，即应满足两种极限状态设计要求；（3）不能正确反映诸如荷载变异、荷载组合、材料不均匀等因素影响，不同材料及构件之间的安全度缺乏可比性；（4）相对于单一安全系数法而言，安全裕量较大，不经济。在大多数岩土工程问题中，这种方法都有更为先进的设计方法可以替代。

3. 单一安全系数法与极限状态法

单一安全系数法是目前国内岩土工程设计方法中应用最多的设计方法，《工程结构可靠性设计统一标准》GB 50153—2008 将之定义为：使结构或地基的抗力标准值与作用标准值的效应之比不低于某一规定安全系数的设计方法。这种设计法又称总安全系数设计法，民间通常称为"大老 K"法，通用表达式如式（1-1）所示，式中 R、S、K、$[K]$ 分别为抗力、作用效应、安全系数及目标安全系数（规范规定的安全系数）。

$$K = R/S \geqslant [K] \tag{1-1}$$

抗力、作用及安全系数都是定值，故本法属于定值设计法，因与承载能力极限状态相对应，通常认为比容许应力法前进了一步。单一安全系数法采用极限状态进行分析，抗力及（或）荷载采用标准值，本质上是不具有概率含义的极限状态设计法。

极限状态设计法中，安全系数通常是显性的，如式（1-1）所示，可直接求出。但也有少数公式的安全系数是隐性的，例如假定滑动面为折线形、采用传递系数法计算滑坡的剩余下滑推力时，有的规范给出的公式中，安全系数没有在公式中直接体现，需采用迭代法求出。这种极限状态设计法也是单一安全系数法的一种。

　　岩土工程中有采用多个分项安全系数、单一系数表达的极限状态设计法，例如复合土钉墙整体稳定性验算公式（可参见第 11 章）等，采用承载能力极限状态进行分析，抗力及荷载采用标准值，但分项安全系数凭借经验选定而几乎没有概率意义，且主要是通过与总安全系数的比较而获得的。这种方法形式上通常用单一安全系数 K 来表达，本质上也是极限状态设计法，以往也称为单一安全系数法，为清晰起见，本书中称为多项安全系数法。再说清楚点儿，安全系数法中的"分项安全系数"与概率法中的"分项系数"的含义有一定区别：分项"安全系数"仅与自身"分项"有关，与其他"分项"无关，例如材料分项安全系数与荷载无关；而概率法中的"分项系数"，不仅与自身"分项"有关而且通常与其他"分项"有关，如材料分项系数不仅与自身的变异性，而且与荷载的变异性相关。

　　单一安全系数法在岩土中与结构中不太一样。结构工程中，单一安全系数法指容许应力法及破损阶段法，岩土工程中，破损阶段法可能没有得到过应用，单一安全系数法指的通常是没有概率含义的极限状态法，国外多称为极限状态法。

　　极限状态法在我国混凝土结构及钢结构设计中，因自三系数极限状态法开始就具备了概率含义，故这些专业中通常将极限状态法视为半概率状态设计法。但在岩土工程中，极限状态法及多系数极限状态法中的分项安全系数通常并不具备概率含义，仍为定值法而非半概率法。

4. 概率极限状态设计法

　　20 世纪 50 年代至 60 年代，一些著名学者的系列论著，奠定了土工可靠度研究方法的基础。2004 年欧洲标准化委员会完成的《欧洲规范 7：岩土工程设计》[9]，是迄今为止国际上最完整最有影响的采用概率极限状态原则、分项系数表达的岩土工程设计规范。我国于 20 世纪 80 年代初期开始进行岩土工程的可靠度研究工作。《建筑结构设计统一标准》GBJ 68—84 及《工程结构可靠度设计统一标准》GB 50153—92 的发布，对结构及岩土工程设计规范的编制产生了很大影响，90 年代以后国内新编及修订的一系列岩土工程技术标准，纷纷采用了概率极限状态设计法。

　　但概率极限状态设计法的实施情况在国内并不理想。业界大多认为，就岩土工程现有技术与研究水平而言，采用概率极限状态设计法时机还不成熟，于是《工程结构可靠性设计统一标准》把 1992 年版要求"工程结构设计宜采用分项系数表达的以概率理论为基础的极限状态设计方法"，在 2008 年版修订为"也可采用允许应力或单一安全系数等经验方法进行"，相应地，近几年国内新修订的规范，如《建筑地基基础设计规范》GB 50007—2011、《建筑桩基技术规范》JGJ 94—2008 等，与岩土体稳定性有关的设计计算表达式又恢复了单一安全系数法。概率法在欧洲的实施情况据说也不理想。不过，仍有一些新修订的规范还在坚持采用概率极限状态设计法，同时，更多的规范，尤其是地方标准，压根就没采用过这种方法。

1.2.2　设计法发展之我见

1. 工程类比法及允许应力法

安全度设计方法的每次变革，对于结构工程而言，几乎都是用新的方法取代旧的方法，都大大地促进了结构工程的进步；但对于岩土工程而言，好像更注重兼容与和谐，直到现在，从最古老的工程类比法到容许应力法、单一安全系数法到最现代的概率极限状态法，都还在一个锅里舀饭吃，一团和气。但技术毕竟还是要向前发展，不管是出于主动还是被动，推陈出新是历史发展的必然。

以纯粹经验为基础的类比设计法是定性法，已不能满足设计定量化和科学化的要求。在隧道工程等目前还不得不采用类比设计法的专业工程中，也应该从相似性与相似度等方面入手进行改进，完成半定量直至定量的转变，甚至发展出经验公式、提出合理的经验修正系数。在那些已完全能够采用更先进的设计方法替代的场合，工程类比法在方案设计阶段将就着用用还行，至于施工图设计，那首歌怎么唱的来着：算了吧，就这样忘了吧，该放就放。

允许应力法也到了该考虑换换药方的时机了。岩土工程规范中允许应力法大致有 4 种应用舞台，即地基土承载力、岩石地基承载力、复合地基承载力、桩基承载力，但都可从相应的极限状态法获得而且更合理、更科学、更简单。如地基土承载力容许值，固然是传家宝，终究已美人迟暮，国外规范广泛使用承载力极限值[10]。容许应力设计法可能是岩土工程推行多项安全系数法及概率极限状态设计法的一个重要障碍。

2. 安全系数法与概率极限状态法

岩土工程安全度设计热点之一即安全系数设计法与概率极限状态设计法之争。不外乎三种观点：支持的，不支持的，不支持也不反对的。

（1）安全系数法的优缺点

岩土工程中，安全系数是个非常重要的概念，采用多大的安全系数往往会成为问题的关键。安全系数与荷载标准值及抗力标准值的取值水平有关，与构件承载力及内力分析方法的精度及保守程度有关。安全系数法与容许应力法一样，具有形式简单、应用方便等优点，在岩土工程设计中被大量采用，长期的应用使业界积累了丰富的资料和经验。但安全系数法用安全系数 K 笼统地包括了荷载超过及抗力偏低等所有可能发生的不利因素，其缺点与容许应力法相似，即采用确定性模型来处理不确定性的问题，没有考虑计算参数的随机性，当存在多种荷载和多种抗力时，也不能考虑多种荷载和多种抗力贡献的大小，理论上存在着不完备性；没有考虑不同结构构件的具体差异，不能保证各种结构构件具有比较一致的安全水平，相同的安全系数并不意味着相同的安全储备，反之亦然；安全系数并不是定量地表示安全性的尺度，如果对安全系数的定义、强度参数及荷载的取值方法以及计算方法没有严格的规定，则安全系数甚至都不具备确切的含义。

总之，安全系数法不能定量计算各种荷载（作用）效应、抗力、材料性能、几何参数及边界条件等随机变量的不确定性，主观成分居多，且目标安全系数根据经验确定随意性较大，故很难从客观上真实反映结构的安全程度。简而言之，不能够定量地表示结构的安全度是安全系数法的最大缺点。

（2）概率法的优缺点

安全系数法的缺点基本上就是概率法的优点。从概念上，安全系数法无法对结构构件的可靠度给出科学的定量描述，常常让人将其与可靠性简单等同，误认为只要设计达到目标安全系数，结构就百分百可靠；而概率法以结构的失效概率来定义结构可靠度，并以与结构失效概率相对应的可靠指标来度量，从而能较好地反映结构可靠度的实质，使设计概念更为科学和明确。概率极限状态法在概念、方法及成果表达上都比定值法更为明确和合理，这已是工程界及学术界的共识。此外，很多工程中，岩土体与建筑结构相互作用并形成岩土—结构体系，两个专业设计原则的不同必然造成安全控制标准的不协调，这也是认为岩土工程应采用概率设计法的原因之一。

概率法既然看起来更为先进，缘何被一些规范放弃而重归于单一安全系数法？原因众说纷纭，各有说辞，但总的来说都倾向于把主要原因归结于岩土的不确定性。不支持概率法的人认为：岩土的不确定性因素太多，岩土性能指标的数理统计与概率计算非常困难且离散性太大，可信度太差，推行概率法以后的十几年的工程实践表明，岩土材料性能的标准值都很难通过概率确定，通过可靠度分析研究分项系数难上加难，多年来可靠的研究成果不多，岩土工程连半概率水准都很难达到。有专家认为，对精度很差或者连精度的大致范围都搞不清楚的设计进行可靠性分析是没有工程意义的。而支持概率法的人认为：安全系数是岩土众多参数的函数，既然这些参数具有不确定性而安全系数是确定值，那么用安全系数来判断工程的安全程度显然是不合理的；可靠性分析的本质目的就是要力图定量地考虑岩土的不确定性而且用统一的标准来度量，那么，用概率的方法来研究结构的可靠性，综合考虑投资风险、社会后果及经济后果，只要失效概率小到公众可以接受，就可以认为结构是可靠的，因此，基于概率的可靠性设计才能使结构的安全度具有明确的概念。

学习一下陈肇元、杜拱辰等结构专家的深刻认识[11,12]：结构工程中，概率法是建立在假定呈正态分布的比较准确的抗力 R 及作用效应 S 的概率分布曲线基础之上的，实际上，影响 R 和 S 的因素太多，有的根本就不知道，有的知道但统计不了，有的虽然可统计但结果不能直接应用。例如：荷载效应是内力，其不确定性与荷载的变异程度和内力分析计算图形的精确程度等众多因素相关，但这些因素的变异性没办法统计，于是规范实际上做了内力变异性就是荷载变异性的假设，无视了两者之间的巨大差别；所谓的材料变异性，统计的只是标准试件在标准养护条件下得出的强度变异性，而实际结构中的混凝土强度随浇筑温度、浇筑部位、振捣方法、养护条件和环境条件不同而变异性更大，但这种变异由于不好考虑而被遗弃了；结构抗力小于荷载效应从而造成结构安全失效的概率，主要取决于 R 和 S 概率分布曲线的尾部形状，然而尾部的真实情况却由于该处的样本数量过少而不能统计获得；完全依靠统计得出的数据难以直接应用，因为统计数据反映的只是过去的情况而不能反映发展趋势，如果不留有余地，就有违安全系数的初衷了。由于不能获得精确的 R 和 S 曲线，可靠指标 β 最终还得依靠与过去的总安全系数或分项安全系数进行所谓的"校准"来确定，这样一来，规范中安全设置水准本质上就与过去没啥区别，所谓的结构可靠度设计的优点在于能给出比较真实的失效概率的说法，在规范里实际上做不到。规范面对的对象是各种各样类型的结构群体，与之相关的不确定性错综复杂，如果与可靠度有关的主要不确定因素过于复杂又相互关联，采用现有的可靠度理论进行分析就会遇到很大困难，分析结果的可靠性就会受到质疑。

　　概率法在结构设计中尚且如此之难，在岩土工程中更是难如上青天。很多专家认为，岩土工程设计中如采用概率法，首先要解决的问题应该是对岩土参数的概率统计，但这个问题就难以解决。举个例子，包承纲教授引用的 M. S. Yucemen 等人对土坡稳定分析中土的强度的研究成果[13]：土的天然变异系数大致为 0.2～0.3，由于试样扰动、尺寸效应、剪切速率、各向异性、受力状态、逐渐破坏等引起的变异系数约为 0.24，由于试验数量不足引起的不确定性值约 0.05～0.1，这样，土的性质的总变异系数约为 0.3～0.35，非常大。同时，由于计算模式的不确定性，如瑞典圆弧法，所引起的不确定性值约为 0.1 左右，远小于土的变异性所引起的误差。可以推测，在岩土材料的巨大的变异性面前，现行的设计方法，容许应力法、安全系数法、概率法等，方法之间的设计误差可能都不算大，都可以被接受。

　　概率方法与常规的定值设计方法并非互相排斥，而应互为补充。事实上，在常规方法上长期积累的工程经验和许多分析模式和计算方法，仍是概率方法的一个基础和重要组成部分。安全系数法并不是要排斥概率分析和可靠度分析，可靠度分析的结果应该可以作为一个重要的参考数据被综合考虑在确定安全系数值的决策判断之中，至于对安全系数的定量解释，则应为经验、统计与分析相结合。

3. 多项安全系数法

　　多项安全系数方法能较为细致地分别考虑了与材料、荷载以及与工作条件有关的不确定性因素，如荷载分项安全系数主要反映了荷载与内力分析的不确定性，材料强度的分项安全系数主要反映了材料与构件抗力的不确定性，一些施工因素甚至由于人为差错因素也可笼统地纳入安全系数中加以考虑，因此采用分项安全系数法大致上比较合理。相对于单一安全系数法，多项安全系数改善了单一安全系数的混沌与过于笼统；相对于概率法，多项安全系数法形式和内容都比较简单、直观、易于改进。

4. 对设计法发展规划的建议

　　对规范而言，岩土工程设计方法可采取"小步慢走、分开走"的策略，应逐步摒弃落后的、已不合时宜的方法而采用先进的、更能符合时代要求的方法。"小步慢走、分开走"的重点在于"走"，既不是站着不动，也不是一路飞奔，其要点在于：（1）尽快摒弃工程类比法；（2）逐步摒弃容许应力法；（3）逐步对同一结构不同性质的安全系数进行横向比较，使其各项性能间的安全度大致匹配，例如对于重力式挡土墙的抗倾覆安全系数、抗滑移安全系数、地基承载力安全系数等进行协调；（4）逐步将单一安全系数法中的不同作用与不同抗力细分，分别赋予不同的安全系数，即转化为多项安全系数法；（5）逐步调整分项安全系数，使其更为科学、合理；（6）对适合的技术，逐渐积累对分项安全系数的数理统计结果，使之具备概率含义，即转化为半概率极限状态法；（7）少量技术，条件成熟时，可采用近似概率法；（8）不同岩土工程技术的发展有快有慢、有先有后，不必同步，条件成熟一项，该项技术就向前迈一小步；条件不成熟时不强求；（9）鼓励地方标准先行、单项技术先行、简单技术先行、热门技术先行。

上述目标中排除了工程类比法及容许应力法，对全概率法也不抱有信心；以多项安全系数法、半概率法及近似概率法分别为不同岩土工程技术设计方法的终极目标，而现阶段最好以多项安全系数法为主。

参考文献

［1］ 孔宪立主编. 工程地质学［M］. 北京：中国建筑工业出版社，1997：55.

［2］ 刘春原主编. 工程地质学［M］. 北京：中国建材工业出版社，2004：1-100.

［3］ 凌贤长，蔡德所编著. 岩体力学［M］. 黑龙江：哈尔滨大学出版社，2002：24-43.

［4］ 沈珠江. 从学步走向自立的岩土力学［J］. 岩土工程界，2003，6（12）：15-17.

［5］ 顾宝和. 浅谈岩土工程的专业特点［J］. 岩土工程界，2007. 1（10）：22-26.

［6］ 顾宝和，毛尚之，李镜培编著. 岩土工程设计安全度［M］. 北京：中国计划出版社，2009：1-45.

［7］ 薛守义，刘汉东. 岩体工程学科性质透视［M］. 郑州：黄河水利出版社，2002：9.

［8］ 薛守义. 论岩土工程类比设计原理［J］. 岩土工程学报，2012，32（8）：1279-1283.

［9］ EN 1997—1：2004，Eurocode 7：Geotechnical design-Part1：General rules［S］，CEN.

［10］ 靖华. 欧美规范地基承载力的计算方法［J］. 水泥技术，2000（4）：14-18.

［11］ 陈肇元. 混凝土结构的安全性与规范的可靠性设计方法［J］. 建筑技术，2001，32（10）：682-687.

［12］ 陈肇元，杜拱辰. 结构设计规范的可靠度设计方法质疑［J］. 建筑结构，2002，32（4）：64-69.

［13］ 包承纲. 谈岩土工程概率分析法中的若干基本问题［J］. 岩土工程学报，1989，11（4）：94-98.

第2章　岩土工程技术标准及标准管理体制

2.1　国内外关于技术标准的若干名词术语

1. 国内标准中的几个名词术语

下列与技术标准有关的术语，除了"技术标准"引自《企业标准体系　技术标准体系》GB/T 15497—2003 外，其余引自《标准化工作指南　第1部分：标准化和相关活动的通用词汇》GB/T 20000.1—2002 定义。

（1）标准：为了在一定的范围内获得最佳秩序，经协商一致制定并由公认机构批准，共同使用的和重复使用的一种规范性文件。

（3）技术规范：规定产品、过程或服务应满足的技术要求的文件。技术规范可以是标准、标准的一部分或与标准无关的文件。

（4）规程：为设备、构件或产品的设计、制造、安装、维护或使用而推荐惯例或程序的文件。规程可以是标准、标准的一个部分或与标准无关的文件。

（5）法规：由权力机构通过的有约束力的法律性文件。

（6）技术法规：规定技术要求的法规，它或者直接规定技术要求，或者通过引用标准、技术规范或规程来规定技术要求，或者将标准、技术规范或规程的内容纳入法规中。

（7）技术标准：对标准化领域中需要协调统一的技术事项所制定的标准。

国家标准及行业标准均分为强制性标准和推荐性标准。保障人体健康，人身、财产安全的标准和法律、行政法规规定强制执行的标准是强制性标准，其他标准是推荐性标准；地方标准在本行政区域内一般是强制性标准；中国工程建设标准化协会标准（CECS标准）是推荐性标准。

2. 国际"标准"与"技术法规"的概念

《技术性贸易壁垒协议》（简称《TBT协议》）是世界贸易组织（WTO）管辖的一项多边贸易协定，对技术法规、标准等术语定义如下：

技术法规：是规定强制执行的产品特性或其相关工艺和生产方法，包括可适用的管理规定在内的文件，如有关产品、工艺或生产方法的专门术语、符号、包装、标志或标签要求。

标准：是经公认机构批准的、规定非强制执行的、供通用或反复使用的产品或相关工艺和生产方法的规则、指南或特性的文件。

中国已于 2001 年加入了 WTO。按加入时签署的《中华人民共和国加入世界贸易组织议定书》承诺，中国应自加入时起，努力使所有技术法规、标准和合格评定程序符合《TBT 协议》。

3. 个人理解

相信很多人搞不明白上述这些概念。例如，"规范"和"规程"到底有何区别，同是基坑支护技术标准，为啥住建部发布的《建筑基坑支护技术规程》JGJ 120—2012 叫"规程"，而《上海市基坑工程技术规范》DG/TJ 08—61—2010 叫"规范"呢？本人的理解：

（1）《TBT 协议》对标准与技术法规的定义与国内有矛盾，《TBT 协议》定义的概念正在国内得到普及。本书中所讨论的技术性文献大致可视为"技术标准"而非"技术法规"，更准确点说，并非强制性标准、而是强制性标准中的强制性条文具有法规性质。

（2）与"标准"概念相同或相近的术语中，"规范"、"规程"使用率最高，但从自序所列举的岩土工程技术标准中，看不出两者有何明显不同，且与上述定义好像也并不十分相符。本人请教过几本规范的主编，也没能说出个四五六来。从实践来看，一般来说，"规范"多用于对规划、勘察、设计、施工、检验、验收等建设环节的技术事项所做出的一系列规定；"规程"多用于描述操作、工艺、安全、管理等流程性活动；另外一个应用较多的名词"标准"，多用于界定产品、方法、符号、概念等。其实，关于标准如何命名是有讲究的，住建部 2008 年发布并实施的《工程建设标准编制规定》（建标［2008］182 号）第十条规定，标准名称由对象、用途和特征名构成，如《钢结构设计规范》的名称构成是：钢结构（对象）＋设计（用途）＋规范（特征名）。《工程建设标准编制指南》[1]对特征名做了进一步解释：一般情况下，"基础标准"（国家标准）采用"标准"作为特征名，"通用标准"（国家标准）采用"规范"作为特征名，"专用标准"（以行业标准为主）既可采用"规范"也可采用"规程"作为特征名。但好像并没有被严格遵守，一些技术标准特征名本身就有点随心所欲，需要标准化。

（3）标准可分为技术标准、管理标准及工作标准三大类，本书仅讨论技术标准，不讨论管理标准与工作标准。

（4）建设工程中执行的各种技术标准中，以"规范"一词应用最多，实际应用中一般也不称为"技术标准"而是称为"规范"，书写、口语均如此，故本书在不讨论标准化相关内容时，也采用"规范"一词。

（5）强制性标准中应至少有一条为强制性条文（简称强条），没有强制性条文的标准为推荐性标准。2001 年以后颁布的技术标准中，强制性条文以黑体字明示，必须严格执行。

2.2 国内外岩土工程技术标准特点比较

2.2.1 国内工程建设标准概况

岩土工程技术标准属于工程建设技术标准。国家工程建设标准化信息网统计表明[2]，截止到 2010 年 7 月份，我国工程建设国家标准（标准代号 GB，以前为 GBJ）、行业标准（标准代号有 58 个，比较常见的如建筑工程 JG、市政工程 CJ、铁路运输 TB、交通 JT、建材 JC、电力 DL、水力 SL、冶金 YB、有色 YS 等）及地方标准（代号 DB，以前为 DBJ）计 3788 项，所占比例分别为 14.2%、62.7% 及 23.1%。

岩土工程技术标准在现行标准体系中，大多属于建筑标准。建筑标准指建筑工程标准及其相应的产品标准和其他标准，由 14 个专业标准组成[3]：综合基础、工程勘测、建筑物设计、建筑室内环境、建筑结构设计、建筑地基基础设计、建筑工程施工、建筑修缮、建筑防灾、建筑材料、建筑制品、建筑设备、建筑机械及信息技术标准。这些建筑标准分为 3 个层次：第一层为基础标准，是在一定范围内作为其他标准的基础、具有普遍指导意义的标准，主要指模数、公差、符号、图形、术语、代码、分类和等级标准等；第二层为通用标准，是针对某一类对象制定的共性标准，其适用面一般较大，常作为制订专用标准的依据；第三层为专用标准，是针对某一具体对象制定的个性标准，其适用面一般不大，是根据有关的基础标准和通用标准制定的。建筑标准体系中，同一专业上层标准的内容一般是该专业下层标准内容的共性提升，上层标准制约下层标准，从而保证标准的协调配套性。

2.2.2 岩土工程技术标准分类

按建设综合勘察研究设计院有限公司统计结果，截止到 2014 年，国内岩土工程技术标准约 580 项，其中国标约 110 项、行标约 210 项、地标约 260 项，按涵盖范围可分为 8 大类：①勘察类，分为岩土分类、工程地质测绘、勘探与取样、野外现场描述、原位测试、工程物探、土工试验、水质分析、岩石试验、岩石化学分析、资料整理与绘图标准计 11 小类；②地基基础类，分为桩基础、地基处理、开挖及支护、特殊土（勘察、设计、处理）、加层纠偏加固、设备基础、地下防水、土石开挖、路桥隧道工程（设计、施工）计 9 小类；③其他岩土工程类，分为土工合成材料、粉煤灰、加筋土计 3 小类；④检测与监测类，分为监测、检测、试桩、地下水监测计 4 小类；⑤抗震工程类；⑥环境保护类；⑦基本规定类；⑧名词术语类。此外，除技术标准外，岩土工程标准中还有管理标准，如监理类、勘察管理类等。

　　我国以前长期实行计划经济体制，很多部委都有一整套的勘察、设计、施工与检验验收制度，独立建立起了本行业的岩土工程标准体系，行业分割、条块分割非常突出，形成了如今的七大行业体系[4]：①建筑工程行业，是最大的体系，包括国标、行业标准、地标，至 2003 年共 130 多册，其中地方标准约 60 册；②电力（火电）工程；③冶金、有色工程；④水利水电工程；⑤铁道工程；⑥公路工程；⑦水运工程。

2.2.3　与国外岩土工程技术标准特点比较

　　与欧美日等发达国家和地区相比，国内岩土工程技术标准存在着较大不同——这里其实想表达的意思是"不足"。

　　已故张在明院士认为，岩土工程技术标准大体由三方面构成：基本原理、应用规则及工程数据，国内技术标准轻视基本原理，重视应用规则及工程数据[5]。欧美技术标准中，强调的通常是基本原理，包括基本规定、定义、工作内容及要求、分析模型、作用、设计的适用环境及条件等；应用规则是对基本原则的实施说明，所有应用规则都是公认规则，跟随于基本原理之后，满足基本原理提出的要求，只要证明所使用的规则与基本原理一致，或至少有同等的可靠度，便可用其他规则来代替技术标准规定的应用规则；很少向使用者提供具体的工程参数。技术标准中涉及的具体公式很少，有时推荐一些公认公式，通常以例子的形式在附录中出现；一些构造设计及一些推荐做法，也多以例子的形式在附录中出现；基本上不建议什么参数应该怎么取值或不应该怎么取值。

　　但国内做法有很大不同：

　　（1）国内技术标准中三方面至少是并重的，很多对于参数如何取值的具体规定用去了大部篇幅，过于具体及冗繁，事无巨细不厌其烦。过于繁琐细致的规定显然不能反映岩土工程的客观规律，岩土工程的不确定性及变异性那么大，技术标准本事再大也是望洋兴叹说不清楚的。

　　（2）通常会给出不少具体的公式，好像不新编个公式都不好意思和其他技术标准打招呼。个别技术标准中个别公式不知来源莫名其妙，其实只要输入几个参数多试算几次就可知其不当。

　　（3）在原理、原则、原因上着墨不多，有些具体要求不说明理由，官架十足。这样产生了一些问题：①很难复核、考察该条款的合理性。技术是因为合理才写入了技术标准，并不是因为写入了技术标准就变得合理，更不会因为写入了技术标准就成了真理。②执行者，如代表政府的监督监管者，可以理解的是，他们不太可能去深入研究，只能按字面意思去理解、去"执法"，有时会曲解技术标准的意思甚至满拧，技术标准在很大程度上是给这样一些非内行人士用的。③因为不知道背景或原因，被继承或被其他技术标准引用时，有些条文就被原封不动抄录了。当初这么做是有具体背景和合理性的，随着国民经济、工程建设水平及科学技术的发展，理由早都消失了，可这些条文还躺在那里呼呼大睡。

（4）通常没有为四新技术（新技术、新工艺、新材料、新设备）留个出口。各技术标准几乎都会在总则中注明"为了做到技术先进"，但通常仅把自身当作了先进，没太瞧得上其他，忽略了技术标准是基于现有技术水平编制的、会落伍的，没有给更先进的技术预留个逃生门。完全按技术标准做吧，就不会有新技术的诞生，技术也就不用再向前发展进步了；不按技术标准做吧，后果你懂的。每项新技术的诞生，都必然是突破现有技术标准的，不少地区的政府主管部门及审图机构，对技术标准中没有的技术都抱有深深的怀疑与戒心，要求采用技术标准里已有的办法，客观上阻碍了技术的更新与发展。

（5）体系过于庞杂，尤其是行业标准，自成一统又相互矛盾。对于同一工程问题，各技术标准从计算模型、方法到提供的数据差别很大。例如，土的分类方法大致分为两类，一类以苏联方法为基础，另一类以美国 ASTM 统一分类法为基础，各用各的；有关土的液限试验和分类标准也有四种之多，甚至桥基和路基的土分类标准也不相同。行业间的条块分割还造成了技术人才的专业面过窄，影响了人才的知识结构及对工程的应变处理能力，影响了技术的进步与发展。

（6）不符合 WTO 规则，很难与国际接轨，很难将技术标准国际化。我国 20 世纪 50 年代开始大规模的基本建设，从业者大多是从其他行业转来的或者是刚毕业的学生，理论和经验都不足，为了在全国不同的地区用同一方式处理工程问题时不出大的差错，需要统一的具体的规定，也就是要有统一的具体的参数。这样做的优点是在这样大的国土上，岩土工程师都按统一标准，不至于因个人判断错误和处理失当造成太大的问题[6]。这么做当时是有积极意义的，但早已事过境迁，技术手段在进步，从业人员整体技能在提高，技术标准当然也应该与时俱进。

2.3　国内外工程建设标准管理体制的差异

2.3.1　国外工程建设标准管理体制概况

世界上各经济发达国家和地区的建筑技术制约体制经过多年发展，已趋同于一种基本模式，即《TBT 协议》所规定的技术法规与技术标准相结合的模式。该模式可概括为[7]：（1）对直接涉及公众基本利益的安全、卫生等技术要求和直接涉及国家长远利益的环保、节能等技术要求，按照指令性模式制定建筑技术法规。它是强制性技术文件，必须遵照执行。（2）对不直接涉及公众利益和国家长远利益的技术要求，以及为保证实现强制性技术要求而采取的途径和方法等，按照陈述性模式制定建筑技术标准。它是非强制性技术文件，自愿采用。（3）为了鼓励生产者根据市场需要发挥主动创造性，促进技术进步，只要建筑产品和技术能够满足强制性的技术法规，允许不执行非强制性的技术标准。可见，技术法规是制定技术标准的法定依据，技术标准是制定技术法规的技术基础，二者协调配套形成有机整体，且能够支持新技术发展。

各经济发达国家和地区的技术法规的主要内容，除了技术要求有的还包括了管理要求。技术要求的主要内容，大体在《TBT 协议》规定的"正当目标"范围之内，大多数国家和地区具体化为：结构安全，火灾安全，施工与使用安全，健康、卫生与环境，噪声控制，节能及其他涉及公众利益的规定。技术法规编写上，大多数以性能为基础或以目标为基础，例如国际上普遍认为构思较为先进的《加拿大国家建筑法规》[8]，以目标为基础，结构层次为：（1）目标。预期达到的目的，是法规的核心；（2）功能陈述。根据目标而应具备的条件或状况的定性描述，只规定必须达到的结果，而不规定如何达到此结果；（3）可接受方案。满足目标和功能陈述的一套最低的技术要求，包括性能要求。

2.3.2　国内外工程建设标准管理体制对比

国外采用的建筑技术法规—技术标准的二元管理体制，与国内目前标准管理体制有很大不同：

（1）国外体制中，技术法规与技术标准的法律属性不同，表达方式也不同，两者各自独立制定而又紧密配套实施，既可加大强制性技术要求的实施力度，又可使非强制性技术要求具有适应技术进步的灵活性；而国内管理体制中没有完整的技术法规，强制性条文与非强制性条文混在一起，强制性标准与推荐性标准制定过程和表达方式无明显差别，在实施和监督上也难以区别；

（2）国外体制中，只对必须强制执行的技术要求做出比较原则的规定，条款无须经常修订，具有较高的稳定性，技术标准中主要对实现强制性和非强制性技术要求的途径和方法做出具体规定，条款可随技术进步而及时修订，具有较大的适应性；而国内，同一本标准中强制性和推荐性的技术要求混存，必须同步修订；

（3）技术法规中大多包含技术管理性规定，主要是实施技术要求的建筑工程管理或建筑标准化管理；而国内，这些内容多用法规性行政文件表达，常常造成实施管理规定与实施技术要求脱节或相矛盾；

（4）大多数经济发达国家和地区，技术法规只有一本，集中表达了必须强制执行的建筑技术要求，重点突出；而国内，建筑工程强制性标准至 2003 年就有 260 余本，内容庞杂且分散；同时，许多条款并非必须强制，反而冲淡了应该强制的内容，喧宾夺主，不利于标准的有效贯彻实施；

（5）国外技术法规多由得到立法授权的政府主管部门制订和发布，技术标准主要由标准化社会团体制订和发布，两者的本质属性清晰，实施和监督上容易区别；而国内，强制性和非强制性标准均由政府主管部门组织制订和发布（中国工程建设标准化协会标准除外），两者无明显区别；

（6）国外已将实施建筑技术法规及技术标准与以贯彻实施强制性技术要求为主的建筑市场准入制度有机结合，这样做有利于保证建筑产品和工程质量；国内这方面尚处于起步阶段。

国务院 2015 年 3 月印发的《深化标准化工作改革方案》（国发［2015］13号），指明了标准管理制度的改革方向。

参考文献

［1］住房和城乡建设部标准定额司. 工程建设标准编制指南［M］. 北京：中国标准出版社，2009.

［2］张君. 我国工程建设标准管理制度存在问题及对策研究［D］. 北京：清华大学，2010.

［3］邵卓民等. 国外建筑技术法规与技术标准体制的研究［J］. 工程勘察，2004（1）：7-10.

［4］卞昭庆. 我国岩土工程标准规范现状［J］. 工程勘察，2004（1）：16-20.

［5］张在明. 我国岩土工程技术标准系列的特点和可能存在的问题［J］. 岩土工程界，2003（6）：20-26.

［6］高大钊著. 土力学与岩土工程师—岩土工程疑难问题答疑笔记整理之一［M］. 北京：人民交通出版社，2008：36.

［7］邵卓民. 我国现行的建筑标准体系［J］. 建筑结构，1997，12：47-56.

［8］Canadian Commission on Building and Fire Code. *National Building Code of Canada 2010*，National Research Council of Canada. Ottawa，Third Printing，October 31，2013.

第3章 若干名词术语与承载力的值态

3.1 土钉墙

1. 关于土钉墙的术语

"土钉墙"的别名非常之多，如喷锚、锚喷、喷锚网、锚喷网、锚钉支护、锚杆喷射混凝土、土钉喷锚网、锚钉墙、锚管墙、插筋补强护坡技术、补强加固土、原位土加筋、原位加筋土、原位加固土、土钉支护、改良支护法、土钉加固法[1]等，比春秋战国混乱多了。近几年，在各类技术标准的示范及约束下，已逐渐集中为"土钉墙"或"土钉支护"术语，但也有个别新规范仍在坚持"锚喷"。

2. 土钉墙的基本特征

明确一下土钉墙作用机理：通过土钉的加筋等作用，将土坡表层全部或大部分不稳定土体改良为具有一定稳定性的复合土体，并将其锚固到土坡里层的稳定土体上。

基本型土钉墙应具备"土"、"钉"、"墙"三个基本特征：

（1）土：适用的地质条件为广义上的"土"，包括各种类型的土、全风化岩、强风化岩、极破碎及破碎的中风化岩（以下暂称为"类土"，自创，非专业术语）；不包括较破碎、较完整及完整的中风化、微风化、未风化岩体（岩石的风化程度及岩体的完整程度分类按《岩土工程勘察规范》GB 50021），因为作用机理、工作性状、设计分析方法等与土层及"类土"中已大不相同，此时称锚杆或"岩钉"更为适合。这与欧美一些国家的概念相差较大，他们把土钉的适用范围已拓宽到了未风化岩石。

（2）钉：除非为了与面层连接或者为了抗拔试验可能设置短小自由段外，土钉沿全长与周边土体粘结。可认为"土钉"是设置在土层或"类土"中的全长粘结型非预应力锚杆。土钉长度及密度通过稳定验算及构造设计确定，长度是否相等、布置形式短而密或长而疏、是否施加了微小的预应力均不是土钉墙的特征。

（3）墙：将面层视为薄"墙"，即面层为介质连续分布的墙板，不是断续分布的梁柱或块。

3. 土钉墙、土钉支护与锚喷的比较

有的规范并不同意上述看法。反对的意见中，有的认为上述技术应该叫土钉支护技术，有的则认为是锚喷技术。

（1）土钉墙与土钉支护

大部分规范认为土钉墙与土钉支护是一码事，只是术语不同；少部分规范认为是两码事。分歧的关键在于如何理解"土钉墙"。反对的人认为"土钉墙"是这样一种技术，即"土钉形成的重力坝式挡土墙"：

① 在外部形态上，"土钉墙"中的土钉具有等长（也包括上短下长）、短而密的构造特征，如图 3-1（a）所示；"土钉支护"则是土钉长短不一、长度相对较长、密度相对较小，如图 3-1（b）所示。

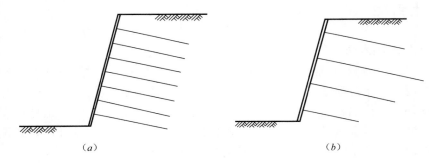

（a）　　　　　　　　　　　　　　　（b）

图 3-1　土钉墙结构形式

② 构造不同导致了作用机理不同。"土钉墙"的作用机理类似于传统的重力式挡土墙，即土钉与被加固土体共同形成了挡墙，墙后面的土体产生主动土压力并作用在墙上，墙依靠自身的重力平衡墙后传来的主动土压力，防止产生平移、倾覆、下沉等外部稳定破坏，其内部稳定（即结构强度）依靠土钉来维持，土钉的主要作用是加固"土钉墙"内的土体。这种观点认为"土钉支护"的工作机理为：土体中存在着最危险滑移面，土钉置入后起到了提前"缝合"滑移面的作用，使最危险滑移面后移，从而提高了土体的稳定性；或者认为"土钉支护"类似于锚杆挡土墙，即土压力作用在面层上，再通过锚固在稳定土层中的土钉来平衡。

这种"土钉墙"可能不存在。

①"土钉墙中的土钉等长"的观点并不准确。国外采用等长土钉更多是机械化作业原因，土钉等长利于加工及施工，并非是理论或技术原因而刻意这么做的。国外一些手册[2]推荐在设计时采用上部土钉等长、下部土钉渐短的计算长度，以避免因下部土钉过长而引起的安全系数虚高；安全系数计算满足相关要求后，再将中下部土钉加长使之与上部相等或分批相等。正如重力式挡土墙通常上窄下宽变截面一样，土钉墙也无需上下等宽（即土钉等长）。而且，国外土钉非等长作法也在渐渐增多[3]。

② 在土钉墙研究使用初期、对其工作机理知之甚少的情况下，土钉墙就是"土钉形成的重力式挡墙"的观点较为广泛。当时认为土体在加筋及注浆等作用下得到加

固，与土钉共同形成复合结构，即"复合土体挡土墙"，承受墙后的土压力以维持土坡的稳定。但随着对土钉墙技术的深入研究与实践，国内外学术界已经普遍认识到土钉墙不是重力式挡土墙，有着自己独特的工作机理，不太可能发生平移、倾覆及整体沉降等破坏形式[4]，可参见第 10 章。国内一些新的规范，如《复合土钉墙基坑支护技术规范》GB 50739，已经取消了对这些破坏模式的稳定验算。

③ 认为"土钉墙中的土钉短而密"是基于上述"土钉墙是重力式挡土墙"理论的，故也不准确。国内土钉墙技术从开始在基坑工程中应用时起，土钉的空间布置就存在着两种走向：一种布置方式土钉长度较短而密度较大，另一种长度较长而密度较疏。"短而密"的道路没走多远，就很快向"长而疏"的方向转移了，因为工程实践中发现，在土钉总工作量相同、即土钉总长度不变的情况下，采用长而疏的土钉墙安全性更好、变形更小，且因土钉数量相对较少，施工更快捷。其实，欧美国家实际工程中采用等长布置的土钉、即上述否定观点认为的"土钉墙"，其密度也并不比国内的"土钉支护"更大、其长度也没有更短。

综上，认为土钉的长度及密度不同导致了作用机理不同从而产生了"土钉墙"及"土钉支护"两种技术的观点并不一定准确。

（2）土钉墙与锚喷

认为土钉墙与锚喷是同一种技术的理由是：锚喷技术已使用了半个多世纪，广泛地应用于各种地下洞室、边坡及堤坝等岩土工程，基坑工程不过是锚喷技术的又一个应用领域而已，是国内学者的创造性应用。反对的人认为：应用于基坑工程中的土钉墙技术是独立发展起来的，主要是 20 世纪 80 年代末期从国外引入的，土钉墙支护结构的工作原理与以新奥法为代表的锚喷技术存在着很大的差别，故不能归类于同一种技术。

锚喷支护结构的基本构件即锚杆和喷射混凝土。锚杆按工作原理大体可分为全长粘结型、端头锚固型、摩擦型、预应力型、自钻式等几种，喷射混凝土按材料或构件组成可分为素喷射混凝土（简称素喷）、钢纤维喷射混凝土、钢筋网喷射混凝土（简称网喷）、钢架喷射混凝土、硅灰喷射混凝土、合成树脂喷射混凝土等几种，就施工工艺而言，土钉墙面层采用的是网喷，土钉是全长粘结型锚杆，故认为土钉墙是锚喷技术中的一种似乎并无不妥。但一项完整的工程技术应该有两个层面上的意义：一是施工工艺及材料层面的，二是工作机理及性能层面的。在工作机理及性能层面上，土钉墙技术与锚喷技术存在着很大差别。

1）作用机理不同

锚喷支护技术最早在地下围岩工程中应用，支护理论以新奥法为代表，工作机理大体为：以维持围岩稳定为目的，围岩是承载的主体，要充分发挥其自承自稳作用；支护既是稳定及加固围岩的手段，也承受围岩荷载；支护结构与围岩形成一体共同作用。锚喷支护通过迅速控制或限制围岩的移动和变形，提高围岩强度，调整和改善围岩状态，最大限度地利用围岩的自支承能力，以达到围岩长期稳定目的。

可以认为，新奥法中围岩自身起主要支承作用，喷射混凝土及锚杆主要起加固围岩的作用；锚喷结构中喷射混凝土即便不是唯一构件，也是主要受力构件来承受压力与剪力，锚杆主要作用则是固定危石或改善围岩的应力状态。这与土钉墙技术中混凝土面层的受力状况及作用、土钉的作用及重要性截然不同。围岩可以不使用锚杆仅使用喷混凝土支护、甚至素喷，这在土钉墙支护中是不可想象的。

2）工作性能及技术特点不同

锚喷技术的特点有[5]：①及时性。喷射混凝土可在洞室开挖后几小时内就施工，可及时提供连续的支承抗力，限制围岩的变形，避免围岩应力及强度下降过快，阻止围岩进入松弛状态，从而保持围岩的稳定；②粘结性。喷射混凝土能与围岩紧密粘结以传递应力，填充围岩表层的节理裂隙，限制围岩变形、提高围岩强度；③柔性。锚杆支护结构允许围岩塑性区有适度发展，避开应力峰值，改善应力状态，又不致出现围岩的有害松散，充分地发挥了围岩的自支承能力和有效地利用支护材料强度；④深入性。锚杆深入到岩体内部，通过挤压效应、加固拱效应、组合梁效应等，保持或提高了岩体结构强度，改善围岩的应力状态；⑤灵活性。主要表现在三方面，一是指锚喷支护的类型和参数可根据各段不同的地质条件随时调整，以充分发挥锚、喷、网的各自作用，二是指施工既可一次完成，也可分次完成，有利于达到"先柔后刚"的目的，以更好地发挥围岩自承能力及支护的强度，三是指锚喷支护的适应性很广，不同地质、不同埋深、不同洞体尺寸、不同支护目的，一般都可使用；⑥密封性。喷射混凝土阻止了湿气或地下水对岩体的侵蚀，有利于保持围岩固有的强度。对比可知，这 6 点特征与土钉墙均不能较好吻合，例如"及时性"，土钉墙及时喷射混凝土面层往往并非为了限制土体变形，主要是为了防止新开挖出来的土层因风化而表层剥落。

综上所述，认为土钉墙技术就是锚喷技术的观点不够全面。土钉墙施工工艺上起源于锚喷，但已经脱胎换骨，发展成一门独立的工程技术了。

（3）土钉墙与土钉支护的术语命名

支护技术命名时习惯上把主要构件全部表示出来，如桩锚、桩撑、锚杆挡墙、悬臂桩、地下连续墙、水泥土墙、毛石挡土墙、加筋土挡墙、双排桩等，"土钉墙"符合这种习惯。如果命名为"土钉"，土钉既指单一构件，又指支护结构物，有点乱，故一些规范采用了"土钉支护"术语。但"土钉支护"不是一种结构物，表示的是用土钉去支护这种行为，类似表达如"桩锚支护"、"土钉墙支护"等。有人把"土钉支护"视为"土钉支护技术"的简称，差强人意，但终究不如"土钉墙"一词简洁准确。

4. 土钉墙、土钉支护与锚喷的地盘划分

为协调"土钉墙"、"土钉支护"及"锚喷支护"之间的矛盾，建议为三者划分出不同的势力范围：

（1）土钉墙：指应用于土质及"类土"质边坡及基坑侧壁支护的土钉与网喷联

合支护技术，具备土、钉、墙三个基本特征。

（2）土钉支护：把"土钉支护"的外延扩大，作为土钉墙、土钉格构梁、土钉加固与修复、土钉预制板等各种土钉支护技术的统称。

（3）锚喷或喷锚：当锚杆与网喷联合支护技术用于围岩稳定、较破碎至完整的岩质边坡或岩质基坑侧壁支护时，称为锚喷支护。

3.2 复合土钉墙

国外没有刻意强调复合支护概念，英文中没有土生土长的"复合土钉墙"的相应术语。近似名词有 Composite Wall Structures，可直译为"复合墙结构"，与复合土钉墙区别较大；Composite Soil Nail，可直译为"复合土钉"，指复合材料形成的土钉，如加拿大的一种钢筋混凝土预制土钉、美英等国的钢材与塑料复合材料土钉等；至于 Composite Soil Nail Walls、Composite Soil Nailing 等名词，都是国内创造的[6]。故在复合土钉墙术语命名上，国人自己说了算，不用与国际接轨。

复合土钉墙在 20 世纪 90 年代多称为"土钉墙与××联合支护"或"超前支护"，如土钉墙与预应力锚杆联合支护、土钉墙与深层搅拌桩联合支护、钢花管注浆超前支护土钉墙等，后来又陆续出现了改良土钉支护、止水型土钉墙、结合型土钉墙、加强型土钉墙、新型土钉墙、复合锚喷网等名词，近几年来在各类技术标准的示范及约束下，已逐渐集中为"复合土钉墙"或"复合土钉支护"术语，但也有个别新规范仍在坚持称"加强型土钉墙"。

（1）加强型土钉支护

就全国范围而言，"复合土钉墙"及"复合土钉支护"能得到普遍接受已属不易，"加强型土钉支护"已被大多数地区及标准弃用。

（2）复合土钉支护

①"支护"是动词，"复合土钉支护"作为术语名词不太符合汉语语法；②如果称为"复合土钉支护结构"符合语法，但不够简洁；③国内近几年也新开发了复合土钉产品。"复合土钉支护"有时不知道是指"与土钉复合支护"还是"用复合土钉去支护"，有点乱。

（3）复合支护

土钉墙与其他支护技术的组合得到了越来越多的工程应用。从空间分布的角度，这些组合形式大致分为 3 类：①上下结构，即上部分为土钉墙，下半部分为排桩（桩锚、桩撑等）、地连墙（墙锚、墙撑等）、锚杆挡土墙（格构式锚杆挡墙、柱板式锚杆挡墙等）、加筋土挡墙、钢筋混凝土挡墙（悬臂、扶壁式等）、锚定板挡墙，或者上下相反，典型如图 3-2 (a)、(b)、(c) 所示；②土钉、预应力锚杆混合在一起与排桩联合支护，如图 3-2 (d) 所示；③在立面上土钉墙单元与排桩单元（桩锚、悬臂桩等）

左右间隔布置（即疏排桩土钉墙），如图 3-3 所示。这 3 类组合支护形式，有些规范称为"加强型土钉支护"、"复合土钉支护"或"复合土钉墙"。

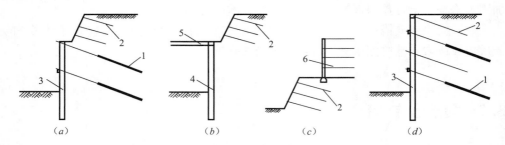

图 3-2 几种土钉墙组合支护或混合支护形式
(a) 土钉墙与桩锚；(b) 土钉墙与墙撑；(c) 加筋土与土钉墙；(d) 土钉、锚杆与桩
1—锚杆；2—土钉；3—排桩；4—地下连续墙；5—支撑；6—加筋土

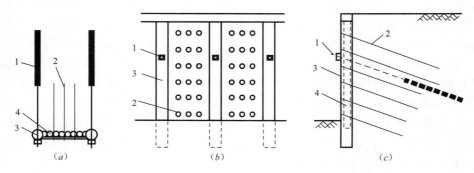

图 3-3 疏排桩土钉墙结构示意图
(a) 平面图；(b) 立面图；(c) 剖面图
1—锚杆；2—土钉；3—排桩；4—搅拌桩

《复合土钉墙基坑支护技术规范》GB 50739 等多数规范认为，复合土钉墙以土钉受力为主，止水帷幕及微型桩主要起超前支护、截水、增加抗剪强度等作用，预应力锚杆主要起控制变形及增加抗拉强度作用。"复合土钉墙"强调的仍是土钉墙技术，即土钉作为最主要受力构件，而图 3-2、图 3-3 所示支护形式中，起最主要作用的是其他支护单元（例如可能是桩锚），土钉墙单元与其他支护单元之间相互作用相互制约，工作机理、设计理论等与土钉墙相差甚远，已经无法采用土钉墙设计理论，故称为复合土钉墙或复合土钉支护不太合适。还有一种情况：为防止开挖面在土钉施工前发生剥落或坍塌，有时采取注浆等手段对土体超前加固，有规范称之为复合土钉墙似乎也不妥当。注浆对土钉墙稳定的有利影响很难量化，设计计算时一般不予计算，只作为安全储备，将之归类于施工措施更适合些。

复合支护的概念源自"复合地基"，原指桩与土共同作用，被引用到基坑支护领域后，概念一直没有明确，以前主要用于"复合土钉墙"，近几年其他一些技术组合有逐渐被"复合"的趋势。"复合支护"可定义为两种及以上的支护技术和土体共同作用形成挡土结构。组合应用是基坑支护技术发展的一个趋势，但不能一旦组合使用就叫"复合"，如果没有土体参与共同作用，还是不要叫"复合支护"。趁着"复合支护"尚未泛滥，本书强烈呼吁："复合"有风险，使用需谨慎！

3.3 其他名词术语

1. 边坡与基坑

（1）边坡与建筑边坡

某边坡规范对"建筑边坡"进行了定义：在建筑场地及其周边，由于建筑工程和市政工程开挖或填筑施工所形成的人工边坡和对建（构）筑物安全或稳定有不利影响的自然斜坡，本规范中简称边坡。

看来该定义把"建筑边坡"与"边坡"当作了一码事。就建筑工程领域而言，也说得过去，但如果再考虑到其他工程领域，如水利水电工程，可能就不是很妥当了。所以最好是先对"边坡"进行定义。边坡的主要特征有 3 个：①位于地面以上的岩土体的临空面（即"坡"）；②长期（一般不短于 2～5 年）裸露、不填筑覆盖或仅部分回填；③对工程建设活动或建（构）筑物可能有不利影响（工程意义上的边坡不包括那些大自然形成的、对工程建设等人类活动几乎没有影响的山坡）。该定义中，漏掉了"长期裸露、不填筑覆盖或仅部分回填"这一特征，如果短期内回填则定性为基坑了；"斜坡"不全面，应为"斜坡及直坡"。故建议对"边坡"定义为：对工程建设活动或建（构）筑物可能有不利影响的、人工或自然形成的、长期裸露不需填筑覆盖或仅需部分回填的、位于地表之上的岩土体的临空面。

（2）基坑

某基坑规范对"基坑"进行了定义：为进行建（构）筑物地下部分的施工由地面向下开挖出的空间。

"基坑"的主要特征有 3 个：①是地下空间，通常四周围合封闭，即"坑"；②从地面向下开挖形成、建立在地面以下；③短期内（一般 2～5 年）需要回填。上述定义中，漏掉了"短期内需回填"这一特征，而短期内不回填通常视为边坡。故建议"基坑"定义为：为施工建（构）筑物及设备设施等地下部分、由地面向下开挖形成的、短期内需回填的、四周围合的地下空间。

2. 永久与临时

（1）永久性锚杆与临时性锚杆

规范通常把设计使用期超过 2 年的锚杆定义为永久性锚杆，不超过 2 年的定义为临时性锚杆。这条规定是二十多年前、参考英国标准确定的，现在仍在沿用。

近些年来，特深及超大型以上基坑越来越多，支护结构的使用期可能达 2～3

年，其中锚杆的使用期可能达 3～4 年。边坡工程中，不少大型山地项目多年分期开发，工程建设初期可能会产生一些使用期超过两年的边坡，支护锚杆的使用期也将超过 2 年；随着不断开发，边坡将逐渐消失，锚杆将失去效用，一般没必要设置为永久性的。

永久性锚杆与临时性锚杆的主要区别为：永久性锚杆的安全系数通常要高一些，且要增加防腐蚀等耐久性措施。国外现行标准中，欧洲、日本临时锚杆设计使用期限一般为 2 年，美国 FHWA—IF—99—015《岩土工程手册 4：地层锚杆和锚固体系》[7] 则为 1.5 年～3 年。其实，2 年也好，3 年也罢，都是工程经验，并没有充分的理论根据及十足的把握。经验表明，临时性锚杆如采取一些简单的耐久性措施，在一般环境中使用七八年通常不成问题，并不会因腐蚀破坏，不会造成安全度的显著降低，但可显著降低工程造价，且方便于工程建设。故建议参照美国 PTI DC35.1—14《岩、土层预应力锚杆的建议》[8]，把使用期小于 2 年的锚杆称为短期锚杆，2～5 年的称为半长期锚杆，大于 5 年的称为长期锚杆。国内近些年来工程建设规模已远非国外可比，锚杆的实际工程经验也远比国外丰富，一些指标完全可以依据国内的工程经验及实际确定。另外，本书后文会采用"短期、长期"替代"临时、永久"词语，认为更准确一些。

（2）永久性边坡及基坑

在一定程度上受到锚杆影响，某边坡规范把使用年限超过 2 年的边坡定义为永久性边坡（以下称为长期边坡），不超过 2 年的定义为临时性边坡（以下称为短期边坡）。

国内当前工程建设中：①很多山地项目等大型土石方工程多年分期开发，产生的短期边坡在项目建设的过程中将逐渐消失；②随着城市更新范围的不断扩大，有些位于边坡上下的建筑物逐渐要拆迁，边坡只需要服务几年；③填海造陆工程往往耗时数年，所需填料如采用开山土石方，往往需要在土源区修建道路，道路两侧可能会产生短期边坡。

长期边坡与短期边坡的区别主要有 3 点：①长期边坡要增加防腐蚀（尤其是锚杆）、防老化、防蠕变、保持排水畅通等耐久性措施，短期边坡通常不需要；②长期边坡的安全系数通常要高一些；③长期边坡通常要采取一些利于以后检查维修的措施，以及尽量采取使边坡美观一些的作法，短期边坡通常不需要。短期边坡在一般环境中采取一些简单的耐久性措施，使用十年八年的通常不成问题，并不会造成安全度的显著降低，但可显著降低工程造价且便于工程建设，如果按长期边坡处理可能会产生较大浪费。故建议和锚杆一样，以 2 年、5 年为界，将边坡划分为短期、半长期及长期边坡。

另外，一些规范要求基坑的设计使用年限大于 2 年时支护结构按永久性设计。这么做可能浪费较多，建议与边坡及锚杆一样，将使用期 2～5 年的基坑按半长期基坑设计。

3. 锚杆与抗拔桩

选择题：哪个岩土工程构件被规范定义为"将拉力传至稳定岩土层的构件"？备选答案：①抗拔桩；②抗浮桩；③锚桩；④锚杆；⑤预应力锚索；⑥抗拔锚杆；⑦地锚；⑧锚定板；⑨土钉。

备选答案是规范中的相应术语，大致分为桩、锚两类。（1）桩与锚之间还是有很大差别的：在功能上，桩以抗压为主，以抗拔、抗剪、抗弯为辅；而锚杆，只能用于抗拔，不能用于抗压、抗剪及抗弯，两类构件不能混为一谈。有的规范采用"抗拔锚杆"名词，"抗拔"这一定语容易被误解，最好还是别用，锚杆只能用于抗拔，不能用于抗别的什么；有的规范使用"锚桩"名词，"锚桩"通常指静载荷压桩试验时提供压桩反力的辅助桩，受拉力作用，该名词又锚又桩的容易造成混乱，也不宜推广使用。（2）抗浮桩，顾名思义，指用于承受水浮力的桩；而抗拔桩，指承受上拔力的桩，上拔力除了浮力还包括风荷载等倾覆力矩导致的上拔力等，故抗浮桩应包含在抗拔桩范围内。目前大多规范中两者并没有严格区分，通常用"抗拔桩"统指"抗浮桩"。（3）有的规范对"预应力锚索"进行了定义，指锚筋材料为钢绞线的预应力锚杆。广义上，"预应力锚索"应包含在"预应力锚杆"范围内，通常无需刻意强调"索"与"杆"的区别。（4）吊桥等预应力结构中也采用"锚索"、"锚杆"等词，故就岩土工程而言，"地锚"其实比"锚杆"一词更准确、更形象，国外规范中较为常用的 ground anchor 等词，直译则为地锚。地锚应包含土锚（土体锚杆）及岩锚（岩体锚杆）两类。（5）锚杆与锚定板的差别较大，与土钉有一定差别，但就功能而言，与上述其他名词一样，都是"将拉力传至稳定岩土层的构件"。

某规范给出的"正确"答案是：锚杆。《岩土锚杆（索）技术规程》CECS 22：2005 对锚杆的定义为："将拉力传递到稳定的岩层或土体的锚固体系，它通常包括杆体、注浆体、锚具、套管和可能使用的连接器"。可见，补语"它通常包括杆体、注浆体、锚具、套管和可能使用的连接器"是省略不得的，这是锚杆与其他类似构件的区别特征，如果没有，上述备选答案则全部正确，可能会乱了套。

4. 预应力锚杆的自由段、锚固段、粘结段与非粘结段

国内规范均把预应力锚杆的结构按全长划分为锚头、自由段及锚固段 3 部分，如图 3-4 所示。

有规范对该 3 部分进行了定义：①锚头指将预应力由杆体传递到地层或支撑结构表面的锚杆外露端；②自由段指利用弹性伸长将拉力传递给锚固体的杆体部分；③锚固段指通过注浆或机械装置将拉力传递到周围岩层或土体的杆体部分。

3 部分的划分及相应定义显然是以拉力型锚杆为基础的，以如今的眼光来看有点落伍了。例如：图 3-4（b）所示的压力型锚杆的锚固段如何定义？其"锚固段"也符合上述"自由段"的定义。再如：图 3-4（a）所示的拉力型锚杆的锚固段，指的是锚筋与注浆体的粘结、还是注浆体与周边岩土体的粘结，还是两者都是？数十年前，国内工程中几乎都采用拉力型锚杆，上述划分及对锚杆不同部位的定义尽

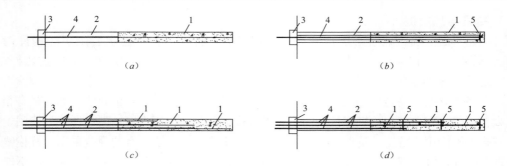

图 3-4　国内规范中的锚杆结构简图

(*a*) 拉力型；(*b*) 压力型；(*c*) 拉力分散型；(*d*) 压力分散型

1—（单元）锚固段；2—（单元）自由段；3—锚头；4—无粘结杆体；5—承载体

管不是很准确但也大差不差；近些年来随着锚杆技术的进步，压力型锚杆、荷载分散型锚杆、拉压型锚杆等已经大量应用，这些类型的锚杆在构造与力学机理上与拉力型锚杆有较大差别，再采用这种命名及划分方法显得不够用了。

各类锚杆的浆体—地层的粘结长度与浆体—锚筋的粘结长度不一致。欧美规范通常将浆体与锚筋的粘结称为 bond（本书称为粘结），浆体与地层界面的粘结称为 fixed（本书称为锚固），把锚杆按浆体与地层的锚固与否划分成锚固段及自由段，按浆体与锚筋的粘结与否划分为粘结段及非粘结段[9]。参考国外规范，本书建议的锚杆结构划分方法如图 3-5 所示。

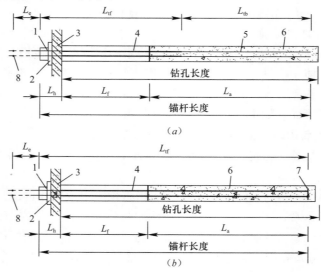

图 3-5　锚杆结构划分方法及各部分命名

(*a*) 拉力型锚杆；(*b*) 压力型锚杆

1—锚夹具；2—承压板；3—锚座；4—套管或无粘结锚筋；5—锚筋；6—浆体；7—承载体；
8—千斤顶夹持点；L_{tb}—粘结段；L_{tf}—非粘结段；L_e—张拉段；L_a—锚固段；L_f—自由段；L_h—锚头段

图 3-5 中:(1) 锚杆全长分为锚固段、自由段及锚头段 3 部分,其中锚固段指浆体与周边地层的锚固长度,自由段指锚固段至钻孔孔口之间,锚头段指钻孔孔口至锚夹具之间;(2) 锚筋全长分为粘结段、非粘结段及张拉段 3 部分,其中粘结段指浆体与锚筋的粘结长度,非粘结段指粘结段至锚夹具之间,张拉段指锚夹具至千斤顶夹持点之间。划分方法适用于所有类型的预应力锚杆,可使一些模糊概念表达得更为准确清晰:计算锚杆自由段的弹性变形、对自由段防腐,实际上指计算锚筋非粘结段的弹性变形、对非粘结段防腐;验算锚筋的锚固段长度,实际上指验算锚筋的粘结段长度;要求锚筋外露于锚具外的长度不宜小于 1.5m 以利于张拉,简单说就是张拉段不宜小于 1.5m 等。

从图中可清楚看出,拉力型锚杆的锚固段及自由段与压力型锚杆的锚固段及自由段大致上是一码事,而粘结段与非粘结段则不是一码事;压力型锚杆有锚固段而没有粘结段,其自由段与非粘结段完全是两码事。

3.4　承载力的值态

1. 承载力的值态

荷载及抗力以数值形式表达时,应准确标明其力值形态——本书称为值态,否则将意义不明或表达不清。例如,基础规范"桩静载试验要点"得到的结果是"极限承载力",表达不够准确,更为准确的如桩基规范 1994 年版中"单桩静载试验要点"得到的结果是"极限承载力标准值"。承载力的值态,在国内,退休的及在职的,官名(即列入规范的)有特征值、标准值、设计值、基本值、极限值、极限标准值、容许值、允许值等,本节将主要以单桩竖向抗压承载力(简称单桩承载力)的值态为例一一讨论。

《地基基础设计规范》GB 50007—2011(简称基础规范)与《建筑桩基技术规范》JGJ 94—2008(简称桩基规范),在岩土工程规范中是当仁不让的两位大佬。基础规范中的桩基承载力计算公式,采用的值态是"特征值",可概化为"单桩承载力特征值=桩端阻力特征值+桩侧阻力特征值";而桩基规范中的桩基承载力计算公式,采用的值态是"极限标准值",可概化为"单桩极限承载力标准值=极限端阻力标准值+极限侧阻力标准值"。为什么这么重要的基本概念及值态,在两本这么重要的规范中,没有统一而是各行其是呢?

2. 几种值态及概念的来龙去脉[10]

(1) 基础规范

最早版本为 1974 年版的《工业与民用建筑地基基础设计规范(试行)》TJ 7—74,采用了容许应用设计法,安全系数为 2。该版本中采用"单桩垂直容许承载力"、"桩尖平面处土的容许承载力"及"桩周土的容许摩擦力"等名词,均没有定义。

修订为 1989 年版时，采用了概率极限状态设计法，把 1974 年版中的总安全系数 2 分解为作用分项系数及抗力分项系数两项。该版本采用"单桩所承受的外力设计值"、"桩端土的承载力标准值"、"桩周土的摩擦力标准值"等名词，均没有定义，直接规定了"单桩所承受的外力设计值"为 1.1～1.2 倍单桩承载力标准值。

1989 年版抗力分项系数及设计值的使用产生了一些混乱，修订为 2002 年版时，提出了承载力特征值术语。该版本采用"单桩承载力特征值"、"桩周土的摩擦力特征值"及"桩端土的承载力特征值"名词，均没有定义。特征值确定方法与 1989 年版中单桩承载力标准值的相同。

2011 年版与 2002 年版相比，就本节讨论的内容几无变化。

以上单桩容许承载力容许值、标准值、特征值均采用单桩静载荷试验检验，取通过试验得到的单桩极限承载力的 1/2。故这几个值态的本质大体相同。

另外，1974 年版定义了地基土的容许承载力：在保证地基稳定的条件下，房屋和构筑物的沉降量不超过容许值的地基承载能力。以此类推，可以把单桩容许承载力理解为：在保证地基稳定的条件下，房屋和构筑物的沉降量不超过容许值的单桩承载能力。这种理解直到现在也还在用，在基础规范中被延伸为正常使用极限状态下的单桩设计承载力。

（2）桩基规范

桩基规范 1994 年版采用了概率极限状态设计法。该版本采用"单桩竖向极限承载力标准值"、"单桩第 i 层土的极限侧阻力标准值"及"单桩的极限端阻力标准值"等值态，对"单桩竖向极限承载力"定义为：单柱在竖向荷载作用下到达破坏状态前或出现不适于继续承载的变形时所对应的最大荷载。采用单桩静载荷试验得到的单桩个体试验结果称为"实测值"，对实测值进行数理统计，得到折减系数（通常不是 0.5），极限承载力标准值即为实测值的平均值乘以折减系数。

2008 年版用综合安全系数取替了 1994 年版中的荷载分项系数及抗力分项系数。该版本采用并定义了"单桩竖向极限承载力标准值"为：单桩在竖向荷载作用下到达破坏状态前或出现不适于继续承载的变形时所对应的最大荷载，它取决于土对桩的支承阻力和桩身承载力；定义了"极限侧阻力标准值"、"极限端阻力标准值"为：相应于桩顶作用极限荷载时，桩身侧表面、桩端所发生的岩土阻力，把"单桩竖向承载力特征值"定义为"单桩竖向极限承载力标准值除以安全系数后的承载力值"，计算公式中安全系数取 2。

该规范取消了单桩静载荷试验要求，改为按《建筑基桩检测技术规范》JGJ 106 执行。后者笼统地说静载试验结果为"单桩竖向抗压极限承载力"，没注明值态，但取其一半作为承载力特征值。

3. 几种值态概念的讨论与辨析

（1）容许值、允许值

允许值与容许值基本上是一码事。地基土容许承载力、单桩容许承载力、桩尖土容许承载力、桩周土容许摩擦力、土的容许端承力、桩周第 i 层土的容许摩擦力等名词在本节讨论的两本规范中已经停用多年，但有些在国内个别行业标准中还在采用。实际上，"容许承载力"的概念目前仍是理解其他相应概念的基础，如果与后来的标准值、特征值相比，在地基土承载力物理意义的描述上显得更准确、更直观一些。但这并不意味着支持其重出江湖或者永不言退。

（2）基本值

基础规范 74 年版及 89 年版使用了承载力基本值这一值态，没有定义，可以理解为未经数理统计处理的承载力基本数据，一般可由理论计算法、室内试验法及原位试验法等取得[11]，该两版规范推荐了后两种方法，其中室内试验法适用于地基土、不适用于桩，原位测试法适用于地基土和桩。通过静荷载试验等原位测试方法得到的样本个体的承载力即承载力基本值，对样本数理统计，得到统计修正系数，基本值的平均值与统计修正系数的乘积即为承载力标准值。

基础规范 2002 年版用"特征值"代替了"标准值"，也不再使用"承载力基本值"。桩基规范中一直没有使用"基本值"一词。为了准确地表达相应概念，建议以后机会成熟时，"基本值"一词再重新出山。

（3）标准值

《建筑结构可靠度设计统一标准》GB 50068—2001 规定：材料性能标准值为符合规定质量的材料性能概率分布的某一分位值。《工程结构设计基本术语和通用符号》GBJ 132—90 定义了材料性能标准值为：结构或构件设计时，采用的材料性能的基本代表值，其值一般根据符合规定质量的材料性能概率分布的某一分位值确定，亦称特征值。《建筑结构设计术语和符号标准》GB/T 50083—97 进一步明确了材料强度标准值为：结构构件设计时，表示材料强度的基本代表值，由标准试件按标准试验方法经数理统计以概率分布规定的分位数确定，分抗压、抗拉、抗剪、抗弯、抗疲劳和屈服强度标准值。就一般人工材料而言，如钢材、混凝土及砌块等，其抗压强度就是材料所能承受的最大压应力。作为专用标准，基础规范及桩基规范应遵守国家及本行业的基础标准及通用标准，采用统一的基本术语及概念。

（4）地基土承载力标准值

地基土作为广义材料，也应该遵守上述规定。但地基土为天然大变形材料，与钢材、混凝土等人工小变形材料不同：当荷载增加时，地基土变形相应增加；随着地基土变形的增长，其承载力也在逐渐加大，很难界定出一个真正的极限值，其承载力不仅体现了强度性能，同时还体现了变形与稳定性能。因此，国内业界对地基土的承载力确定时，大多没有按照小变形材料的原则及方法，而是参照原苏联规范，采用 $p_{1/4}$ 理论分析及荷载试验等方法直接确定允许使用值。

通过静荷载试验法确定时，可采用以下 3 种方法之一：①比例界限法，即荷载-沉降（p-s）曲线上有比例界限时，取比例界限点对应的荷载值，如图 3-6（a）所示。②相对变形值法，即无比例界限时，取相对变形值（压板沉降与板宽或板径的比值）$s/b=0.01\sim0.15$ 所对应的荷载，如图 3-6（b）所示。③对折法，即上述两种方法取得的结果不得超过最大加载量及极限荷载的一半。

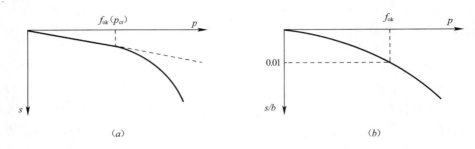

图 3-6　通过静载荷试验确定地基承载力的方法
（a）比例界限法；（b）相对变形值法

3 种方法中，比例界限法最可能在较硬较密实的地层中出现，实际工程中很少采用，工程中通常采用第 2、3 种方法。本人看到的一些声称采用了比例界限法的试验结果中，拟合的荷载-沉降曲线通常很难令人苟同：样本通常较少，凭有限的三两个散点就拟合为线性曲线从而得到线性变形段，显得有些勉强。比例界限点很难确定，比例界限法人为因素很大，实际工程中有争议时往往转而采用相对变形值法等其他方法。

对样本进行数理统计，得到允许使用值，即基础规范 1974 年版的容许值、1989 年版的标准值、2002 年版及 2011 年版本的特征值。这些均不是极限值，相当于《建筑结构可靠度设计统一标准》GB 50068—2001 中的设计值概念，已经包含了安全系数。基础规范 1989 年以后版本对岩体的承载力采用了与土的比例界限法类似的确定方法、概念及值态。这种直接确定岩、土的允许使用值的作法即容许应力设计法，国内至今仍在沿用。

顺便说一下：因为静载荷试验只能反映浅层土、不能反映深层土的性状，且受载荷板的影响、不便直接应用于工程（载荷板与浅基础的面积及形状通常有一定差别，对试验结果修正后才能用于浅基础设计）等原因，国外并不特别看重地基土的静载荷试验，这与国内有较大差别。

（5）单桩承载力标准值

基础规范 1989 年版把"承载力标准值"值态扩大应用到了桩上。但桩毕竟不是土，不属于大变形材料或构件，无法采取与土类似的直接确定设计使用值的作法，规范于是规定了极限状态指标，把单桩静荷载试验中达到了极限状态指标时桩所承受的荷载确定为桩的极限承载力，这与小变形材料作法类似。基础规范 1989 年版把桩的极限承载力除以安全系数 2，得到单桩承载力标准值，即基础规范 1974 年版的容许承载力，与土一样，该承载力标准值相当于《建筑结构可靠度设计统一标准》GB 50068 中的设计值，安全系数为 2。相应的，该版基础规范设计计算单桩承载力时，采用了"桩端土的承载力标准值"及"桩周土摩擦力标准值"。

可见，这几个"标准值"并不"标准"，不是极限值，不符合通用规范对标准值值态的定义。这几个"标准值"名词在基础规范修订为 2002 年版后被停用，改称特征值。基础规范解释说：根据国外有关文献，相应于我国规范中的"标准值"的含义词可以有特征值、公称值、名义值、标定值四种，在国际标准《结构可靠性总原则》ISO 2394 中相应的术语直译为"特征值"（Characteristic Value），该值的确定可以是统计得出，也可以是传统经验值或某一物理量限定的值。这是"标准值"被抛弃及"特征值"被采纳的官方解释。但《混凝土结构设计规范》GB 50010、《钢结构设计规范》GB 50017 等大佬级结构专用标准仍在采用"标准值"术语。

（6）单桩极限承载力标准值

桩基规范可能并不认同基础规范中单桩承载力标准值的概念及名词，一直没采用。但因"承载力标准值"名词已经被占用，于是采用了"极限承载力标准值"一词沿用至今。相应的，设计计算极限承载力标准值时，采用了桩极限侧阻力标准值及桩极限端阻力标准值等概念。从《建筑结构可靠度设计统一标准》GB 50068 等通用标准的角度，这几个极限标准值应该称为标准值。

（7）承载力设计值

基础规范 1989 年版采用概率极限状态设计法时，把经过深宽修正的地基土承载力标准值规定为地基土承载力设计值，把 1.1～1.2 倍的单桩承载力标准值规定为单桩承载力设计值。因此带来的问题是：承载力设计值大于标准值，不符合《建筑结构可靠度设计统一标准》GB 50068 等通用标准规定。相关通用技术标准规定，荷载的设计值为荷载标准值乘以荷载分项系数，抗力的设计值为抗力标准值除以抗力分项系数，因分项系数均不小于 1.0，故荷载设计值均不应小于标准值，抗力设计值均应不大于标准值。基础规范 1989 年版中设计值的概念及用法没有问题，问题出在桩、土的承载力标准值的概念上。

这个矛盾不好协调。主要受苏联规范影响，传统上，国内地基土承载力一直较少采用极限值概念，较少测定过像小变形材料那种极限标准值，也就较难以通过标准值除以材料分项系数得到设计值；按传统方法得到的承载力"标准值"实质上就是设计值概念，已经包含了安全系数。但如果规范直接把"标准值"改为"设计值"，也很为难，必然会引起很大混乱。推测无奈之下，基础规范修订为 2002 年版时，用"承载力特征值"替代了"承载力标准值"，同时停用了"承载力设计值"。"基本值"经数理统计后得到的是"标准值"，标准值一词被停用，基本值一词也随之停用，有躺着中枪之感。

桩基规范 1994 年版把极限承载力标准值除以抗力分项系数 1.6～1.75 规定为单桩承载力设计值，符合《建筑结构可靠度设计统一标准》GB 50068 等通用标准规定。修订为 2008 年版时，为与基础规范等规范协调，也停用了单桩承载力设计值一词。

　　虽然"承载力设计值"值态在规范中被停用，但其代表的设计概念及理论并没有问题且仍然在各种规范中使用。该值态的停用，给准确表达承载力的有关概念、应用计算公式及与国际接轨带来了不便及曲折，以后机会成熟时可重返沙场再战江湖。

　　（8）承载力特征值

　　基础规范 2002 年版及 2011 年版采用了"单桩承载力特征值"一词但没有定义，进行了条文说明：用以表示正常使用极限状态计算时采用的地基承载力和单桩承载力的设计使用值，其含义为发挥正常使用功能时所允许采用的抗力设计值。

　　先谈谈地基承载力特征值。基础规范 2011 年版定义了地基承载力特征值：由载荷试验测定的地基土压力变形曲线线性变形段内规定的变形所对应的压力值，其最大值为比例界限值。该定义看起来有 2 点硬伤：①如前所述，大多数地基土静载试验的压力变形曲线呈非线性、没有比例界限点，而定义却忽视了这些普遍情况；②即便有比例界限，最大值也并非均为比例界限，还可能是极限荷载的一半，如前所述。如果定义一定要往比例界限上硬凑，则建议：①建立名义比例界限的概念，把非线性压力变形曲线上相对变形值 $s/b=0.01 \sim 0.015$ 对应的点称为名义比例界限，对应的荷载即为承载力特征值。②定义修改为：由载荷试验测定的地基土压力变形曲线上规定的变形所对应的压力值，取比例界限值、名义比例界限值、极限荷载一半及最大加载量一半四者中的最小值。

　　按基础规范，单桩承载力特征值的概念可以理解为：正常使用极限状态下允许使用的单桩最大竖向抗压承载力。如果以之为定义，那么，这种定义模式是从设计计算的角度出发的，与对地基土的定义模式不同，对地基土直接规定了荷载试验时承载力特征值状态。看起来，对地基土特征值的定义似乎更接近基础规范中"特征值"的概念，"特征值"本质上是抗力而不是荷载，不宜从荷载的角度去定义。但如果对单桩承载力特征值也从抗力的角度去定义，因为不能通过试验直接确定，就要先定义极限承载力标准值，再描述其与特征值的关系——桩基规范 2008 版就是这么干的。因为做不到像对地基土那样直接定义桩的特征值状态，规范能够规定桩静荷载试验时相对应某变形量的桩承载力为极限值，但无法规定什么样的变形量相应于特征值，特征值状态只能通过间接方法获得。造成的后果就是：对土、桩而言，此特征值非彼特征值，即桩、土的承载力特征值并非同一概念，尽管基础规范把特征值规定为与结构的正常使用极限状态相对应，但对于桩而言无法去证实，"与结构的正常使用极限状态相对应"未必能够成立。而且，因为安全系数及分项系数并非均为 2 等原因，此时桩承载力极限标准值与结构的承载能力极限状态也不能一一对应。

　　（9）桩端阻力特征值及桩侧阻力特征值

　　这两个名词的前身即基础规范 1974 年版的桩尖土容许承载力、桩周土容许摩擦力，及 1989 年版的桩端土承载力标准值、桩周土摩擦力标准值，但基础规范一直没有明确这些值态的概念。

这两个特征值如何确定呢？基础规范1974年版及1989年版提供了相关经验值，没有说明经验值的来源及确定方法，2002年版及2011年版则笼统地说"由当地静载荷试验结果统计分析算得"。事实上，工程实践中特征值确定方法就是取得极限标准值后除以安全系数2，规范也是这么做的，只是除了黑龙江省地方标准《建筑地基基础设计规范》DB2 3/902—2005做了有关说明并公之于众外[12]，都没见明说。

可用桩基规范1994年版及基础规范1989年版中的数据做个对比。前者提供了桩的摩阻力及端阻力的极限标准值的经验值，后者提供了标准值、即特征值的经验值（强度值），两者采用的土的分类标准相同，故两者提供的数据具有可比性（其他版本规范中，因土的分类标准不同而缺少可比性）。对比时选用了基础规范中桩长10～15m（桩基规范中9～16m）预制桩的经验数据；因经验数据是连接变化的范围值，故可选取中位值作为标准进行对比。比对结果：桩侧摩阻力（粘结强度）21组统计数据，极限标准值除以特征值的商为2.10～2.20，平均2.13；桩端阻力（承载力强度）11组统计数据，极限标准值除以特征值的商为1.46～2.11，平均1.79。对比结果表明，两者数据相关性良好，统计误差仅约10%，尤其是侧阻力，特征值取极限标准值一半的痕迹非常明显，且安全储备又有所提高。目前还没有见到确定这两个特征值的其他方法。

单桩竖向受压时荷载传递机理有几个特点[13]：①桩侧摩阻力是自上而下逐渐发挥的，不同深度的摩阻力是异步发挥的；②桩土间产生一定的相对位移后，桩侧摩阻力从峰值跌落为残余值；③桩端阻力与侧阻力是异步发挥的，只有当桩身应力传递到桩端后桩端土才产生端阻力；④桩端土较坚硬时，桩端阻力随着桩端沉降增大而增大。这样，单桩受到与承载力特征值等值荷载时，桩身上部的桩侧阻力的发挥值可能已经接近极限，而桩身下部的侧阻力和端阻力发挥值仍然很小，远未达到特征值水平[14]，即当单桩受荷达到承载力特征值状态时，桩侧阻力及桩端阻力并非极限值的一半、即并非特征值。从力学机理上看，桩侧土的摩阻力本质是剪切强度，既然是强度，就应只有极限值，应视极限值为特征值；规范把极限值的一半作为特征值，很难理解有什么物理意义。除了地基土及桩基外，一些规范对锚杆、土钉等构件的锚固体与地层的粘结强度也规定了特征值状态，本人同样持怀疑态度。

那么，这两个特征值又是如何验证的呢？常规作法是：按该两个特征值计算出单桩承载力特征值，进行静荷载试验，最大试验荷载不小于2倍承载力特征值的计算值，得到试验结果，进行数理统计得到极限承载力标准值，除以2后，如果不小于单桩承载力特征值的计算值，则验证合格。这两个特征值的来源是间接的，验证方法也是间接的，相对于极限值而言，可靠性显然更差一些。

4. 国外做法

查阅了欧洲规范7（Eurocode 7）第一部分《EN 1997—1通则》[15]及第二部分

《EN 1997—2 地层勘察与试验》[16]、德国标准[17]、英国标准[18] 等相关技术标准，得到如下结果：

（1）采用原位平板静荷载试验测试地基土极限承载力（ultimate bearing capacity）时，测定方法与国内相对变形值法相似，直接测得极限接触压力（ultimate contact pressure）p_u，用以计算不排水抗剪强度 c_u（undrained shear strength），计算变形模量 E_{plt} 从而计算杨式弹性模量 E（Young's modulus of elasticity）以及基床系数（modulus of subgrade reaction）等。

（2）采用"特征值（characteristic value）"的术语及概念，但内涵与国内大相径庭。欧洲规范 7 规定，岩土参数的特征值应该能够用来评估极限状态的发生，当采用统计方法确定时，低于特征值时发生极限状态的计算概率不应超过 5%。这与欧美标准中对材料特征强度（为与国内区别，这里谈国外标准时采用特征强度、特征承载力等说法）的规定相同，如钢筋，特征强度即极限强度，国内称为强度标准值，要求不超过 5% 的试验结果低于该强度值。

（3）采用设计值（design value）及特征值进行工程设计。

（4）欧洲规范 7 给出了采用静载荷试验方法测试极限状态（承载能力极限状态，Ultimate Limit States）下单桩抗压承载力后，确定特征承载力 $R_{c;k}$（characteristic value of R_c）及设计承载力 $R_{c;d}$（design value of R_c）的方法，如式（3-1）、（3-2）所示。

$$R_{c;k} = \text{Min}\{(R_{c;m})_{mean}/\S_1 ; (R_{c;m})_{min}/\S_2\} \qquad (3-1)$$

$$R_{c;d} = R_{c;k}/\gamma_t \qquad (3-2)$$

式中，R_c 为承载能力极限状态下单桩地面抗压承载力，$R_{c;m}$（measured value of R_c in one or several pile load tests）为 R_c 的实测值，$\S$ 为与试验桩数相关的系数，γ_t 为单桩承载力分项系数。

英国爱丁堡龙比亚大学 Ian Smith 教授提供了一个具体案例[19]：

假定测试了 4 条桩，$R_{c;m}$（kN）分别：382、425、365、412，则：

$$(R_{c;m})_{mean} = (382 + 425 + 365 + 412)/4 = 396\text{kN},$$

$$(R_{c;m})_{min} = 365\text{kN},$$

查欧洲规范 7 所建议的附表，$\S_1$、$\S_2$ 分别为 1.1、1.0，γ_t 可取 1.5，则：

$$(R_{c;m})_{mean}/1.1 = 360\text{kN},$$

$$(R_{c;m})_{min}/1.0 = 365\text{kN},$$

$$R_{c;k} = \text{Min}\{360, 365\} = 360\text{kN},$$

$$R_{c;d} = R_{c;k}/1.5 = 240\text{kN}。$$

理想状态下，设桩端特征承载力 $R_{b;k}$（Characteristic base resistance 或 characteristic value of base resistance pressure）与桩侧特征承载力 $R_{s;k}$（Characteristic shaft resistance 或 characteristic value of shaft friction）之比为 3：1，则：

$$R_{b;k} = 360 \times 0.75 = 270\text{kN},$$

$$R_{sik} = 360 \times 0.25 = 90\text{kN}。$$

不看不知道,一看吓一跳,原来人家的"特征值"与我们的"特征值"根本不是一回事,我们只是用了一个"特征值"的名,行的却是"设计值"之实。如果用外文在国际上发表论文可要小心了,别弄得让老外们看不懂。

5. 小结

如前所述,钢材及混凝土等建筑材料直接测定其极限强度,再除以大于 1.0 的安全系数后作为设计使用强度;地基土传统上大多直接测定其允许使用强度,国外早期也有这么干的,"容许值"的概念国内外早期是通用的。不过那时国内外建筑物均不高,多采用天然基础、浅基础,对地基基础设计的要求不高,这么理解及处理地基土承载力说得过去、没啥大毛病。但对于桩,采用"容许值"矛盾就来了。基础规范 1974 年版,先测定桩的承载力极限值、再除以安全系数 2 后得到容许值,从最初开始,与土走的就不是一条路。对地基土承载力采用了直接测定允许使用值而不是极限值的作法,产生了容许值的术语及概念;又把容许值的术语,扩展到了桩基上;但桩基承载力是测定极限值的,与土的容许值的测定方法天生矛盾,桩承载力允许值的概念与地基土容许值的概念天生矛盾。容许值与极限值是性质、意义及概念不同的两个值态,对于桩基而言,只是借来了一个术语,其概念没有办法移植,于是通过安全系数 2,把地基土的脑袋捆绑到了桩的身子上。考虑到国内当时总体技术水平及应用水平、桩基础应用不多这一现实以及社会处于"文革"动乱之中,这么做是可以理解的,当时也不会有什么太大问题。

改革开放后建筑物越来越高,深基础及复合地基使用越来越多,对地基基础的要求也越来越高。随着设计理论、检测理论及方法的发展,尤其是在建筑结构中应用广泛的概率极限状态设计理论的发展,这种作法的缺陷就被放大了。国外主流规范已经对地基土与人工材料一样,测定其强度的极限值,再除以安全系数后作为设计使用强度,以满足极限状态设计法的需要。但国内此时没跟上国际步伐。基础规范 1989 年版,仅是把"容许值"换成了"标准值",内涵没变,用了个新瓶装的还是旧酒,矛盾没解决,还闹大了:同是"标准值",其他规范中"标准值"代表的是极限值,而基础规范 1989 年版中的"标准值"却是极限值的一半;然后又规定了"设计值"是"标准值"的 1.1~1.2 倍,直接造成了设计值大于标准值,不仅与国内相关规范不符,也与国际惯例不符,这时候已经没法与国际接轨了。不仅地基土、桩基如此,之后《建筑地基处理技术规范》JGJ 79—91、《岩土工程勘察规范》GB 50021—94 等相继跟上,又把"标准值"推广到了地基处理及勘察领域。其实,例如《岩土工程勘察规范》GB 50021—94,对"承载力标准值"与"标准值"的定义本身就矛盾:其定义"岩土参数标准值"为"岩土参数的基本值态,通常取概率分布的 0.05 分位数",各种岩土参数标准值,密度、孔隙比、含水量等,包括 c、φ 值等抗剪强度指标,标准值都是"极限值",唯独承载力指标,"标准值"不是极限值。

也有规范没有贸然跟进，比如桩基规范及《建筑基坑支护技术规程》JGJ 120等。如前所述，桩基规范 1994 年版没有采用"标准值"及其概念，但又无法离开"标准值"值态，于是起了个名叫"极限标准值"；JGJ 120—99 给注浆体与地层间的粘结强度起了个名叫"极限摩阻力标准值"，2012 年版改名为"极限粘结强度标准值"（"粘结强度"比"摩阻力"准确）。

"标准值"一词不好用了，基础规范 2002 年版于是趁着推行承载力极限状态及正常使用极限状态这两种极限状态设计法的机会，将其换成了"特征值"，貌似与国际接上轨了，其实还是两股道上跑的车，走的不是一条路。《建筑地基处理技术规范》JGJ 79—2002、《建筑边坡工程技术规范》GB 50330—2002、《复合地基技术规范》GB/T 50783—2012 等纷纷跟进，又把"特征值"一词从地基基础工程推广到了岩石、地基处理、边坡及复合地基工程中。本人不反对弃旧迎新，但用"特征值"替代"标准值"，总觉得是换汤没换药。

要解决矛盾，看起来需要从根源上、即地基土的承载力确定方法着手。简单地说，就是放弃容许应力设计法，放弃"特征值"，采用极限状态设计法，即不采用直接确定地基土允许使用值的作法，而是先确定极限值再确定使用值（设计值）。这么做其实也是有一定基础的，这也是传统的确定地基土承载力的方法之一，不仅国外，国内也是，具体可见相关行业标准、地方标准及《地质工程手册》等文献，《高层建筑岩土工程勘察规程》JGJ 72—2004 就提供了地基极限承载力的估算方法。

不过，这样做，真的能够解决所有的问题吗？前述所有矛盾都将迎刃而解、没有后遗症了吗？这里先卖个关子，第 5 章还有说法。

参考文献

[1] 付文光，卓志飞. 对"土钉墙"等术语命名的探讨 [J]. 岩土工程学报. 2010，32（1）：46-51.

[2] 美国联邦公路总局. 土钉墙设计施工与监测手册 [M]. 佘诗刚译. 北京：中图科学技术出版社，2000.

[3] LAZARTE Carlos A，ELIAS Victor，ESPINOZA David，et al. Geotechnical Engineering Circular NO. 7—Soil Nail Walls [R]. Washington D C：FHWA，2003.

[4] 付文光，杨志银. 复合土钉墙整体稳定性验算公式研究 [J]. 岩土工程学报，2012，34（4）：742-747.

[5] 程良奎，杨志银. 喷射混凝土与土钉墙 [M]. 北京：中国建筑工业出版社，1998.

[6] 付文光，杨志银. 复合土钉墙技术中几个术语命名及定义的探讨 [J]. 兰州大学学报（自然科学版），2011，47：157-161.

[7] FHWA—IF—99—015，Geotechnical Engineering Circular No. 4：Ground Anchors and Anchored Systems，FHA，1999.

[8] PTI（2014），DC35. 1-14，Recommendations for Prestressed Rock and Soil Anchors，5th Edition. PTI，New York.

［9］ 付文光，周凯，卓志飞. EN 1997—1 及 BS 8081 中锚杆设计内容简介—欧洲目前主要锚杆技术标准简介之二 ［J］. 锚固技术，2014（3）：22-29.

［10］ 付文光. 辨析关于单桩竖向抗压承载力的几个名词术语 ［J］. 广州建筑，2013，41（4）：9-18.

［11］ 王生力，袭平一，刘九功. 利用原位测试数据确定石家庄市天然地基土承载力 ［J］. 北京地质. 2001，第 13 卷第 1 期：21-25.

［12］ 王公山执笔. 黑龙江省建设科技委地基基础专家委员会. 黑龙江省地方标准《建筑地基基础设计规范》的地方特点及与国标之对比分析，2004 年，源自网络.

［13］ 张雁，刘金波主编. 桩基手册 ［M］. 北京：中国建筑工业出版社，2009：16-17.

［14］ 刘金砺，高文生，邱明兵. 建筑桩基技术规范应用手册 ［M］. 北京：中国建筑工业出版社，2010：388.

［15］ EN 1997—1：2004，Eurocode 7：Geotechnical design—Part1：General rules ［S］，CEN.

［16］ EN 1997—2：2007，Eurocode 7：Geotechnical design—Part2：Ground investigation and testing ［S］，CEN.

［17］ DIN 18134：2012. Soil—Testing procedures and testing equipment—Plate load test ［S］，DIN.

［18］ BS 1377—9：1990. Methods of test for Soils for civil engineering purposes—Part 9：In—situ tests ［S］，BSI.

［19］ Ian Smith. Smith's Elements of Soil Mechanics（8th Edition）（M）. Edinburgh：Blackwell Science Ltd，a Blackwell Publishing Company，2006.

第4章 勘　　察

4.1　专门性、专项性及单独勘察

深圳某区某个边坡项目工程质量大检查，政府质量监督人员对没有按某规范进行"专门"勘察表示不满，差点发了一张黄牌给边坡勘察单位。为避免祸殃及己，本人急忙翻开该规范，想学习一下什么是"专门"勘察。

该规范规定："下列建筑边坡工程应进行专门性工程地质勘察：①超过本规范适用范围的边坡工程；②地质环境和环境条件复杂、有明显变形迹象的一级边坡工程；③边坡邻近有重要建（构）筑物的边坡工程。除规定外的其他边坡工程可与主体建筑勘察一并进行，但应满足边坡勘察的工作深度和要求，勘察报告应有边坡稳定性评价的内容"。一言以蔽之，即"超一级"边坡应进行专门性工程地质勘察。该规范对这条规定很重视，前个版本中是作为强条的。

那么，什么是"专门性"？该规范没解释，本人推测，"专门性"不外乎：（1）是针对某一具体类型的边坡的勘察，是相对其他类型边坡而言的。但各种类型边坡均应进行勘察，不管安全等级是"超一级"，还是三级，均"应满足边坡勘察的工作深度和要求"，应满足边坡稳定性评价和治理需求，须提供勘察报告，工作流程、内容、深度要求等大同小异，只是具体技术参数和细节上各有不同，如果这是"专门"，那么有没有哪些类型的边坡没有其特殊性、不需要"专门"呢？（2）是相对主体建筑而言的。边坡勘察有边坡勘察的要求，与主体建筑当然不一样，也许谈不上谁相对谁"专门"不"专门"的。（3）是与其他勘察工程分开、单独进行的。研究一下对"非专门性"勘察的规定，"非专门性"的可以与主体建筑勘察一并进行，以此推理，"专门性"的须单独进行，上述规定好像就是这个意思。可是，边坡勘察单独进行与否应该都允许。建筑工程边坡大多是开发商兴建，市政工程边坡大多是政府兴建，不管是谁兴建，勘察造价通常不高，为便于招标，通常都会与主体工程勘察同时发包，除了那些单独招标的边坡治理工程，单独发包的不多，也就不太可能"专门"勘察。（4）勘察技术要求不同。但如果"超一级"边坡与其他类勘察的技术要求有什么不同尽管提好了，与专门不专门的似乎也搭不上界。（5）勘察报告单独写。为了便于资料应用与存档，可以要求边坡工程单独提供勘察报告——深圳不少建筑边坡工程都是如此要求的。（6）需要专项勘察资质。（7）需要换个更专业的勘察单位。（8）需要聘用更专业的勘察人员⋯⋯

尽管没搞清楚，好像不少规范对"专门"一词还爱不释手。例如某勘察规范有几条强制性条文："①拟建工程场地或其附近存在对工程安全有影响的岩溶时，应进行岩溶勘察；②拟建工程场地或其附近存在对工程安全有影响的滑坡或滑坡可能时，应进行专门的滑坡勘察；③拟建工程场地或其附近存在对工程安全有影响的危岩或崩塌时，应进行危岩和崩塌勘察；④拟建工程场地或其附近有发生泥石流的条件并对工程安全有影响时，应进行专门的泥石流勘察⋯⋯"，都是强条，本人看不出为什么滑坡及泥石流勘察需要"专门"，岩溶、危岩及崩塌勘察不需要"专门"，规范没解释。是不是需"专门"的危害性更大或更重要一些呢？但某规范又说："应按本规范的要求，进行专门的文水地质勘察；必要时，应专门布置探井查明基础类型、尺寸、材料和地基处理等情况；当采用大直径嵌岩桩时，尚应进行专门的桩基勘察"，好像和危害性或重要性没什么明显对应关系。

还有"专项"、"单独"等。某规范规定，符合下列情况时，应进行专项勘察工作："①对工程周边重要建（构）筑物或对工程建设有重要影响的地下设施，应进行专项勘察；②对重要工程应进行专门的水文地质勘察；③对既有市政基础设施的改扩建工程应进行专项勘察"。某规范规定："一级边坡应单独进行岩土工程勘察，其余边坡工程勘察可与建筑或市政工程场地勘察同步进行"。理由是："根据近年来对边坡工程的调查，发现很多不稳定或出现滑坡的边坡，在设计及治理时，缺乏对边坡的工程勘察，因此规定一级边坡工程应进行专门的工程勘察"。这大概是各规范对"专门"、"专项"、"单独"做出的最详尽的解释。边坡设计及治理前当然应该先勘察，这是基本常识，也是建设基本程序，有没有要求"专门勘察"而没勘察都是违规甚至违法的，以没按规定勘察作为应该专门勘察的理由，逻辑上似乎不太通顺。

不仅勘察规范，不少其他规范也爱"专门"。如某设计规范强条规定："下列边坡工程的设计及施工应进行专门论证：高度超过 30m 的岩质边坡和高度超过 20m 的土质边坡⋯⋯"

"专门"勘察、"专门"论证，看来"专门"的概念，虽然不明不白却是深入人心。"专门"的作用，可能就是想强调一下该项工作的重要性，要求从业者思想上重视，形式上可能没什么特殊之处。如果这样，就算是虚惊一场吧。

4.2 勘探点密度

某勘察规范对市政道路工程的详细勘察勘探点布置要求为："勘探点宜沿道路中线布置；当一般路基的道路宽度大于 50m、其他路基形式的道路宽度大于 30m时，宜在道路两侧交错布置，间距按表 4-1 确定，遇到不良地质条件、微地貌及地层变形较大的地段应予加密"。

某规范要求的详细勘察探点间距（m）　　　　　　　　　　表 4-1

场地及岩土条件复杂程度	一般路基	高路基、陡坡路基	路堑、支挡结构
一级	50~100	30~50	30~50
二级	100~200	50~100	50~70
三级	200~300	100~200	75~150

　　不少规范要求类似。道路工程大多是政府项目，由政府投资兴建。政府投资的各类工程中，道路等市政工程中的岩土工程，通常都是投资控制的最大焦点，是结算价突破合同价以及大幅超越的第一主力，是各承包商们关注及公关的重点。有些承包商投标时以低于成本的超低价中标，施工过程中以实际地质条件与设计不符为由要求设计变更以增加造价。勘探点间距过大意味着在勘探点之间有可做名堂的空间，客观上为这种不道德甚至非法的行径提供了便利条件。

　　勘探点间距过大主要是历史遗留下来的习惯。几十年前，道路选线通常会选择地质条件较好地段，周边环境简单，征地费用低、工程费用高，承包商等相关单位大致上不会昧着良心干活，较大的勘探点间距能够满足工程要求，国家也很贫穷，能省一分钱算一分钱。但现在，很多城市市政道路的工程环境早已今非昔比：线路通常几乎唯一、没什么选择余地；地质条件摊上什么样就什么样；周边分布着各种建（构）筑物、水系、桥涵、管线及既有道路等，环境错综复杂；民众维权意识高涨、对施工扰民等环保问题高度关切；征地费用越来越高昂、工程费用所占比重越来越小，勘察造价在整个项目投资额中的比例可忽略不计。日益复杂的环境下，这么大的勘探间距，通常不太可能把应该揭示的问题都揭示出来，难以满足工程建设的需要。很多设计技术人员都想加密探点，但无规范可依，相关审查往往也会以节省造价及不符合规范要求为由将多布置的探点砍掉。尽管规范也要求"遇到不良地质条件、微地貌及地层变形较大的地段应予加密"，但实际上很难操作：这些加密点不能事先预知，需要勘察过程中发现、反馈给相关单位后补勘，需要以设计变更等形式增加造价。政府相关部门通常会有一套完整的流程，流程走完是需要时间的，就算同意，等批复下来往往会延误勘察报告的提交、影响勘察单位的其他工作；而且，增加的勘察费用可能不会很多—如果多了政府审计部门也难通过，因得不偿失，勘察单位也不愿意花精力去走流程。

　　故不是"不良地质条件、微地貌及地层变形较大"的地段，最好也加密城市道路的勘探点密度，即减小间距、增加排数。"一般路基"也应该足够密，因为"一般路基"下通常存在着地基处理问题，而相对于高路基、路堑及支挡结构，地基处理往往是控制工程造价增加的关键。复杂条件下每个探点控制范围最好不超过10~15m。如果勘探点足够密，就算承包商想玩点什么名堂，因利润空间有限可能也就懒得去折腾了。房屋建筑工程中岩土工程的造价变更增加幅度通常不会太出格，其中较密的勘探点间距（一般约 10～15m）起到了很大的制约作用。勘察造价只是微不足道的一点点，却能够对工程总造价起到重要的控制作用，不能因小失大。

不仅道路工程，其他非架空的线路性工程，如室外管道工程、隧道工程、堤岸工程等，存在同样问题，均应加密勘探孔密度。

4.3 地基承载力

以《岩土工程勘察规范》GB 50021（2009 年局部修订版）及《高层建筑岩土工程勘察规程》JGJ 72—2004 为例。前者以强条规定："详细勘察应对建筑地基作出岩土工程评价，并要求勘察报告中提供岩土的地基承载力的建议值"；后者明确规定："详细勘察阶段需解决的主要问题应符合下列要求：提出各岩土层的地基承载力特征值"。

1. 地基承载力破坏模型

传统上常常依据基础的埋置深度分为浅基础与深基础两大类。史佩栋教授指出[1]，基础实际上不是单纯地按照埋置的深度、而是按照基础结构的主要特征和对施工技术的不同要求而分类。按史佩栋教授引述梅耶霍夫（Merehof）的观点，地基承载力破坏模型如图 4-1 所示，取决于 4 个因素：①地基土的物理力学性质，包括密度、抗剪强度和变形性质等；②地基中的原始应力和地下水的情况；③基础的性质，包括基础的尺寸、埋置深度与基底的粗糙程度等；④基础的施工方法。

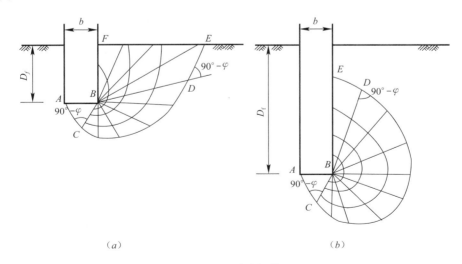

（a）

（b）

图 4-1 基础破坏模型
（a）浅基础；（b）深基础

高大钊教授认为[2]，与浅基础相比，深基础的破坏模式有三个特征：①滑动面不穿出地面，而止于基础的侧壁；②滑动土体作用于基础侧壁的法向压力形成侧壁摩阻力；③能否形成梨形头的最小相对埋置深度与土的内摩擦角大小有关。形成深基础有两个物理条件，一是有一定的相对埋置深度，二是基础侧壁与土体之间相互作用，产生摩阻力。条件二与基础的施工方法密切相关。浅基础的施工方法先开挖、建造基础、再回填，不能保证回填土与基础侧壁之间形成可靠的摩阻力；深基础，如桩或地连墙，直接把结构物置入土中形成，地基土为原状土，可在基础侧壁之间形成充分的摩阻力，构成深基础承载力的一部分。

2. 深基础与浅基础的地基承载力确定方法

深基础与浅基础荷载传递机理和破坏模式不同，地基承载力的确定方法也不同。国内把平板载荷试验作为确定地基承载力的基础方法，分浅层及深层两类：浅层平板载荷试验是确定地基承载力的主要方法，地基承载力确定方法虽然较多，但不管是理论的还是试验的，从根本上说都是由这种方法确定的，相关规范中提供的地基承载力表主要也是这么来的；而深基础的承载力主要采用深层载荷试验确定。两种试验的主要区别如图 4-2 所示。

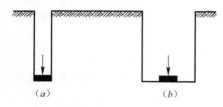

图 4-2　载荷试验示意图
(a) 深层载荷试验；(b) 浅层载荷试验

《岩土工程勘察规范》GB 50021 解释说，两类试验的区别主要不在于载荷试验承压板的位置深度，而在于承压板的周边有没有边载。有边载，则认为试验条件是在半无限空间体的内部，无边载，则认为是在半无限空间体的表面。边载条件为：浅层载荷试验的试坑宽度或直径不应小于承压板宽度或直径的 3 倍；深层载荷试验的试井直径应等于承压板直径。当然，承压板的深度对试验也有影响，规定不应小于 5m。不同的试验条件必然导致不同的试验结果，浅基础的地基承载力与深基础的显然不同。规范中"地基承载力"术语指浅基础的地基土承载力，而支承着桩等深基础的地基土承载力则用"桩端阻力"术语（严格意义上，桩端阻力与桩端土地基承载力有区别，因为不影响这里的讨论，权作等同。另外，桩端土地基承载力也不同于地基承载力），地基承载力与桩端阻力是两码事，不能混用。在等深等相同条件下，因为有边载效应，桩端阻力比地基承载力要大得多，一般要高出几倍。

3. 要不要提供地基承载力

那些肯定采用桩基的建筑物，勘察时要不要进行地基土承载力试验，勘察报告中要不要提供承载力指标，就变成了一个问题。提供吧，显然没什么用；如果不提供：①勘察报告审查人员首先就不会同意，他们通常会认为这是显而易见地违反了规范强条的行为。②主体结构设计人员也不会同意，尽管设计计算上没什么用，但他们通常主要依据承载力指标判断每层土性状的"好坏"，多数技术人员依据抗剪强度、压缩模量、标贯等其他指标进行判断的能力较弱。③甲方不会同意，他们会认为既然我花了这份钱，有用没用你都得提供这份服务，别人都提供了为啥你不提供。④政府相关部门或行业协会不能同意，他们抽检各单位的勘察报告质量时大多以强制性条文为主要依据，通常按强条的字面意思去理解。

那就提供吧。可怎么获得呢？浅层土可通过浅层载荷试验获得或验证，深层土呢？不能都等到基坑开挖后再去做试验吧，况且那时做出来的恐怕也不是深层土的了。理论上，可进行深层载荷试验，但很少有人实打实去做。通用做法是：深层土的种类定性后，查规范中的地基承载力表，根据经验或相关勘察结果，在表中选个指标一抄。前面说过，规范用表中的承载力是通过浅层载荷试验确定的，与深层土差异很大，且差异随着土的埋深增加而加大，这种抄规范作法，等于把深层土的承载力挪到了地面上，忽略了埋置深度造成的巨大差异，就是数字游戏，没什么物理意义。这种闭着眼睛抄规范的作法有害无益，客观上培养了不实事求是、相互唬弄的工作作风。高大钊教授指出：勘察报告提供各层岩土的地基承载力是中国岩土工程界独有的现象，但这绝不是什么值得骄傲和提倡的"中国特色"[2]。

对于一个肯定采用桩基的超高层建筑，提供桩端阻力、桩侧阻力等与桩基相关的岩土参数就行了，地基承载力指标通常是不需要的，桩基设计不需要，基坑设计也不需要，故不需要做这方面的勘察工作，勘察报告也不需要提供这方面的内容。需要，就做、就提供，不需要，就不做、不提供，这符合岩土工程的特点，也符合规范的本意。规范的本意，并不是说不管有用没用，都必须完成规范中所有的勘察测试项目并提供相应的数据及指标。

当然，有些情况下深层地基承载力还是有用的，例如进行软弱下卧层验算时。并不是说此时这种方法得到的地基承载力就准确、适用，而是因为下卧层验算本身可能就不明不白，有个东西总比没有强，聊胜于无吧。

4.4 抗剪强度试验方法

《建筑地基基础设计规范》GB 50007—2011：土的抗剪强度指标，宜选择三轴压缩试验的自重压力下预固结的不固结不排水试验UU。理由：鉴于多数工程施工速度快，较接近于不固结不排水试验条件，故推荐UU，而且用UU成果计算一般比较安全。《建筑基坑支护技术规程》JGJ 120—2012（简称基坑规范）：土的抗剪强度指标应采用三轴固结不排水抗剪强度CU或直剪固结快剪强度指标。理由为：基坑开挖过程是卸载过程，基坑外侧的土中大主应力不变，同时黏性土在剪切过程中可看作是不排水的，故采用CU指标。

《建筑边坡工程技术规范》GB 50330—2013（简称边坡规范）：用于边坡稳定性计算时土的抗剪强度指标宜采用直接剪切试验获取，用于确定地基承载力时土的峰值抗剪强度指标宜采用三轴试验获取。

（1）剪切试验从试验原理及设备上分为三轴试验与直剪试验两大类，目前国外普遍应用三轴试验，相对直剪试验来说，其受力条件较明确，能较为严格地控制排水条件，试件中的应力状态也比较明确，破裂面是在最薄弱处，既可用于总应力法，也可用于有效应力法；缺点是对取样和试验操作要求较高。国内目前仍应用广泛直剪试验，设备简单、操作方便，但不能严格控制排水条件，受力状况复杂，极少沿土样最薄弱面剪切破坏，结果不准确，方法相对落后一些。按固结及排水条件，三轴剪切试验分为不固结不排水（UU）、固结不排水（CU）及固结排水试验（CD）三种方法，直剪试验分为快剪、固结快剪及慢剪三种方法。一般规范通常根据工程的排水及固结条件等具体工况规定这些试验方法的适用范围，而边坡规范规定的是试验类型，很难理解其初衷。

（2）三轴剪切试验与直接剪切试验的原理、条件、仪器、操作方法、评价方式等均有所不同，试验结果当然不同，一般认为，三轴试验得到的数据相对要小一些。《深圳市深基坑支护技术规范》提供了主要土层的物理力学参数的统计结果，其中 UU、CU 与固结快剪试验得到的抗剪强度标准值如表 4-2 所示。

深圳地区主要土层的抗剪强度参数统计表（节选）　　表 4-2

土名	直剪固快		三轴 CU		三轴 UU	
	c（kPa）	φ（°）	c（kPa）	φ（°）	c（kPa）	φ（°）
海相淤泥	18.0	6.5	8.0	13.2	2.9	1.0
海陆交互相淤泥质黏性土	17.6	10.3	10.9	10.7	6.9	2.9
冲积洪积相黏性土	33.2	14.3	18.2	10.2	16.3	4.7
湖沼沉积相淤泥质黏性土	17.5	4.8	12.7	9.9	8.3	2.2
冲积洪积相杂色黏性土	38.9	13.8	24.6	8.9	18.7	6.4
坡残积相黏性土	46.2	22.2	25.3	17.2	19.6	11.1
残积相砂质或砾质黏土（花岗岩风化）	29.6	23.6	23.7	20.2	14.6	6.0
残积相黏性土（变质岩风化）	26.7	24.0	—	—	—	—
残积相黏性土（沉积岩风化）	31.5	24.3	—	—	—	—

问题来了：传统勘察报告采用的是直剪试验结果，业界积累的经验主要是基于直剪试验的，各种安全系数目标值也是基于直剪试验的，采用三轴试验指标后需不需要调整呢？考虑到这一现实，目前阶段规范不能要求全部采用三轴试验，仍应保留直剪试验，同时，三轴试验指标应与直剪试验指标进行对比以积累经验，为将来全部采用三轴试验指标打下基础。

（3）基础规范提供了根据土的抗剪强度指标 c、φ 值确定地基承载力 f_a 的公式，如式（4-1）所示，并要求抗剪强度指标采用 UU 试验结果。

$$f_a = M_b \gamma b + M_d \gamma_m d + M_c c_k \qquad (4-1)$$

式中，b、d 为基础底面宽度及埋深，γ、γ_m 为基础底面以下土的重度及加权平均重度，M_b、M_d、M_c 为承载力系数，按表 4-3 确定（φ_k 的范围 $0°\sim40°$，这里只节选其中一部分）。

承载力系数 M_b、M_d、M_c（节选）　　　　　　表 4-3

土的内摩擦角 φ_k	M_b	M_d	M_c
0	0	1.00	3.14
2	0.03	1.12	3.32
4	0.06	1.25	3.51
6	0.10	1.35	3.71

UU 试验测定的是土在某种条件下的总强度 c，内摩擦角 φ 通常近似为 0，按表 4-3，$M_b=0$，$M_d=1.0$，地基承载力的大小与基础宽度没什么关系了，与埋置深度关系也不大了；但表 4-3 从该规范最早的版本（即 1974 年版）起就在那里了，几十年的实践经验表明，地基承载力与基础深宽不仅有关系，还很密切。该表在基础规范 1974 年版及 1989 年版中采用固结快剪试验指标；2002 年版及 2011 年版改为采用 UU 试验指标，采用 UU 试验到底合适不合适，可能还需要再斟酌斟酌。

（4）至于"自重压力下预固结"的试验成果，这方面的研究成果极少，更难谈成熟。同济大学试样预固结试验的一些研究成果，说明预固结以后的 UU 结果通常比常规的 UU 试验结果高得多[3]。

（5）有规范反对采用 UU 指标，理由大致如下：黏性土土坡在无支护情况下能够在一定深度内直立自稳而不坍塌，能够自稳的极限深度 h_0 称为临界开挖深度，可用式（4-2）、式（4-3）计算：

$$h_0 = 2c/\gamma \sqrt{K_a} \tag{4-2}$$

$$K_a = \tan^2(45° - \varphi/2) \tag{4-3}$$

式中，K_a 为主动土压力系数。以淤泥为例，假定按 UU 试验 c 取 25kPa，$\varphi \approx 0$，γ 取 15.5kN/m³，则按上两式计算 $K_a=1$，$h_0=3.2$m，即淤泥无支护时可直立开挖 3.2m；但实际经验表明淤泥不可能直立开挖这么高，h_0 计算结果偏于不安全，故 UU 指标不能用于计算土压力。

但上述反对理由或许并不充分，因为按 CU 试验结果计算直立高度通常更高。例如，取表 4-2 中海相淤泥的抗剪强度指标，设 $\gamma=15.5$kN/m³，按 CU 指标计算结果 $h_0=1.30$m，按 UU 则 $h_0=0.38$m。这代表了普遍情况，因 CU 指标普遍高于 UU 指标，按 CU 指标计算得到的 h_0 普遍高于按 UU 的，更偏于不安全。

4.5　若干小建议

（1）勘察前应取得的资料。某规范规定："边坡工程勘察前除应收集边坡及邻近边坡的工程地质资料外，尚应取得下列资料：①附有坐标和地形的拟建边坡支挡结构的总平面布置图；②边坡高度、坡底高程和边坡平面尺寸；③拟建场地的整平高程和挖方、填方情况；④拟建支挡结构的性质、结构特点及可能采取的基础形式、尺寸和埋置深度……⑦最大降雨强度和二十年一遇及五十年一遇最大降水量；收集河、湖历史最高水位及二十年一遇及五十年一遇的水位资料"。这些资料，勘察前可能都很难取得：1）第①、②、③、④点，是对边坡设计的要求，而勘察是设计的基础，应先勘察后设计；2）"最大降雨强度和二十年一遇及五十年一遇最大降水量"，有些地区没有气象历史资料，这些数据确实没办法取得。所以，"应取得"最好改为"搜集"。另外，第⑦点中，一百年一遇的资料可能也需要。

（2）详细勘察前的收集工作。某规范以强条规定，详细勘察主要应进行下列工作："收集附有坐标和地形的建筑总平面图，场区的地面整平标高，建筑物的基础形式、埋置深度，地基允许变形等资料……"。该规范允许部分类型工程可合并勘察，即不划分为可行性研究勘察、初步勘察及详细勘察，而是一次详勘。此时，建筑物基础形式通常没有确定，埋置深度及地基允许变形也就无从谈起。规范的意思是说，尽量收集，实在没有也就算了，但是很多审图单位不这么认为，逼着勘察报告补充，因为这是强条啊。幸好，该条规定在2014年征求意见稿中拟改为非强条，广大勘察技术人员可以稍稍松口气了。另外还有一个小问题：场区的"地面整平标高"是什么标高，是指±0.00，还是室外设计地坪标高，还是场地整平后的暂定标高，还是其他，很多人不太理解。本人觉得，这条规定的意思可能就是想提醒一下诸位：兴许有这么个事，请注意一下。

（3）历史最高地下水位。某规范规定："岩土工程勘察应掌握下列水文地质条件：历史最高地下水位"。这个要求确实有点高。"历史"包括不包括新中国成立前，那时的水文资料怎么去获取？很多地区勘察报告提供的所谓的历史最高水位都是勘察人员拍脑袋拍出来以应付审图公司审查的，没什么可靠依据。如果把"掌握"换成"调查"或"尽量收集"就好了。

（4）针对不同设计方案的勘察。某规范很细致，提出了很多针对性很强的勘察要求，如在"地基处理"一节中，针对换填法、预压法、强夯法、桩土复合地基、注浆法等，提出了不同的勘察要求。不少人感到困惑：勘察时，通常还不知道设计打算采用什么地基处理方案呢，如何对那个不知道的方案实施针对性勘察？假如勘察时地基处理方法已经初定，但设计人员一看勘察结果，哟，坏了，地层不适合，原设计方案不可行，得换个，那么，还要不要再重新勘察？

（5）填土分类。规范通常规定："人工填土按其组成可分为素填土、杂填土、吹填土及压实填土"。建议分类中增加"填石"。近些年随着全国各地山地工程建设以及沿海地区围海造陆工程的蓬勃发展，出现大量填石地基工程，而填石地基的设计施工方法与其他类填土有很大区别，最好将之作为一个类别单独划分出来。

（6）基坑工程勘察时机。某规范规定："基坑工程勘察，应与高层建筑地基勘察同步进行。初步勘察阶段应……详细勘察阶段应……"。规范解释说："为基坑工程而进行的勘察工作是高层建筑岩土工程勘察的一个重要部分，故应与高层建筑勘察同步进行"。该理由有点不太好理解。基坑是为主体建筑服务的，基坑勘察视为高层建筑勘察的一部分也说得过去，但这似乎并不意味着两者就应该同步进行。高层建筑初次勘察时，基坑的位置在哪里、深度如何，往往都还是没影儿的事，基坑勘察很多时候没办法同步。本人接触过上百个高层建筑，均分 2～3 个阶段进行勘察，而其基坑大多一次性勘察，主观上没有分为多次的，通常没这个必要，不同步也不会产生什么危害。

（7）遇水的地基。不少规范都写道："遇水易软化和膨胀、易崩解的岩石及地基土……"。"遇水软化"是一种通俗说法。吸水软化是岩石与土的一个特性，通常指非饱和岩土吸水后物理力学性质会发生变化，如体积增加、强度及模量有不同幅度的降低等现象。但这里"遇水软化"其实指的是另外一种现象，即地基岩土在水环境中受扰动后的软化。例如深圳地区，地下水位很高，土、岩地基几乎都长期位于地下水位以下，处于饱和状态，并非"遇水"就软化；开挖后，由于机械碾压、振动、挤压等各种扰动，以及地下水的渗流作用及孔隙水的消散等，才会产生软化现象，以花岗岩残积土为典型。因此，本人理解，"遇水易软化"实际上是"遇水扰动后易软化"的意思。

（8）勘探孔深度。①控制性钻孔深度。某规范规定："边坡支挡位置的控制性勘探孔深度应根据可能选择的支护结构形式确定。对于重力式挡墙、扶壁式挡墙和锚杆挡墙可进入持力层不小于 2.0m；对于悬臂桩进入嵌固段的深度，土质时不宜小于悬臂长度的 1.0 倍，岩质时不小于 0.7 倍"。勘察人员表示很疑惑：勘察前，挡土墙设计形式还没确定，是重力式挡墙、扶壁式挡墙、锚杆挡墙或悬臂桩还不知道，怎么用来控制孔深？"对于悬臂桩进入嵌固段的深度……"这句话，是对悬臂桩嵌固深度提的要求，还是对勘探孔深的呢？如果是后者，"孔深达到悬臂长度的 0.7～1.0 倍"好像并不能保证达到悬臂桩底了，例如，悬臂桩的嵌固长度为悬臂长度的 1.5 倍（土质较差时，如深厚软土地区，有这种情况）该怎么办呢？②软土场地勘探孔深度。某规范规定："勘探孔宜进入软土以下残积土 2～3m"。勘察人员表示不好办：保证不了软土下面就是残积土而不是其他地层，或者残积土层上面就是软土而不是其他土层。另外，如果残积层上层土为含水砂层，残积土浅层可能物理力学性状较差，"2～3m"不一定够用。这条规定可能是以软土下卧层即残积土这种地方性地层为案例编写的，强调的是探孔应穿过软弱地层一定深度。

（9）每层土的试验数量。几乎与勘察相关的规范都规定："每个场地每一主要土层的原状土试样或原位测试数据不应少于 6 件（组）"。该规定为试验数量的低限，本无可厚非。但一些"精明"的开发商们抓住了这点，不管多大的勘察工程，都要求只进行 6 件（组）试验，多的不给钱，勘察者自掏腰包。有些地区的勘察市场竞争非常残酷，绝大多数开发商采用最低价中标，为了压低成本，勘察者往往也会一咬牙，就做 6 件（组）试验。从规范的字面意义抠，也不能说这样做就违背了规范，但这样做勘察质量如何能得到保证！有经验的勘察者，为保险起见，试样的工程性能指标按最保守的提。如此一来，其实吃亏更大的是开发商，以为捡了便宜，实际上可能要多支付相对于勘察费用成百上千倍的成本。当然，勘察者也没得到什么好处，两败俱伤。如果规范对试验数量规定个大概比例，就像规定桩基静载试验数量不少于桩数的 1‰ 且不少于 3 根一样，效果会不会好一些呢？

（10）风化岩石分类。某规范规定："岩石风化程度可分为未风化、微风化、中风化、强风化、全风化、残积土"，表注说"花岗岩类岩石，可采用标准贯入试验划分，$N \geqslant 50$ 为强风化，$50 > N \geqslant 30$ 为全风化，$N < 30$ 为残积土"。技术人员纷纷表示不解：①"残积土"到底是"岩"还是"土"？该规范前面条款说："岩石在风化营力作用下，其结构、成分和性质已产生不同程度的变异，应定名为风化岩；已完全风化成土而未经搬运的应定名为残积土"。既然是土，为什么列入岩石分类了呢？可能因为，美英等国外标准目前均把典型的岩石风化分为 6 级，分别是新鲜岩石、微风化、中风化、强风化、全风化和残积土，规范这么做主要是为了与国际接轨。②岩石的风化程度分类有定性及定量两类方法，定量法采用的指标有波速比及风化系数等，主要用于未—中风化岩，强风化、全风化、残积土中该定量指标难以实施，通常采用定性法，定性评价内容主要就是"结构、成分和性质"，即岩石的结构与构造、矿物的变异、岩体的解体与破碎、坚硬程度（掘进的难易程度）等。标贯击数主要反映了岩土的强度或称坚硬程度，但不能作为风化程度评价的唯一指标，因为强度与风化程度相关但绝不是相等或相当的关系。风化程度分类就是风化程度分类，不是强度分类，以强度作为风化程度分类指标会大大减弱风化程度分类的意义。另外，以标贯击数作为风化程度分类指标，同一类别的岩土部分使用风化程度指标分类、部分却使用强度指标分类，指标混乱、不统一，缺少条理性及整体性及逻辑性。故标贯击数仅应作为辅助性判断指标而不应作为主要甚至唯一分类指标。花岗岩按标贯击数划分为强风化、全风化及残积土是以深圳为主的广东地区经验，国外规范中没有类似做法而无法与国际接轨，作为岩土的工程分类指标在地区标准中用着也还行，但似乎不宜向全国推广，不然那些素来严谨的地质学者该怎么想。

（11）管网勘查方法。某规范规定："安全等级为一级、周边分布有地下管网的基坑工程应采用以物探为主、坑探为辅的勘查调查方法，查明地下管网的分布情况；对安全等级为二级的基坑工程应采用坑探方法予以查明"。从字面意思看，安全等级为二级时不能采用物探法。那么，一级基坑能用二级反而不能用？显然不是。所以该规定应该是这个意思：物探法造价较高，二级基坑要求相对低，为了省点成本可以不采用；话又说回来了，如果想用也不必拦着。

参考文献

［1］ 史佩栋等编著. 深基础工程特殊技术问题［M］. 人民交通出版社，2004：1-2，111-112。

［2］ 高大钊著. 岩土工程勘察与设计—岩土工程疑难问题答疑笔记整理之二［M］. 北京：人民交通出版社，2010：3-18，235-236.

［3］ 高大钊著. 岩土工程勘察与设计—岩土工程疑难问题答疑笔记整理之二［M］. 北京：人民交通出版社，2010：171-172.

第5章 桩 基

5.1 单桩承载力计算公式

1. 公式

$$Q = Q_s + Q_p \tag{5-1}$$

$$Q_s = u_p \sum q_{si} l_i \tag{5-2}$$

$$Q_p = q_p A_p \tag{5-3}$$

式中，Q、Q_s、Q_p 分别为单桩承载力、总极限侧阻力、总极限端阻力，q_{si}、q_p 为桩侧第 i 层土的侧阻力、桩端阻力，A_p 为桩端横截面积，u_p 为桩周长，l_i 为桩在第 i 层土中的长度。

这几个公式大家都很熟悉，没错，这就是等截面的、摩擦＋端承的、单桩承载力通用计算公式，国内外通用了多年，是岩土工程设计理论中的经典公式之一，当然不会有啥问题。但……当然吗？

《建筑地基基础设计规范》GB 50007—2011 等技术标准中的 Q、Q_s、Q_p 采用了"特征值"概念及值态，式（5-1）可概化为：特征值＝特征值＋特征值，姑且称为特征值设计法；《建筑桩基技术规范》JGJ 94—2008 则采用了"极限标准值"的概念及值态，式（5-1）可概化为：极限值＝极限值＋极限值，姑且称为极限值设计法。下面对这两种设计理念做些探讨。

2. 端承＋摩擦桩的单桩工作原理及特点

单桩按受力形式可分为端承桩、摩擦桩、端承摩擦桩及摩擦端承桩 4 种，后两种，即端承＋摩擦桩的单桩静载试验 Q-s（荷载-变形）曲线如图 5-1 所示，荷载传递机制大致为：（1）竖向荷载施加于桩顶，桩顶产生沉降趋势，桩侧上部土产生向上的摩阻力以抵抗，桩侧下部土及桩端土尚未开始发挥作用，桩大体工作在 OC 段；（2）随着荷载增加，桩侧上部土摩阻力达到峰值后跌落为残余值，上部桩身压缩及桩顶沉降，桩土间产生相对位移，桩侧阻力向下传递，桩侧下部土摩阻力开始发挥，桩侧阻力 Q-s 曲线表现为从 C 点向 D 点发展；桩身应力传递到桩端，桩端土受到压缩逐渐产生端阻力，桩端阻力 Q-s 曲线表现为从 O 点向 A 点发展，桩工作在 CF 段；（3）荷载继续增加，桩顶继续沉降，桩土间相对位移继续增加，桩侧总摩阻力达到峰值后跌落为残余值，侧阻力 Q-s 曲线表现为从 D 点向 E 点发展；桩端阻力继续增加，端阻力 Q-s 曲线表现为从 A 点向 B 点发展；桩总承载力继续增加，工作在 FG 段，直至达到 G 点后破坏。图 5-1 中 B、E 点与 G 点相对应。

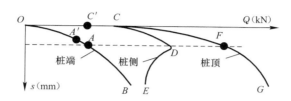

图 5-1　桩顶、桩端阻力及桩侧阻力 Q-s 曲线

3. 极限值＝极限值＋极限值

式（5-1）在国外标准中几乎都采用极限值表达形式，国内规范中只有桩基规范等少数规范采用。

对缓变型 Q-s 曲线，桩基规范规定单桩某一沉降值（通常为 40mm）对应的荷载为单桩极限承载力，与之对应的桩侧阻力及桩端阻力为极限值。总侧阻力是不同深度侧阻力之和，极限状态时不同深度的桩侧阻力是异步发挥的、不可能同时达到峰值状态，既可能工作在 CD 段、也可能工作在 DE 段；端阻力与侧阻力是异步发挥的，也不可能同步达到峰值状态。极限值设计法为承载能力极限状态设计法，要求端阻力及侧阻力之和达到单桩极限承载力（图 5-1 中 G 点）即可，不要求桩侧阻力（图 5-1 中 E 点）及桩端阻力（图 5-1 中 B 点）工作在哪个阶段、有没有分别达到自己的峰值状态；得到单桩极限承载力后，再除以安全系数 2，得到承载力特征值。这种设计方法总的来说较为合理，但，就完美无瑕了吗？

桩端阻力，即桩端土为桩提供的承载力。如第 3 章所述，土是大变形材料，很难界定出真正的承载力极限值，桩端土也是土，为什么会有极限值呢？再看一遍桩基规范的定义：极限端阻力标准值为相应于桩顶作用极限荷载时桩端所发生的岩土阻力。桩基规范把单桩承载力达到极限值水准时的桩端土的承载力视为极限值，并非物理意义上的极限值，也许是为了回避"桩端土承载力"、避免与现有的土力学概念及理论产生矛盾，采用了"桩端阻力"一词。

不考虑静力触探法、经验参数法等间接方法，直接确定桩端阻力的方法大致有两种：（1）在桩身及桩端埋设传感器，测试单桩在极限状态下的桩端阻力及桩侧阻力。但费时费钱，如果不是出于科研目的，没有人愿意这么做。（2）采用载荷板试验。常规载荷板试验结果显然偏差会很大，应该采用深层载荷板试验。如果采用，就算技术上能做到，测特征值还是极限值？当然，应该是极限值。假定出极限状态，达到极限状态时的承载力就是承载力极限值，该极限值可认为是真极限值或至少近似极限值。实际上，因费用较高、试验技术复杂及数据分析难度较大等原因，深层载荷板试验也很少做。工程中很难测量出数值，也就很难单独定义侧阻力与端阻力的极限状态。

好了，不管采用什么方法，只要想，还是能测到的，但测试得到的极限值，与上述定义中的极限值，是一回事吗？恐怕不能太肯定。假定单桩上半段的侧阻力、下半段的侧阻力、桩端阻力的极限值都能测出来的，但加在一起构成的，是桩的极限承载力、即 1＋1＋1＝3 吗？恐怕不是，如前所述，三者是异步发挥的，不能同时达到极限值，通常 1＋1＋1＜3。

所以，能够较为准确知道的，只是单桩总的承载力极限值，侧阻力与端阻力各是多少、是否达到极限，实际上是一笔糊涂账；反过来，就算知道了侧阻力、端阻力极限值，按式（5-1）加在一起能不能构成承载力极限值，还是不敢太肯定。

4. 特征值＝特征值＋特征值

特征值设计法实质上就是容许应力设计法，存在着这些疑惑：

（1）如何定义单桩承载力特征值状态？第 3 章已经讨论过。从抗力的角度，承载力通常以变形为标志，承载力与沉降值一一对应，相关规范最终均以静载试验时单桩沉降来确定承载力。基础规范说，单桩承载力特征值对应的是结构的正常使用极限状态，单桩工作在正常使用极限状态时，相应的沉降值应该是唯一的，即为载荷试验中用于确定承载力特征值的沉降值指标，但，沉降值指标为何值时对应的荷载为承载力特征值？5mm、10mm 还是 15mm？不同建（构）筑物正常使用极限状态允许的沉降值是不同的，不可能统一成一个沉降值，也就不可能统一成一个承载力特征值。这又给载荷试验用沉降值指标确定承载力特征值带来了麻烦：如果不能用一个统一的沉降值指标去确定承载力特征值，对于不同的建构筑物，就需要根据其沉降要求制订不同的承载力特征值确定指标—如对于框架结构，取沉降值 15mm 对应的荷载为承载力特征值，而对于砖混结构，则取沉降值 10mm 作为指标—这显然是无法做到的。但如果不用沉降值指标，还能用什么指标呢？

（2）不管规定用于确定承载力特征值的沉降值指标是多少，必须还要得到承载力极限值，需要建立特征值与极限值的关系，因为特征值不能超过极限值的一半。既然这样，用极限值就能够解决的问题，又何必舍近求远换算成特征值呢？

（3）如何定义桩侧阻力及端阻力特征值状态？即，沉降值指标为何值时对应的荷载为侧阻力及端阻力特征值？目前通常按极限承载力一半取特征值，尚没有见到其他取值办法。如果按一半取值，因为端阻力与侧阻力不能同步发挥，端阻力的一半（如图 5-1 中 A' 所示）与侧阻力的一半（如图 5-1 中 C' 所示）对应的沉降值不同，两者不能同步达到，式（5-1）理论上不成立；而且还是需要事先分别确定侧阻力及端阻力的极限状态，因为特征值不能大于极限值的一半。如前所述，用极限值就能够解决的问题，又何必舍近求远？如果采用极限状态设计法类似的做法，把单桩承载力特征值对应的端阻力及侧阻力规定为特征值（如图 5-1 中所示虚线与各曲线的交点），理论上三者能够同步达到，但需要先确定单桩承载力特征值，这又陷入了第 1 点所述矛盾之中。

（4）由此看来，"特征值＝特征值＋特征值"未必能够成立。如前所述，特征值是极限值除以安全系数 2 而得来的，故该公式的默认推导过程为：

$$∵ 极限值＝极限值＋极限值，\tag{5-4}$$

$$∴ 极限值/2＝极限值/2＋极限值/2；\tag{5-5}$$

$$又 ∵ 特征值＝极限值/2，\tag{5-6}$$

$$∴ 特征值＝特征值＋特征值。\tag{5-7}$$

看起来没什么大毛病，但实际上，由于桩端阻力与侧阻力并非同步发挥，式（5-5）不一定成立。式（5-5）的通用表达形式应该为：

$$极限值/2 ＝ 极限值/a ＋ 极限值/b\tag{5-8}$$

a、b 分别为桩端阻力及桩侧阻力的分项安全系数，由于桩端阻力与侧阻力不能同步发挥，故 a、b 不太可能同时等于 2。例如：通过试桩得到单桩承载力极限值 1400kN，其中桩侧阻力极限值 400kN、桩端极限值 1000kN。单桩承载力为特征值 700kN 时，侧阻力特征值及桩端特征值是理想中的 200kN 及 500kN 吗？几无可能。如前所述，桩侧阻力通常先于端阻力发挥，如果桩较长，端阻力还不及充分发挥，侧阻力就超过了 200kN、即特征值状态。这可能才是摩擦端承类桩的真实受力状态，即单桩承载力达到特征值状态时，实际侧阻力通常早已大于特征值，分项安全系数 a、b 几乎没机会同时为 2。式（5-8）有多组解，式（5-5）只是其中一个特解，而该特解能够实现的概率极低。

总之，不管是通过单桩承载力特征值确定侧阻力及端阻力特征值，还是通过侧阻力及端阻力特征值计算单桩承载力特征值，都有很难解决的矛盾，相对极限值设计法而言，特征值设计法理论上更难自圆其说，技术上也更难实现。

5. 侧阻力、端阻力与承载力

工程使用的是单桩承载力，业界经验最多、最准确的也是单桩承载力，工程中需要把承载力不断地拆分为侧阻力与端阻力，再不断地在新的工程中合成新的承载力。因无法拆分得准确、公平，拆分出的侧、端阻力与真实值的会有偏差，再合成新的承载力时（设计值），与实际承载力必然有一定偏差且大小难知。

矛盾产生的根本原因，是桩端土的承载力与桩侧土的摩阻力的力学性质不同：桩侧土的摩阻力本质上是抗剪强度，与变形基本无关，一旦变形（相对位移）就降低为残余强度；桩端土的承载力，可视为抗压强度（本质上也是抗剪强度），与变形密切相关，数值大小通常主要取决于变形量。两种对变形要求不同的强度对桩产生的抗力直接相加，必然存在矛盾，所以不管是特征值＋特征值＝特征值，还是极限值＋极限值＝极限值，从物理机理及数学角度来说都难言成立[1]。这也许就是该公式称为半经验公式的一个原因。

6. 二选一

在特征值＝特征值＋特征值与极限值＝极限值＋极限值之间，本人倾向于选择后者。原因总结如下：

（1）桩的特征值状态很难确定，桩侧阻力特征值也好，桩端阻力特征值也罢，甚至桩的承载力特征值，都很难描述其物理意义，其概念很不明确。

（2）特征值的经验值来源是间接的，验证方法也是间接的，相对于极限值而言，可靠性更差一些。

（3）特征值是通过极限值取得的，既然用极限值计算承载力更直接、更方便，无需再舍近求远换算成特征值。

（4）承载力检测以极限值为直接目标，设计计算也应该以极限值为直接目标。极限值不用像特征值那样再去细分桩达到极限承载力状态时桩侧阻力及桩端阻力的状态，很难分清楚，也没有必要去分清楚。

（5）国外标准中采用的是极限值，采用极限值便于与国际接轨。

（6）有规范认为特征值设计法也是一种极限状态设计法，即正常使用极限状态法。但如第3章所述，桩的正常使用极限状态难言存在；就算存在，用于变形计算也许尚可，用于承载力计算很可能是不适合的，承载力问题采用承载能力极限状态法解决更为合理。

5.2 长摩擦桩的有效长度

规范目前对长桩的长度好像还没什么规定。如前所述，桩所受的荷载向下传递时，桩侧不同深度的摩阻力是异步发挥的，这表明了摩擦桩存在着有效长度，如同锚杆存在着有效长度一样。深圳地区近些年来随着对前海片区及后海片区的开发建设，桩长超过60、70m的超长桩应用越来越多。很多静载试验结果表明，桩的长度达到一定程度后，承载力与桩长不再成比例增长，其增长速率下降，即侧摩阻力的效率降低。这就意味着，当桩长较长时，如果不嵌岩，按式（5-1）～式（5-3）计算得到的桩长有时不一定够用。2014年深圳后海某桩基工程为非嵌岩桩，以强风化花岗岩为持力层，旋挖成孔，成桩后选3条桩进行静载试验，桩长50～60m，试验结果表明，单桩承载力都达不到设计要求，最低一个仅为设计值的40％：直径1.0m，桩长54m，设计承载力极限值17400kN（计算书中桩侧阻力极限值13800kN），试验结果仅为6960kN。虽然最终归因于施工质量欠佳（抽芯检测桩底有1m多厚的沉渣），但桩长超过有效长度后单位长度侧摩阻力降低亦是重要原因（6960kN仅约为桩侧阻力计算值13800kN的50％）。目前业界对桩的有效长度研究还处于定性而不能定量分析阶段，盼望着能有更多研究成果在规范中体现出来。

5.3 大直径桩的尺寸效应

桩基规范把基桩按桩径 d（设计直径）大小分为小直径桩（$d \leqslant 250\text{mm}$）、中等直径桩（$250 < d < 800\text{mm}$）及大直径桩（$d \geqslant 800\text{mm}$）3 类。该分类具有工程意义：因为大直径桩极限侧阻力和极限端阻力存在着尺寸效应，规范认为超过 800mm 后随着桩径的增加而双双减少，故根据土的物理指标与承载力参数之间的经验关系确定大直径桩单桩极限承载力时，应计取大直径桩侧阻力及端阻力的尺寸效应系数 ψ_s 及 ψ_p，两者的通用表达式如式（5-9）所示，其中 n 根据土的不同类型取 3～5。

$$\Psi = (0.8/d)^{1/n} \tag{5-9}$$

本人推测，尺寸效应也应该是有边界条件的，不会随着桩径的增加而按同一公式无限减小。随着超高层建筑的日益增多，更大的桩径日益增多，例如深圳地区，最大桩径已达 8.0m 以上，在 0.8～8.0m 这么大的范围内，尺寸效应均按式（5-9）模拟，准确程度有多高、有没有必要把桩径分类划分得更细一些呢？

5.4 抗拔系数

桩基规范规定，建筑物为丙级时基桩抗拔承载力极限标准值 T_uk 可按式（5-10）计算：

$$T_\text{uk} = \sum \lambda_i q_{sik} u_i l_i \tag{5-10}$$

式中，λ_i 为抗拔系数，规范建议砂土取 0.5～0.7，黏性土、粉土取 0.7～0.8；其余符号意义见式（5-2）。

相对抗压桩及抗压试验，业界对抗拔桩的经验要少得多，可以说都算不上成熟，故式（5-10）以抗压桩得到的丰富经验为基础进行抗拔设计计算，也不失为一种实用办法。

近些年来抗拔桩得到了广泛的应用。但受试验能力、现场条件限制及工期制约等因素影响，现场抗拔桩试验并不多，业界经验并不多。近几年，深圳市后海片区十几个工程项目进行了抗拔桩静载荷试验，结果很出人意料，抗拔试验结果完全满足设计要求的项目不多。此事引起了业界的警觉与重视，不少项目纷纷进行抗拔试验，试验结果普遍偏低，最低仅约为基桩自重（不计浮力）的 1.2 倍。在后海片区，不少专家认为设计计算时 λ 取 0.2～0.3 比较有把握，如想取值更高则应进行现场试验。后海片区抗拔桩主要为灌注桩，桩径 0.8～1.5m，桩长 15～35m，无扩径，地层主要为残积土、全风化及强风化花岗岩，施工工艺主要为旋挖、钻冲孔、人工挖孔等。预应力管桩的 λ 明显高于灌注桩的。

显然与《建筑桩基技术规范》JGJ 94 的建议值相差太多。原因可能有：规范编制时收集的样本较少、较老，桩径较小，桩长可能也不长，涉及的岩土类型也少，桩的自重在抗浮力中所占的比重可能较大等。另外，抗拔桩存在着有效长度、而实际桩长超过了有效长度较多可能也是后海片区灌注桩抗拔系数偏低较多的重要原因。不管怎样，都值得对抗拔系数给予充分的重视和研究，盼望着能有更多研究成果在规范中体现出来。

5.5　人工挖孔桩的构造设计

（1）某规范：人工挖孔桩护壁混凝土强度等级不应低于桩身混凝土强度等级，并应振捣密实。

按相关技术要求及一般作法，挖孔桩每日进尺一节，高度 0.5~1.0m，需要混凝土量很少，一般不足 $1m^3$。成孔后需立即浇灌护壁，成孔一个浇灌一个，工人在浇灌完护壁混凝土后爬出桩孔休息或转入其他桩孔作业，不能等着与其他桩孔同批浇灌，否则容易塌孔及给施工管理造成不便。护壁的早期强度对挖孔施工的安全至关重要，一般需添加早强剂、有时甚至添加速凝剂，故护壁混凝土通常在现场使用搅拌机械自拌，随拌随用，根据每个桩孔是否容易坍塌可添加不同外加剂，方便灵活；不需要工人挖好桩节后在桩孔内等待混凝土或爬出桩孔后再回去浇灌。如采用商品混凝土，一方面，往往需要等待混凝土运输车，时间较长容易塌孔；另一方面，同一批孔成孔时间有长有短、有先有后，浇灌完一个桩孔后混凝土运输车需在现场等待较长时间才能浇灌下一个，且因为每个桩孔需要的混凝土方量较少，一车混凝土往往几个小时才能浇完，混凝土中不仅不能添加早强剂及速凝剂，还需要添加缓凝剂，而缓凝剂恰好是护壁混凝土所忌讳的；如果将混凝土卸在混凝土池里，因很难持续搅拌，混凝土易发生凝固、泌水等现象且浇灌施工不便；而且，因浇灌时间长、效率太低，混凝土厂商必须提高单价才能保住成本。因此，很多地方政府都规定了灌注桩须采用商品混凝土，但挖孔桩护壁混凝土允许现场自拌。

现场自拌混凝土最大的问题是强度较低，强度等级很难达到 C30，也就是说，如果桩身混凝土设计强度等级超过 C30，护壁混凝土强度按该规范也要超过 C30，现场基本达不到。而在超过百米的建筑物中，设计桩身混凝土强度等级超过 C30 的情况很常见。混凝土的强度除了配合比外，还取决于现场浇灌质量——主要指振捣。因护壁较薄（厚度一般为 100~200mm），开口处要与上节护壁相接，缝隙一般仅为 50~100mm，人手很难进入操作振捣棒，如图 5-2 所示；振捣棒受护壁内钢筋的影响很难移动，这些导致护壁混凝土浇灌后很难振捣密实，要求应振捣密实往往只是一句空话；振捣棒操作困难，很容易碰到护壁外土层使之产生泥浆以及导致土层掉块或掉渣夹入护壁混凝土内，造成护壁混凝土夹泥；为了提高早期强度，护壁混凝土用水量一般较小、流动性相对较差；这些都是护壁混凝土强度等级基本达不到 C30 的原因。

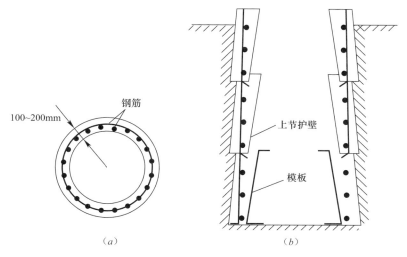

图 5-2　人工挖孔桩护壁大样

（a）平面图；（b）断面图

该规范前个版本没有这条规定，修编后新写入的，听说是因为担心护壁混凝土如果强度较低，受压后可能会局部碎裂。但基桩设计计算时通常是不考虑护壁承载力的，就算是碎裂了似乎也没什么关系，把护壁当作土层好了，似乎没人担心桩周边的土层受压后是否开裂。实际上，"护壁混凝土强度等级不应低于 C20"可能更适用。

（2）某规范：人工挖孔桩的孔径不宜大于 2.5m。

该规范没解释原因，推断可能和安全有关，担心桩径过大后土的圆拱效应弱，对挖桩作业工人形成安全隐患。常用机械成孔桩的直径，如钻冲孔、旋挖、冲抓等，最大桩径目前很少能超过 3m，尤其是嵌岩桩。直径超过 3m 的桩，例如深圳平安大厦，工程桩嵌岩，最大直径超过了 8m，除了挖孔桩，没有更合适的办法。再者说，大直径桩，目前公认，还没有哪种工艺比挖孔桩的质量更可靠，如果担心有施工安全问题，提要求就好了。

（3）某规范：挖孔桩的钢筋笼，应每隔 2m 设置一道加劲箍筋及三角筋。

加劲箍筋及三角筋的主要作用是提高钢筋笼的刚度，以避免吊装时钢筋笼变形太大。人工挖孔桩钢筋笼在孔内绑扎时不需吊装。此时加劲箍筋另有用处，即对主筋定位以便于箍筋绑扎，一般还需设置；但三角筋妨碍工人在孔内作业，有害无益，应该取消了。

参考文献

[1]　付文光，吴旭君，卓志飞. 有关单桩竖向抗压承载力的几个概念辨析［J］. 岩土工程学报. 2013，35（2）：1167-1171.

第6章 地基处理

6.1 地基承载力

以《建筑地基处理技术规范》JGJ 79—2012（简称地基处理规范）为代表的几乎所有规范，对复合地基承载力的深宽修正都规定为：宽度修正系数为0，深度修正系数为1。

1. ［例1］

2002年深圳市龙岗龙兴广场，筏板基础，设一层地下室，板底埋深 $d=5.0\text{m}$，板底以下土层分别为：①粉质黏土，重度 $\gamma=18.7\text{kN/m}^3$，压缩模量 $E_s=6.7\text{MPa}$，承载力特征值 $f_{ak}=110\text{kPa}$，摩阻力特征值 $q_s=12\text{kPa}$，平均厚度5.0m；②中粗砂，变形模量 $E_0=12.9\text{MPa}$，$f_{ak}=160\text{kPa}$，$q_s=30\text{kPa}$，平均厚度4.5m；③全一强风化花岗岩。板底以上土层 $\gamma_m=17.5\text{kN/m}^3$。上部结构设计要求地基土（或复合地基）承载力特征值250kPa。

按《建筑地基基础设计规范》GB 50007—2011中式（6-1），对天然地基承载力进行深宽修正。

$$f_a = f_{ak} + \eta_b\gamma(b-3) + \eta_d\gamma_m(d-0.5) \tag{6-1}$$

查该规范用表，基础宽度修正系数 η_b 和埋深修正系数 η_d 分别取0.3及1.6，修正后板底土层地基承载力特征值 $f_a=253\text{kPa}>250\text{kPa}$，满足设计要求，可以采用天然基础。沉降计算后，上部结构设计认为沉降量偏大，不满足结构要求，要求对粉质黏土层进行地基处理，处理后的复合压缩模量不小于25MPa。

采用水泥土深层搅拌桩处理。按减沉设计理念。设计桩径0.6m；平均桩长5.5m，即桩端进入中粗砂0.5m；取搅拌桩压缩模量 $E_p=200\text{MPa}$；置换率 $m=10\%$，按地基处理规范2002年版中式（6-2）计算搅拌桩复合土层的压缩模量 E_{sp}。

$$E_{sp} = mE_p + (1-m)E_s \tag{6-2}$$

计算结果 $E_{sp}=26\text{MPa}>25\text{MPa}$，满足设计要求。

复核地基承载力。单桩承载力 R_a 及复合地基承载力特征值 f_{spk} 分别按地基处理规范2002年版中式（6-3）、式（6-4）计算。

$$R_a = u_p\sum q_{si}l_i + \alpha q_p A_p \tag{6-3}$$

$$f_{spk} = mR_a/A_p + \beta(1-m)f_{sk} \tag{6-4}$$

桩端地基土承载力折减系数 α 取 0.5，计算结果 R_a＝164kN；桩间土承载力折减系数 β 取 0.85，处理后桩间土承载力特征值 f_{sk} 取天然地基承载力特征值 110kPa，计算结果 f_{spk}＝142kPa。

进行深宽修正。宽度修正系数取 0、深度修正系数取 1，修正结果：修正后的地基承载力特征值 f_a＝220kPa＜250kPa，不满足设计要求！

最终把 m 提高到 20%，使 f_{spk} 达到 180kPa，从而使 f_a 达到 250kPa。当然，设计是成功的，建筑物已经使用了十年，总沉降量不大于 50mm，效果良好。但这个设计结果让人迷惑，也让人悲催：通常，打了桩只会使天然地基变好，按这条规定，反而还变差了。为了不变差，把桩数增加了 1 倍，工程造价增加了 1 倍。

2. ［例 2］

情况与例 1 类似。1997 年深圳布吉某建筑物采用独立基础，基础下土层分别为：2～5m 厚中细砂，3～6m 厚淤泥质粉质黏土，微风化灰岩。如采用天然地基，经深宽修正后的地基承载力可满足设计要求，但沉降不满足。故采用水泥粉煤灰碎石桩（简称 CFG 桩）地基处理，主要处理淤泥质粉质黏土层。按减沉设计理念，同样因为深宽修正系数偏小，处理后地基承载力特征值不满足设计要求，只好增加了工程量。

说明一下：该两个工程建设时间均为 2010 年之前，故采用当时的规范。这并不影响本人要表达的观点。

上述两个案例均适合采用减沉设计理念。减沉设计，也称为按沉降控制设计，是一种较新的先进的地基基础设计理念，近些年很多专家学者一直在大力倡导，《建筑桩基技术规范》JGJ 94—2008 采用的减沉复合疏桩基础即典型的减沉设计，已有较多工程应用。减沉设计核心思想是：以控制沉降变形为主要目的，利用天然地基承担全部或主要荷载，桩的主要作用是减少基础沉降。减沉设计特别适合在场地内有较深厚的软弱土层而建构筑物对地基承载力的要求不高时使用，此时天然地基满足或基本满足承载力要求但沉降量较大，采用减沉设计能够取得最佳性价比。但地基处理规范等相关规范对深宽修正系数的规定，强调的还是传统的承载力设计方法，减沉设计理念似乎还没提上议程。

深宽修正是浅基础的概念，深基础不适用。一方面，浅基础地基承载力设计值采用理论计算时，是按基础两侧角点下塑性区开展最大深度推导确定的，基础越宽，容许的塑性区开展范围越大，地基的承载力越高；另一方面，浅基础的承载力设计值是将基础底面以上土的自重换算成超载而推导的，基础埋深越大，边载效应越大，剪切破坏越不易发生，地基的承载力越高，故浅基础的地基承载力可以进行深宽修正。但复合地基是不是可以深宽修正，争议声一直较大。高大钊教授说："人工地基有两大类型，一种是处理以后的地基是均匀的，平面上各点没有明显的、具有规律性的差别，这种人工地基的设计计算方法与天然地基没有本质的区别，仅是提高了地基承载力和压缩模量，而且这种地基的接触压力，无论是分布特征还是数值的大小，与天然地基也并没有原则的差别；另一种是复合地基，是由竖向增强体与桩间土以一定的置换率复合而成的人工地基，通过具有一定刚度的基础加以干预，这种在局部并不均匀的人工地基也假定呈现出整体的均匀受力与均匀变形的特点，这种复合地基与天然地基存在比较多的差别，地基处理工程问题的特殊性也源于此[1]"。张旷成大师说："（1）浅基础进行深、宽修正的原则，对天然地基和处理后地基都应该是同样适用的，因为处理后地基亦存在塑性区容许开展深度和基础埋深增大、超载增大、承载力提高的概念，而且处理后的地基重度及抗剪强度指标都有不同程度的提高，因而从理论上讲，处理后的地基是应该和可以进行深宽修正的。（2）由于加固处理后的地基土，其天然结构强度遭到破坏，原始凝聚力损失，但增加了加固凝聚力，而且随着时间的推移，其加固凝聚力将逐渐提高，但其结构强度不如天然土，因而其宽度修正系统和深度修正系数可以比天然土低，甚至从安全出发，可以不考虑宽度修正，以其作为储备[2]"。

　　两位大专家讲的是普遍情况。业界对复合地基的深宽修正总体上经验不多，出于安全考虑规范不做修正可以理解。不过，对于这种特殊情况似乎应该特殊处理，原则即为：复合地基承载力特征值如小于相对应的天然地基土深宽修正后的承载力特征值，前者可按后者取值。

6.2　复合压缩模量

　　[例3]　2010年深圳市龙岗某学校南教研楼6组团，独立基础，设计采用CFG桩地基处理，要求复合地基承载力特征值220kPa。以承台JL-09为例，承台尺寸5.2m×5.2m，地质条件及设计情况如下：

　　承台下土层分别为：①回填土，夹块石，压缩模量$E_s=5.0$MPa，承载力特征值$f_{ak}=140$kPa，摩阻力特征值$q_s=15$kPa，厚度2.0m；②冲洪积粉质黏土，$E_s=4.0$MPa，$f_{ak}=160$kPa，$q_s=20$kPa，厚度3.0m；③沉槽堆积层黏土，$E_s=2.5$MPa，$f_{ak}=100$kPa，$q_s=12$kPa，厚度8.0m；④全风化糜棱岩，$f_{ak}=500$kPa，$q_s=50$kPa。

　　实际桩长13.5m，即桩端进入全风化岩0.5m，桩径0.4m，强度C20，锤击沉管工艺。$m=5\%$。建筑物已建成使用5年，各监测点沉降量8~19mm。

　　验算承载力：单桩承载力R_a及f_{spk}验算按式（6-3）、式（6-4），β取0.95，得$R_a=370$kN，$f_{spk}=280$kPa>220kPa，满足设计要求。

　　按规范要求，采用分层总和法验算沉降，如式（6-5）所示。

$$s=\psi_s s'=\psi_s\sum P_0(z_i\alpha_i-z_{i-1}\alpha_{i-1})/E_{si} \tag{6-5}$$

　　计算结果及讨论如下：

　　（1）如采用天然地基，总沉降量$s=171.8$mm。

（2）某些规范采用式（6-2）计算各复合土层的压缩模量，其中 E_p 为桩体压缩模量，用弹性模量代替，取 25500MPa。因桩体压缩模量过大，计算结果 $s=0.9$mm（s 为复合层沉降 s_1 与下卧层沉降 s_2 之和，下同。因计算深度已满足规范要求，不需再向下计算，故 s_2 均取 0），且各承台沉降量计算结果均不大于 1mm。计算结果与实际相差甚远，几无指导意义。闫明礼研究员从多方面阐述了式（6-2）所示压缩模量叠加法的不合理性[3]。

（3）某些规范采用式（6-6）所示承载力比法计算各复合土层的压缩模量 E_{sp}，式中 ξ 为复合地基与天然地基的承载力比值。

$$E_{sp} = \xi E_s = E_s \times f_{spk}/f_{ak} \tag{6-6}$$

例 3 中，$f_{spk}=220$kPa 时，$\xi=1.57$，不计褥垫层压缩沉降及下卧层沉降，则 $s=95.8$mm；$f_{spk}=280$kPa 时，$\xi=2.0$，$s=63.8$mm。280kPa 为计算结果而 220kPa 为设计值，应该取 280kPa 对应的沉降，即 $s=63.8$mm。各承台沉降量计算结果均在 $40\sim80$mm 之间，为实际沉降量的 $2\sim10$ 倍。

按式（6-6）承载力比法确定的复合压缩模量，计算结果又高估了地基沉降量，说明可能低估了复合压缩模量。可能有两个原因：①实际复合地基承载力特征值大于 280kPa。一些规范要求 f_{spk} 及 f_{ak} 均应由现场试验测定，即 f_{spk} 应采用实际承载力特征值而非设计值或计算值。由于设计承载力特征值为 220kPa，现场载荷试验时最大载荷仅为其 2 倍，即 440kPa，不能测试出实际极限承载力，也就不能计算出实际承载力特征值。不过从沉降曲线分析，部分测点加荷到 440kPa 时沉降量已经较大，推测实际承载力特征值不一定能达到 280kPa。②测算建筑物实际作用荷载约为 190kPa，小于 220kPa。但即便按 190kPa，例 3 计算结果沉降量为 55.1mm，仍为实际沉降量的 3 倍。故这两个原因均应不是计算沉降量与实际沉降量相差较大的主要原因，可能还是方法的问题。

减沉设计理念也适用于本案例。但如果采用式（6-6）计算沉降，由于计算沉降量偏大，将达不到减少桩数目的。

再回头看看例 1。实际置换率 $m=20\%$，视中粗砂变形模量为压缩模量，按分层总和法计算复合压缩层及下卧层总沉降 s，约为 69mm。如果按式（6-6）计算复合层压缩模量，仅约为 $142/110\times6.7=8.6$MPa，远小于原设计要求的 25MPa，但工程使用情况良好，实际沉降约 50mm，与按式（6-2）计算结果接近，就是说按式（6-6）计算复合压缩模量，可能又偏低了。

问题出在哪儿？本人认为，刚性桩及柔性桩等粘结桩复合地基中，桩的存在改变了变形模量及变形传递方式，从而使得分层总和计算沉降法不再适用。天然地基中，假定应力不变时，每层土的压缩变形与其压缩模量可视为呈比例关系，总沉降量为每层土的压缩变形量之和；设置刚性桩后，总沉降量主要表现为刚性桩向褥垫层及下卧层的刺入量，每层复合土的压缩变形量很小，且不再与土本身的压缩模量呈比例关系，甚至可以认为关系不大；而所谓的复合压缩模量，主要取决于桩，受地基土本身的压缩模量影响很小，故不能再用压缩模量或复合压缩模量这些以土为主的思路来计算沉降量，分层总和法不再适用。如果采用式（6-6）承载力比法计算复合土层的压缩模量、再按式（6-5）计算变形量，应对沉降计算经验系数 ψ_s 进行修正。目前所使用的 ψ_s 是针对天然地基的经验值，是否适用于复合地基还需要更多的理论研究及实践检验，即使适用，很可能也要修正。

（4）《复合地基技术规范》GB/T 50783 建议采用式（6-7）计算刚性桩复合地基沉降 s_1。

$$s_1 = \psi_p QL / E_P A_p \qquad (6\text{-}7)$$

式中，Q 为刚性桩桩顶附加荷载，L 为桩长，E_P 为桩体压缩模量，A_P 为单桩截面积，ψ_p 为经验系数。公式的关键在于 ψ_p 这个经验系数，可惜规范没提供，仅说综合考虑刚性桩长细比、桩端刺入量等根据地区实测资料及经验确定。式（6-7）看起来理论上更合理一些，但实际效果怎么样好像还没看到有文献公开介绍。

（5）某地标提供了根据静荷载试验结果计算复合地基变形模量的公式，如式（6-8）所示。

$$E_0 = \omega(1 - v^2) pb / s \qquad (6\text{-}8)$$

式中各符号意义略。该公式原本用于求取天然地基土变形模量，这里直接拿来用于计算复合地基的变形模量。泊松比 v 如何确定？例 3 中，按该式计算，$E_0 = 20.2\sim317.0$MPa，相差达 15 倍之多，离散性太大，计算结果及应用价值令人生疑。不少人对该规范这种不管三七二十一拿来就用的勇气惴惴不安，这可是规范啊。

6.3　是褥垫层，还是找平层？

刚性桩复合地基的桩顶应设置褥垫层，有的规范要求柔性桩及散体材料桩复合地基也应设置。

刚性桩复合地基设置 100～300mm 厚的褥垫层，主要作用是调整桩土的荷载分担比，垫层越厚，桩土的应力比越小，越利于发挥桩间土的作用。搅拌桩是柔性桩的代表，搅拌桩复合地基从 20 世纪 80 年代初期就开始在全国范围内广泛应用，那时不设置褥垫层，也没见有什么不妥，也未见国外工程中设置。刚性桩复合地基出现后，导致了对柔性桩及散体材料桩复合地基的再认识，修订或新编的大多规范要求后两者也设置褥垫层。不少学者不以为然：既然设置褥垫层的目的是为了减少应力比、让桩少受点力，那么，少打几条桩、置换率小一点不就完了吗，不想少设置、但多设置后又不想让其发挥作用？再者，规范通常要求褥垫层材料为透水性强的砂石料等，在南方多雨地区，褥垫层里往往充满水，桩间土长期浸泡，如果地基受到交变荷载，如道路地基，桩间土强度可能会下降较多，反而会导致复合地基性能劣化。一些地区设置砂石褥垫层的目的其实与技术基本无关，主要是为了增加工程造价，这在市政道路路基处理工程中十分明显。其实，褥垫层对于刚性桩也未必任何情况下都是必须的：褥垫层的主要作用是使桩能够向上刺入，与桩间土之间产生相对位移，从而迫使桩间土与桩共同受力；如果桩端较软，桩能够向下刺入，也能够与桩间土之间产生相对位移，可达到同样目的，不一定设置褥垫层。

不过，这里讨论的重点还不是褥垫层的作用问题。大多规范规定，复合地基载荷试验时，承压板下需设置50～150mm厚的中粗砂试验垫层。这里想讨论的问题主要是：有了试验垫层，还要不要设置褥垫层？

问题貌似简单。不同规范中有4种作法：（1）承压板底面标高与基础底面设计标高相同，即放在褥垫层上面，或更严格意义上去除50～150mm褥垫层后再铺设试验垫层；（2）承压板放在复合地基桩顶上，即明确不设置褥垫层，只设置试验垫层；（3）模棱两可。如规定"承压板底面标高应与桩顶设计标高相适应"。"相适应"的意思，大概就是设不设褥垫层、试验垫层设置多厚，根据地方经验自行确定；（4）啥也不说，即不说设不设褥垫层、只说设置试验垫层。

规范之间都相互矛盾或模糊不清，可见这个问题并不简单。其实这个问题已困扰业界多年，一直没个公信力较高的结论。但因对检测结果有重大影响，这个问题又很重要。

1. 设褥垫层

（1）假设褥垫层是压实的，试验过程中基本不再产生变形。褥垫层有应力扩散作用，施加到桩顶标高面的荷载并非实际试验荷载，试验结果将得到偏大的承载力特征值。对于筏板等大尺寸基础来说，100～300mm厚的褥垫层产生的应力扩散可以忽略，但承压板尺寸小，该应力扩散作用影响不可忽视。深圳市宝安大道路基处理工程某标段采用碎石桩处理淤泥，完工后在碎石桩顶进行荷载试验，结果承载力特征值仅45kPa，不满足地基承载力特征值90kPa的设计要求。仔细查看设计图，发现图纸要求在交工面上达到90kPa，而碎石桩顶铺设500mm厚碎石垫层后才是交工面。于是铺设碎石垫层后重新试验，结果承载力特征值98kPa，合格，500mm厚的褥垫层使试验应力产生了较大的扩散作用[4]。

（2）但褥垫层可能是压不实的。对于实际工程而言，褥垫层产生的压缩沉降在总沉降量中的比例不大，且在施工过程中就完成了，不会影响到工后沉降，因此一般无需考虑。但对于载荷试验来说，因其对沉降量要求很严格，垫层产生的沉降就不得不考虑了。

工程中，如果铺设了褥垫层后载荷试验不合格、重新返工修补的代价太大，故往往在大面积铺设褥垫层之前进行载荷试验。为试验而铺设的垫层因为面积小、数量少或在试验坑内等原因，通常不采用大型机具、而是轻小型机械压实。小型机具压实很难，在试验荷载作用下，垫层继续被压缩变形，有的试验采用1～2级试验荷载进行预压，同样无法保证压实度。此外，试验时通常又没有侧限及顶限，垫层受力后易从承压板下侧向挤出，加大了竖向变形量。某低强度素混凝土桩（LC

桩）复合地基工程中少量试验垫层较厚，加载后承压板沉降量偏大，有的已按最大试验荷载的一半进行了预压，仍无济于事，最终只能把垫层减薄后重新试验。最终垫层厚度定为 20～50mm，仅作为找平层，合格率才大幅上升[5]。

假定试验时受到侧限砂垫层没有侧向挤出，垫层厚度 $H=50\sim150mm$ 所产生的沉降 s 可按式 $s=H\times(1-\lambda_c)$ 估算：λ_c 为垫层的压实系数，按相关规范可取 0.94～0.97，如果取 0.94，则 s 的最大值可达 3～9mm；取承压板的边长为 1m，则垫层产生的相对变形值为 0.3%～0.9%，在承压板产生的总相对变形值中能够占据 20%～90%，看起来挺吓人。即使 λ_c 取 0.97，s 值仍有 1.5～4.5mm，也够大了的，况且工程中 λ_c 很难做到 0.97。当然，最终使用时垫层的压实系数通常也达不到 1.0。

垫层压实及侧向挤出，导致垫层产生一定的压缩变形，因承压板尺寸小，总沉降量小，垫层压缩量在承压板总沉降量中占的比例不可忽视，在不考虑应力扩散时，试验结果得到的承载力特征值将会偏小。2010 年深圳平湖某项目采用碎石桩复合地基，完工后进行载荷试验，不合格的 9 个试验点中，有 5 个第一级荷载下的沉降就占到总沉降量的 50%以上，9 个点的第一、二级荷载沉降占到了总沉降量的 60%以上，主要是垫层压缩所致。故有人建议：试验坑底标高应高于桩顶 50～150mm，在承压板处再向下开挖 50～150mm 至桩顶后铺设 50～150mm 厚的试验垫层，这样就对垫层形成了侧限，试验效果较好。但这个建议目前好像还没有被有关规范采纳。

综合来说，荷载试验时，较厚的垫层（或褥垫层），应力扩散作用与压缩变形同时对试验结果产生相反影响，影响效果很难量化，导致试验结果不确定性较大。

2. 不设褥垫层

如果不设褥垫层，只设置找平层（厚度一般 20～50mm），因找平层较薄，桩顶很难向上刺入变形，可认为桩与桩间土沉降量相同，桩间土的承载力不能够完全发挥，桩分担的载荷加大，是土的几倍至几十倍，不能反映实际工作时桩土分担荷载的真实情况，载荷试验名义上是复合地基试验，但实际结果与单桩试验结果相近，通常将得到偏大的承载力；同时也可能因过度使用桩的承载力，使单桩早早进入极限状态而得到偏小的承载力。

[例4] 某 LC 桩复合地基工程[5]，施工前用 2m×2m 承压板对地基土进行了静载荷试验，施工后进行了单桩（设计单桩承载力特征值为 370kN）复合地基（承台尺寸恰好与承压板相同）检测，两个检测点 Q-s 曲线如图 6-1 中曲线 1、2 所示。

图中曲线 1 为地基土的试验曲线，曲线 2 为复合地基的。不考虑因打桩而使桩间土的承载力得到提高。当沉降量为 15.33mm、即试验荷载达到 440kPa 时，查曲线 1，约为 230kPa，而原设计期望此时桩间土能提供 2 倍承载力特征值（即280kPa）。因变形不足，桩间土没有提供足够的承载力，该不足部分（即 50kPa）转移到桩承担，这样，该桩承担了约 940kN 的荷载，是原设计单桩极限承载力（2

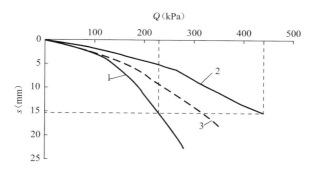

图 6-1 地基土及复合地基载荷试验曲线

倍设计承载力特征值，即 740kN）的 1.27 倍。可见，当桩顶垫层较薄、不能够充分发挥桩间土的承载力时，桩分担的试验荷载可能会超过其极限承载力从而造成破坏。不过，通常情况下，天然地基的承载力设计值偏于安全，即实际极限强度（如曲线 3 所示）往往大于设计值（如曲线 1 所示），曲线 2 与曲线 3 相距较近，桩间土承载力先行发挥达到极限承载力，能够帮助桩承担一部分荷载，桩所受的最大试验荷载往往达不到 2 倍设计值。

设，好像不对；不设，好像也不对。从工程实践来看，目前还是采用第 2 种作法的居多，即不铺设褥垫层，只设置试验垫层，50～150mm 厚，刚性桩复合地基可以厚一些，散体材料桩薄一些，柔性桩居于两者之间。这是深圳地区复合地基静荷载的目前普遍做法，作法折衷，没有从根本上解决矛盾。或许这就是复合地基的矛盾本性。

6.4 填土压实系数

填土压实系数，或者叫压实度，《工业与民用建筑地基基础设计规范》TJ 7—74 中要求为 0.93～0.96，修编为《建筑地基基础设计规范》GBJ 7—89 时没变，修编为 GB 50007—2002 时提高到了 0.94～0.97，修编为 2011 年版时维持了 0.94～0.97 这一指标。如今，这一指标几乎被各有关规范所引用，有些还以强条规定了压实系数须分层检验、每层符合设计要求后再铺设上层土。

对于填土来说，0.94～0.97 标准可能偏高。举 3 例：

（1）[**例 5**] 2010 年深圳世界大学生运动会运动员村某宿舍楼，设一层地下室，天然基础，需基坑内换填 2～3m，填料为附近开山土，土质主要为花岗岩风化后的坡残积砾质黏性土，夹少量 50～200mm 中风化碎石，原设计压实系数 0.94。大面积换填前进行了试验，面积 20m×20m。时值雨季，试压时时常受雨水影响，经验判断土样实际含水量应略高于最优含水量。除此外碾压机械、压实功率、分层厚度、碾压遍数等按相关规范。压实系数检测，多数检测点不超过 0.91，最低仅为 0.83；轻型动力触探 N_{10} 检测结果，填土均匀性较好且换算承载力满足设计承载力要求；静载荷试验结果，其承载力特征值超过 180kPa，满足设计要求。几次召开专家咨询会，几次降低标准，最终定为 0.88，并确定不以压实系数、而是以静荷载试验结果作为工程质量验收主要依据。

（2）[**例 6**]　1998 年深圳高交会馆，基坑肥槽回填压实系数原设计为 0.95。施工单位用素土回填，经检测，达不到；返工，达不到；采取了严格控制填料含水量、更换大功率压路机及振动压路机及其他压实机械、减少每层铺设厚度、增加碾压遍数等多种措施，达不到；设计人员亲自到现场监督、指挥，严格按相关规范操作，达不到；填筑材料更换为石屑，达不到。折腾了 7 遍，最终决定采用石屑回填，压实系数降低为 0.93。

（3）[**例 7**]　2006 年深圳观澜横坑某住宅项目，建设场地为山地，回填面积约 3.3 万 m^2，填土最厚约 8m，原设计表面 4m 内压实系数 0.94，以下 0.90。填料就地取材，主要为花岗岩风化后的残积砾质黏性土，少量坡积土、全风化及强风化岩，不含块石。填料含水量略低于最优含水量。因山地用水困难，填料没有淋水。除此外碾压机械、压实功率、分层厚度、碾压遍数等按相关规范。压实系数检测结果，大多不超过 0.93，最低者仅 0.87。某压实系数偏低处开挖检查，强风化碎块含量较多，碎块间有明显空隙，但静载荷试验结果，均满足承载力特征值 160kPa 要求。

本人就压实系数问题与深圳市多个检测单位的资深检测技术人员探讨过，几乎都认为在深圳地区压实系数很难超过 0.93。分析主因有 2 个：①含水量对压实系数的影响很大，但实际工程中含水量很难控制。规范一般规定要控制填土含水量为最优含水量±2%。但实际工程中，有这方面丰富经验的技术人员普遍欠缺，普通人员不能通过肉眼判断填土是否为最优含水量，要通过取样室内试验分析。含水量低时需要淋水，高时需要晾晒，淋水或晾晒后还要取土样分析，反复过程多，时间长，一般工程工期都很紧，很少有人这么做。如果工程规模较大，土方量较大，土料来源广，而不同土样含水量相差又较大，对淋水或晾晒的要求不同，一一达到最优含水量，不太可能。②填料粒径对压实系数的影响也很大。如果填料中含有碎石，不管是对求取最大干密度的击实试验，还是对环刀法取土样进行的密度试验，都有较大的影响。规范做法应该是进行颗粒筛分，求出大粒径填料含量的百分率；剔除后进行密度试验，再对试验结果按大粒径填料含量的百分率进行校正。但能够这么做的显然不多。

用压实系数控制填土质量的目的大致有 3 个：①获得足够的地基承载力作为建（构）筑物基础；②获得较大的地基土变形模量以减少基础沉降；③获得较大的抗剪强度使填土边坡有足够的稳定性。这 3 个目的，设计人员都需要知道地基土具体的承载力、变形模量及抗剪强度指标以能够设计计算—规范也是这么要求的，没有规范给出压实系数与这些设计参数之间的对应关系，也很少见到相关方面的文献资料，如果想要确定，还要通过静载荷试验等方法去检测。既然如此，直接以后者作为验收标准就可以了，又何必舍近求远采用压实系数指标呢？还有，规范要求每层土检验合格之后才能铺设上一层土，而检验工作是需要时间的；填土较厚时，要分多层压实、分层检测，再考虑到雨天及雨后数天不能施工，压实系数的检验往往成了制约工期的关键因素。检测目的是为工程服务，不能成为工程主导。这项几十年前制定的检验方法及标准，是否还能够满足现代工程建设的需要，不少人是持怀疑态度的。实际上，深圳地区的建筑填方工程，已经开始放弃压实系数指标，逐渐采用载荷试验、标贯或动力触探等检验方法；填土稍厚时，一些熟悉检测方法的设计者干脆采用强夯法地基处理，连分层压实这种方法都放弃了。

不过，上述这些经验仅限于土料，其他填料不敢妄言。

此外，有的规范拟采用填土的室内土工试验结果，简单点说就是填土的抗剪强度指标 c、φ 作为控制填筑质量的指标。本人经验，填土 c、φ 值离散性很大，可能会相差几倍，很难用于工程检验验收目的。

6.5 复合地基承载力计算公式

1. 通用计算公式的困惑

《复合地基技术规范》GB/T 50783 建议复合地基承载力特征值通用表达式如式（6-9）所示。

$$f_{spk} = k_p \lambda_p m R_a / A_p + k_s \lambda_s (1-m) f_{sk} \qquad (6\text{-}9)$$

式中，k_p 为复合地基中桩体实际承载力的修正系数，反映了其与自由单桩承载力之间的差异；λ_p 为桩体承载力发挥系数，反映了复合地基破坏时桩体承载力发挥程度；k_s 为复合地基中桩间土地基实际承载力的修正系数，反映了复合地基中桩间土实际承载力与天然地基承载力之间的差异；λ_s 为桩间土地基承载力发挥系数，反映了复合地基破坏时桩间土地基承载力的发挥程度。最理想状况下，这 4个经验系数最好都为 1.0，当然实际上不可能。k_p 及 k_s 受多种因素影响，如施工工艺、置换率、桩间土的工程性质、桩体类型等，此外，影响 k_p 的因素还有土体受扰动后物理力学指标变化、桩长、施工参数差异等，影响 k_s 的因素还有成桩过程对土层结构的破坏、桩的挤密作用、孔隙水压力变化、附加荷载引起的固结、桩的侧限作用、桩体材料与土体产生物理化学反应等。而 λ_p 及 λ_s 则表示了随着荷载及沉降增加，桩、土受力不断调整、此消彼长的状况。

式（6-9）是个半理论半经验公式，为按承载力控制设计思路[6]，姑且称为特征值设计法，计算原理可概况为：复合地基承载力特征值为桩、土特征值分别按经验系数调整后之和。这些经验系数的概念十多年前就被提出了，近一两年新实施的规范中也只是定性没有定量，可见不好确定。例如 k_p 及 k_s，需要测试桩、土自由状态下的承载力特征值及形成复合地基后各自的承载力，后者很难测试，如果不是科研，极少有人做，这方面研究成果少而又少。于是有的规范进行了简化处理，如地基处理规范用 λ 替代 $k_p\lambda_p$，定义为单桩承载力发挥系数；用 β 替代 $k_s\lambda_s$，定义为桩间土承载力发挥系数，并建议 λ 及 β 根据当地经验确定，无经验时 λ 取 0.7～0.9，β 取 0.9～1.0。该规范 2002 版与其他大多规范一样，视 λ 为 1.0，β 定义为桩间土承载力折减系数，并建议按当地经验取值，无经验时取 0.75～0.95。这事确实不大好办：λ 取 1.0，载荷试验时容易造成桩先破坏；λ 取 0.7～0.9，似乎桩又没能发挥最大功效，可能会造成浪费。

研究这些经验系数的目的无非是为了能够根据自由单桩及天然地基土的承载力特征值比较准确地计算出复合地基承载力特征值，从而在工程安全与经济之间取得较佳平衡。计算结果必须要保证工程安全，特别是要保证复合地基载荷试验时的桩土安全。通常，载荷试验最大荷载为桩土正常使用极限荷载、亦即 2 倍承载力特征值，试验时桩土安全，则正常使用时安全。但反之不一定成立，由于桩、土的 Q-s 及 p-s 曲线的非线性，试验加载到按式（6-9）得到的地基承载力特征值的 2 倍时，桩、土不一定安全，可能有一方先破坏了。

这些经验系数很难取值，导致了按式（6-9）进行准确计算很难。困难的原因除了上述这些客观因素外，还和一个重要的主观因素有关。本节只讨论这个主观因素，即桩、土及复合地基承载力特征值的确定方法。

2. 载荷试验确定承载力特征值的方法及指标不匹配现象

本质上，土、桩及复合地基的承载力，不管是特征值还是极限值，在国内，都是通过载荷试验确定的。通常，规范中复合地基及土的载荷试验确定的是承载力特征值，方法有比例界限法、相对变形值法及对折法 3 种，以相对变形值法为主，采用了相对变形值指标，如第 3 章所述，是一种直接方法；单桩载荷试验确定的是承载力极限值，确定方法也有 3 种：①对于陡降型 Q-s 曲线，取发生明显陡降的起始点对应的荷载值；②对于缓变型 Q-s 曲线，取 $s=40\text{mm}$ 对应的荷载值；③取破坏荷载的前一级荷载；然后取其一半为单桩承载力特征值，是一种间接方法。复合地基载荷试验中这两种方法同时使用，存在什么问题呢？

先看个案例[7]。该场地主要土层为黏性土，土、桩径 420mm 的 CFG 单桩及单桩复合地基载荷试验结果如图 6-2 所示。

试验中，土采用 1m×1m 压板，p-s 曲线为缓变形，加载到 150kPa 时沉降量约 56mm，没有比例界限，按相对变形值 $s/b=0.015$（绝对沉降量为 15mm）确定特征值 $f_{sk}=67\text{kPa}$。单桩加载到 517kN 沉降量 9.2mm，加载到 540kPa 时沉降量 18mm，Q-s 曲线陡降，确定单桩极限承载力 R_u 为 517kN、特征值 R_a 为 258.5kN。查桩的 Q-s 曲线，特征值 258.5kN 对应的沉降量为 2.7mm。

根据试验结果按式（6-9）计算复合地基承载力特征值 f_{spk}。β 取 0.75 则 $f_{spk}=$

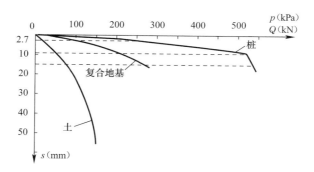

图 6-2　例 8 地基土、桩及复合地基载荷试验 $p(Q)$-s 曲线

176kPa、β 取 0.95 则 f_{spk}＝188kPa；λ 取 0.7、β 取 0.9 则 f_{spk}＝146kPa，λ 取 0.9、β 取 1.0 则 f_{spk}＝179kPa，即，f_{spk} 的取值范围按地基处理规范 2002 年版为 176～188kPa，按 2012 年版为 146～179kPa。复合地基荷载试验最大荷载应为 2 倍 f_{spk}，即 292～376kPa。实际试验中，复合地基采用 1.414m×1.414m＝2m² 压板，设了找平层没设褥垫层，加载到 260kPa 时沉降量 18.5mm，没有加载到 2 倍 f_{spk}。从图 6-2 可看出，此时单桩承载力已超过极限承载力，如果加载到 2 倍 f_{spk}，桩破坏的风险相当大。

图 6-2 中桩承载力特征值对应的沉降量为 2.7mm，土承载力特征值对应的沉降量为 15mm，因承压板为刚性且无褥垫层，复合地基试验时桩、土的绝对沉降值相等，复合地基沉降量为 2.7mm 时，桩受力已达到承载力特征值 258.5kN，查土的 p-s 曲线，此时土受力仅 17kPa，仅为其特征值 67kPa 的 25%。几乎不能使土的实际受力达到承载力特征值，若达到特征值需沉降 15mm，桩应该已经破坏了。这说明，仅从确定桩、土的承载力特征值的指标来看，两者就不太可能同步达到最理想状态、即特征值状态。

复合地基承载力为桩与土的承载力之和，任何情况下都应大于桩的承载力，这是复合地基存在的意义，否则干脆就用桩基好了。只计算桩、不计算土的承载力（即 λ 取 1.0、β 取 0）时，复合地基承载力计算值最小，等于桩的承载力。本例中桩达到承载力特征值时，按式（6-9）计算复合地基承载力的最小值（λ 取 1.0、β 取 0）为 129Pa。查复合地基 p-s 曲线，沉降量为 2.7mm 时复合地基实际承载力为 105kPa，低于理论最小值 23%。此时经验系数已用到了极限，计算值与实测值之间仍有较大的误差。这说明式（6-9）所示直接确定承载力特征值的方法要得到较为准确的计算结果难度非常大。

确定土与复合地基承载力特征值的数值指标不匹配也带来不小问题。规范中，同一土层，用于确定复合地基承载力特征值的 s/b 指标通常小于用于确定土的，如例 1 为黏性土，应取 s/b＝0.015 对应的压力为土的承载力特征值，取 s/b＝0.01 为复合地基的。b 相同时，复合地基的 s 比土的 s 少 50%，这意味着，复合地基达到承载力特征值时，因绝对沉降量不足，土达不到承载力特征值。b 不同时，不管 s 是否相同，复合地基达到承载力特征值时，不管桩的受力状态如何，土的实际承载力也不会是特征值，不再赘述。

也就是说，仅载荷试验确定桩、土及复合地基的承载力特征值的方法及数值指标不匹配，就会造成三者实际承载力与承载力特征值之间产生较大的误差。从规范中对上述经验系数的定义来看，目前还没有设置主要用以调整这种误差的经验系数，这种误差尚需要依靠已有的那些经验系数来调节，大大增加了这些系数取值的难度，计算结果的不确定性很大。

综上，规范中，复合地基承载力设计计算采用了按承载力控制设计的特征值设计法，特征值为桩、土分别按经验系数调整后的承载力特征值加权之和，本质上是容许应力设计法。桩、土及复合地基的承载力取值以及复合地基承载力计算公式是建立于载荷试验基础之上的，载荷试验确定复合地基及地基土的承载力特征值时，利用了相对变形值指标直接确定，确定单桩承载力特征值时，利用绝对变形值指标先确定极限值再确定特征值，是一种间接方法。三者采用的方法及数值指标不匹配，是造成特征值设计方法难以计算准确的一个重要原因。桩、土及复合地基的承载力与沉降量一一对应，而沉降量在工程中是容易测试和控制的，那么，可考虑以沉降量作为控制指标来确定承载力，即按沉降控制设计。视极限值设计法即是这样一种方法，可参见相关文献[8]。

6.6　构造设计与施工

（1）某规范：①袖阀管施工可按下列步骤进行……钻孔，插入袖阀管，浇筑套壳料，注浆。②插入袖阀管：插入袖阀管时应保持袖阀管位于钻孔的中心，以便后续浇筑套壳料的厚度均匀。③浇筑套壳料：在袖阀管与孔壁间浇筑套壳料至孔口。浇筑套壳料时应避免套壳料进入袖阀管中。

这种施工顺序实际上很少用。工程中一般这么做：钻孔后，钻杆不拔出，从钻机的钻杆内注套壳料，边注边拔钻杆，注满后，再下袖阀管，之后对钻孔封口。原因为：①孔底通常会积聚以砂砾为主要成分的一定厚度的沉渣，如果成孔后即利用钻杆注入套壳料，套壳料可将部分沉渣携带走，减少了沉渣厚度甚至可以置换干净，起到了置换洗孔作用，套壳料也能够与孔内泥浆拌和均匀；如果先下袖阀管、后下浇灌套壳料的注料管，受沉渣阻碍，袖阀管及注料管很难下到孔底；②实际上，几乎没有办法保证袖阀管置于钻孔中心，偏心是必然的。如果先注套壳料，袖阀管偏心与否都能保证四周被套壳料包裹，套壳料可能厚度不均匀但几乎不影响注浆质量；但如果先插袖阀管，则很难保证袖阀管周边都被包裹，影响了分段注浆质量；③通常，钻孔直径 70～110mm，袖阀管直径 42～50mm，管外壁与钻孔之间的间隙 15～35mm，这么狭窄的空间，注料管要很细才行，加上袖阀管偏心影响，钻孔较深时很难保证插到孔底；④受到已插入的袖阀管阻碍，套壳料流动性不好，很难保证灌注密实，及与孔内泥浆混合均匀；⑤先注套壳料、后下袖阀管施工简便。所以，实际工程中，不到迫不得已，不会先插袖阀管、后注套壳料。另外，插入袖阀管后，钻孔孔口 1～2m 以内用水泥净浆或砂浆封口效果比套壳料好很多，用套壳料封口不可靠，有时封不住。

（2）某些规范：砂石桩的桩体材料可采用含泥量不大于 5% 的碎石、卵石、角砾、圆砾、砾砂、粗砂、中砂或石屑等硬质材料。

砂、石等材料中的黏粒对这些散体材料桩大致会产生两方面影响：降低密实度及强度，降低渗透性，故规范要限制黏粒含量，即含泥量。①含泥量对降低桩体材料密实度的影响，目前多是定性的，少有定量研究成果。桩体材料为砂砾、石屑时的密实度及强度显然低于碎石、卵石的，但因为桩的承载力主要靠桩周土的侧限得到，桩体材料的强度及密实度差异性的影响不大，故规范一般不加以区分。这也意味着，即使材料含泥量增加导致桩体强度及密实度下降，对承载力影响也不大，那么，严格限制含泥量为 5% 可能意义不大。②砂石桩很多情况下没有排水固结目的，不用考虑含泥量增加是否会降低桩体渗透性。有时饱和软黏土中设置砂石桩具有排水固结目的，此时就算碎石、卵石的含泥量为 10%，其渗透性恐怕也强于砂砾的 5%，也就是说，不分材料都要求为 5% 恐怕不合理。③石屑，又名筛屑，通常认为是采石场加工碎石时，采用规格为 4.75mm 的方孔筛筛下的集料的统称（粒径大于 4.75mm 的称为岩石颗粒），通常含有较多的粒径小于 $160\mu m$ 的颗粒，渗透性很差，不适用于有排水目的的砂石桩。④"含泥量"一词并不全面。按相关规范，"含泥量"指天然砂、碎石、卵石中粒径小于 $75\mu m$ 的颗粒含量，机制砂（或称人工砂）中，粒径小于 $75\mu m$ 的颗粒含量用"石粉含量"一词表示。⑤影响砂石材料的密实度及渗透性的，还有一个指标，泥块含量。"泥块含量"在《建设用砂》GB/T 14684—2011 中定义为砂中原粒径大于 1.18mm，经水浸泡、手捏后小于 $600\mu m$ 的颗粒含量；在《建设用卵石、碎石》GB/T 14685—2011 中定义为卵石、碎石中原粒径大于 4.75mm，经水浸泡、手捏后小于 2.36mm 的颗粒含量。规范中只限制了含泥量，没有限制泥块含量，不够全面。

上述这些分析的目的是想说，含泥量 5% 并非一个严格指标，随意性较大，不能当成硬性规定。2014 年江门市某港资项目，地基处理采用砂石桩，设计者把这 5% 指标抄在了图纸里，香港开发商要求承包商必须对砂石料进行检验，确保达标，承包商叫苦不迭。开发商的逻辑很简单：如果这个指标没有用或达不到，规范为什么要写？最终设计者将含泥量指标修改为 12%。

另外，对这类散体材料桩来说，可从环保的角度，鼓励采用一些工业废料，如建筑垃圾、矿渣等。

（3）某国标：CFG 桩等低强度桩的桩身强度应为 8～15MPa。

"8"MPa多少有点奇怪，因为"8"不是通用模数，混凝土相关规范中没有这个强度等级，用起来不方便。该国标中低强度桩指混凝土或砂浆桩等刚性桩，按相关规范及政府要求，混凝土及砂浆最低强度等级10MPa起。很多地区都规定了混凝土及砂浆必须商品化，而商品化混凝土强度等级一般15MPa起。

参考文献

［1］ 高大钊. 实用土力学（下）—岩土工程疑难问题答疑笔记整理之三［M］. 北京：人民交通出版社股份有限公司，2014：417.

［2］ 张旷成. 两则岩土工程问题的分析和讨论［G］//张旷成文集. 北京：中国建筑工业出版社，2013：188.

［3］ 闫明礼，张东刚编著. CFG桩复合地基技术及工程实践（第二版）［M］. 北京：中国水利水电出版社，2006.

［4］ 付文光，杨志银，蔡铭. 对复合地基载荷试验标准的一些探讨［J］. 地基处理. 2004，56（3）.

［5］ 付文光，卓志飞，张兴杰. 持力层为基岩的LC桩复合地基技术探讨［C］//龚晓南等主编. 地基处理理论与技术进展. 海南：南海出版公司，2011：362-366.

［6］ 龚晓南编著. 复合地基理论及工程应用［M］. 北京：中国建筑工业出版社，2002.

［7］ 郑刚，于宗飞. 复合地基承载力载荷试验及承载力确定的标准化问题［J］. 建筑结构学报. 2003，24（1）：83-91.

［8］ 付文光. 一种用桩土载荷试验结果计算复合地基承载力的方法［J］. 岩土工程学报. 2013，35（2）：595-595.

第7章 边 坡

7.1 边坡安全等级

《建筑边坡工程技术规范》GB 50330—2013 规定：边坡工程应按其损坏后可能造成的破坏后果（危及人的生命、造成经济损失、产生社会不良影响）的严重性、边坡类型和坡高等因素，按表 7-1 确定边坡工程安全等级。

边坡工程安全等级　　　　　　　　　　　　　　表 7-1

边坡岩体类型		边坡高度 H（m）	破坏后果	安全等级
岩质边坡	Ⅰ类或Ⅱ类	$H \leqslant 30$	很严重 严重 不严重	一级 二级 三级
	Ⅲ类或Ⅳ类	$15 < H \leqslant 30$	很严重 严重	一级 二级
		$H \leqslant 15$	很严重 严重 不严重	一级 二级 三级
土质边坡		$10 < H \leqslant 15$	很严重 严重	一级 二级
		$H \leqslant 10$	很严重 严重 不严重	一级 二级 三级

1. 安全等级三级

表中，岩质边坡高度 15～30m 及土质边坡 10～15m 时，安全等级没设置三级，规范解释说，这两类边坡若支护结构安全度不够可能会造成较大范围的边坡垮塌、对周边环境的破坏大，故取消"不严重"、即三级。

"不严重"是采用三分法描述破坏后果严重程度时的一种状态，可视为一种客观存在，是不以人的意志为转移的。举两个例子：（1）2009 年深圳大鹏洋畴湾某山地小区内永久性土质边坡，原近 30m 高，稳定，因景观及休闲需要，把原状 1∶2 左右自然坡率削为 1∶5～1∶6 并分级，最终高度约 17m，整体稳定安全系数达 4.8 以上。

该边坡就是想塌方也没土可塌了，适合定为三级。（2）2003 年深圳湾六区某堆山项目，在市政道路边堆填一个公园假山，高度约 19m，边坡坡率约 1∶4～1∶5 并分级，整体稳定安全系数达 2.9 以上，定为三级也是适合的。

2. 安全等级划分原则

除了破坏后果的严重性外，该表把岩体类型及边坡高度也作为了边坡安全等级的确定条件。（1）近几年国内发生过几起 2～3m 高的挡土墙倒塌导致的伤亡事故，有资料可查最低的一个仅 1.8m 高，可见边坡较低并不表示安全等级就一定应该低，边坡较高也并不表示安全等级就一定应该高，边坡越高安全等级越高是一般性规律但并不绝对，前者是后者的必要条件而非充分条件。（2）边坡岩土体类型，亦即岩土体的"好坏"，决定了边坡支护的难易程度、工程造价等，而边坡的安全等级主要是周边环境及使用条件决定的。

《建筑结构可靠度设计统一标准》GB 50068 及《工程结构可靠性设计统一标准》GB 50153，在标准体系中属于上层标准，明确了划分结构安全等级的唯一指标就是破坏后果（危及人的生命、造成经济损失、对社会或环境产生影响）的严重性；岩土工程的各类技术标准，边坡的、基坑的、围岩的、桩基的、勘察的还是其他的，在标准体系中属于下层标准，应该遵守上层标准。岩体类型、边坡高度等因素，可作为判断严重性的条件，但似乎不应作为判断安全等级的直接依据。边坡高也好低也好，地质条件好也罢差也罢，失稳后可能造成房屋倒塌、人员伤亡、社会影响重大的，就应该是一级；失稳后也就破坏掉一些绿化景观甚至这也没有的，就应该是三级。

7.2　塌滑区范围估算公式与边坡破裂角

边坡规范用图 7-1（a）及式（7-1）估算塌滑区范围，作为坡顶有重要建筑物时边坡安全等级的确定条件，式中 L 为边坡坡顶塌滑区内边缘至坡底边缘的水平投影距离；h 为边坡高度。

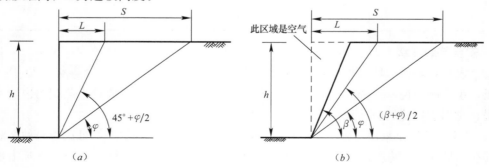

图 7-1　边坡滑塌区范围示意图
（a）直立坡面；（b）斜坡面

$$L = h/\tan\theta \tag{7-1}$$

规范定义 θ 为坡顶无荷载时边坡的破裂角，取值方法可为：①直立土质边坡取 $45° + \varphi/2$，φ 为土体内摩擦角；②斜面土质边坡取 $(\beta + \varphi)/2$，β 为坡面与水平面的夹角；③岩质边坡直立时，无外倾结构面的岩质边坡中，对坡顶无建筑荷载的永久性边坡和坡顶有建筑荷载时的临时性边坡和基坑边坡，破裂角按 $45° + \varphi/2$ 确定，Ⅰ类岩体边坡取 $75°$ 左右；坡顶无建筑荷载的临时性边坡和基坑边坡的破裂角，Ⅰ类岩体边坡取 $82°$，Ⅱ类取 $72°$，Ⅲ类岩体取 $62°$，Ⅳ类岩体边坡取 $45° + \varphi/2$；④岩质边坡坡面倾斜时，当岩体存在外倾结构面时，θ 可取外倾结构面的倾角。规范没有岩质边坡倾斜坡面无外倾结构面时的 θ 取值办法，这里主要讨论土质边坡。

式（7-1）的理论基础为土的摩尔-库仑强度理论。该理论认为，土体中微单元抗剪强度最小的平面为最危险破裂面，简称破裂面，与大主应力作用面成 $45° + \varphi/2$ 的夹角，称为破裂角。破裂角的概念引用到边坡后，指破裂面与水平面的夹角，破裂面假定为平面，也称为最危险破裂面、潜在破裂面等，因直立边坡的大主应力方向垂直向下，故 θ 为 $45° + \varphi/2$。式（7-1）认为，破裂面以外的区域为塌滑区。

（1）自然边坡的稳定性有时可能由临界滑移面控制而不一定全部是由最危险破裂面控制。所谓临界滑移面，指稳定安全系数为 1.0 的滑移面，临界滑移面以外的区域，都是不稳定区域，即塌滑区，而破裂面通常为抗剪强度、亦即安全系数最小的滑移面，与临界滑移面两码事。破裂面的安全系数可能大于 1.0，也可能小于 1.0，存在于所有边坡中，不管稳定不稳定都存在着；但不稳定边坡及临界稳定边坡才存在临界滑移面，在稳定边坡中不存在。以无黏性土自然边坡为例，假定直立边坡 $c = 0$，$\varphi = 30°$，则最危险破裂面的破裂角 θ 为 $45° + \varphi/2$、即 $60°$，而临界滑移面为自然休止面，其"破裂角"即自然休止角，为 $30°$。两者之间的关系及相应的滑塌区范围如图 7-1 所示，此时 S 才是可能塌滑区范围。岩体强度参数控制、而非结构面控制的岩质边坡，如极破碎的岩质边坡，其整体稳定性有时可能同样由临界滑移面而非最危险破裂面控制。综上，边坡整体稳定性由最危险破裂面及临界滑移面共同控制，塌滑区范围，准确点说，应该是 L 与 S 中的较大者。

（2）把破裂角为 $45° + \varphi/2$ 的平面假定为破裂面，是基于摩尔-库仑强度理论、且假定坡体材料为散粒材料条件下得到的，理论上只适用于坡面直立的无黏性土质边坡。由于岩土体的 $c \neq 0$ 等原因，破裂面实际上不可能为平面。当坡面倾斜时，斜坡的最大主应力方向与直坡的明显不同。直坡的最大主应力 σ_1 垂直向下，最小主应力 σ_3 方向水平，可认为主应力在临空面不发生偏转，最大剪应力 τ 呈直线，如图 7-2（a）所示；而斜坡面周围主应力迹线发生明显偏转，如图 7-2（b）所示：越接近临空面，σ_1 愈近似平行于临空面，在坡内逐渐恢复到向下状态；与主应力迹线偏转相对应，坡体内最大剪应力迹线由原来的直线变成近似圆弧线，弧面朝着临空面方向下凹。图中实线表示主应力迹线，虚线为最大剪应力迹线。

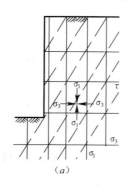
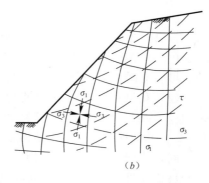

(a) (b)

图 7-2 斜坡中的主应力及剪应力迹线

剪应力面通常为破裂面。实际工程中坡面几乎都是倾斜的,斜坡面的剪应力面为曲面,而式 (7-1) 假定破裂面为平面,这会造成较大误差,分析起来很是复杂,换个简单办法,举个例吧。假定边坡土层 $c=0$,$\varphi=30°$,坡角 $\beta=2°$,按 $(\beta+\varphi)/2$ 计算,则破裂角为 $16°$。边坡几乎都不存在了,显然不会还有那么大的破裂角。

(3) 式 (7-1) 说估算塌滑区的目的是为了不让在塌滑区内有重要建(构)筑物,但 $h/\tan\beta$ 至坡脚的三角形区域内已经没有土、是空的了,如图 7-1 (b) 所示,严格意义上应从塌滑区范围内扣除。

7.3 岩体等效内摩擦角

边坡规范建议边坡岩体等效内摩擦角标准值如表 7-2 所示。

边坡岩体等效内摩擦角标准值 表 7-2

边坡岩体类型	I	II	III	IV
等效内摩擦角 φ_d (°)	$\varphi_d > 72$	$72 \geqslant \varphi_d > 62$	$62 \geqslant \varphi_d > 52$	$52 \geqslant \varphi_d > 42$

注:适用于高度不大于 30m 的边坡。

建议等效内摩擦角的目的与边坡破裂角类似,是为了计算岩质边坡的侧压力,确定放坡的允许坡率等。该规范 2002 年版中说:等效内摩擦角,为岩土体考虑了黏聚力后的假想内摩擦角,也称似内摩擦角、综合内摩擦角等。等效内摩擦角 φ_d 的计算公式及计算简图见式 (7-2) 及图 7-3,式中 σ 为正应力,θ 为岩体破裂角,按 $45°+\varphi/2$ 计算。

$$\tan\varphi_d = \tan\varphi + 2c/\gamma h \cos\theta \qquad (7-2)$$

条文说明中解释了 φ_d 的用途之一是用于判断边坡的整体稳定性:当 $\theta < \varphi_d$ 时边坡稳定,反之则不稳定。同时说明:只有 A 点才真正能代表等效内摩擦角;等效内摩擦角应采用岩体的 c、φ 值来确定;常常是把边坡最大高度作为计算高度来

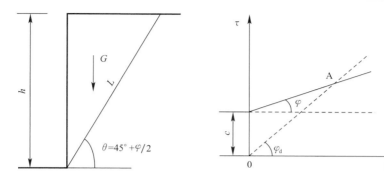

图 7-3 等效内摩擦角计算简图

确定正应力 σ；边坡高度增加后则不安全，减少则偏于安全；计算边坡高度不宜超过 15m，不得超过 25m。还解释了式（7-2）的来源：当边坡处于极限平衡状态时，按抗剪强度等效原则，令用 φ_d 值计算得到的抗滑力与用 c、φ 值计算的相同，如式（7-3）所示，式中 G 为岩体重量：

$$Gcos\theta tan\varphi_d = Gcos\theta tan\varphi + cL \qquad (7\text{-}3)$$

讨论一下这种用等效内摩擦角概念进行边坡设计的方法。

（1）不管按 c、φ 值计算，还是按 φ_d 值计算，式（7-2）均假定破裂面为平面。如前所述，假定破裂面为平面、破裂角为 $45°+\varphi/2$，只适用于坡面直立条件。当坡面倾斜时，由于主应力方向发生偏转，破裂面为曲面，仍假定为平面，必然会造成较大误差。而实际工程中，坡面通常是倾斜的。

（2）用 c、φ 值转换为 φ_d 值时，受边坡高度 h 的影响很大，大致上，可把等效转换原理视为把黏聚力 c 按边坡高度 h 折合为内摩擦角 φ。①先做个估算：规范中提供了结构面的 c 值建议值，结合很差时不小于 20kPa，结合好时不小于 130kPa，为减少离散性，估算岩体 c 值范围为 $20\sim150$kPa；坡高范围假定为 $5\sim20$m；岩体重度考虑为 $22\sim26$kN/m³，为简单起见，假设边坡为直立坡，则式（7-2）中的 $2c/\gamma hcos\theta$ 项估算范围大致为 $0.1\sim3.0$，反算成内摩擦角大致为 $5°\sim71°$，离散性非常大。②实际上，等效内摩擦角是在视坡顶为水平、视坡面为直立的前提下提出的，没有考虑坡上荷载、坡形、坡顶高度变化、结构面、地下水、岩体重量的变异性、岩性的不均匀性及不同组合等众多不确定因素。即使没有考虑，等效内摩擦角的离散程度已经这么大，如果考虑——算了，太复杂了，不可能考虑得了。这么多复杂的因素，恐怕不能仅用一个假想的破裂角、即等效内摩擦角来解决，而且该破裂角还是固定的：Ⅰ类岩体 82°，Ⅱ类 72°，Ⅲ类 62°……设计工作倒简单了：勘察报告给出岩体类型，设计人员一查表，选个角度，设计就完成了，但是设计结果能不能让人放心地使用呢？③众所周知，确定岩体的 c、φ 值非常困难，直白说，这就意味着准确程度低、离散性及变异性大，这使得采用 c、φ 值准确地确定 φ_d 值，即使在不考虑上述那些不确定因素时，都非常困难。本人尝试过用一个工程实例

（该工程发生过滑坡，为了准确地测得岩体的 c、φ 值，进行了几组现场原位大型剪切试验，作为科研的条件非常好[1]）反算等效内摩擦角，因离散性太大而没有得到最终结论。而表 7-2 中，每种类型岩体等效内摩擦角的取值范围——大致可代表离散程度，都不超过 $10°$，精准度非常高，都有些难以置信了。

（3）规范说，因为等效内摩擦角是按最高边坡高度反算得到的，即坡高最高时安全系数最低，坡越低则安全系数越高。好像不太对劲：边坡越低，一般情况下边坡的安全等级目标值也应越低——表 7-1 就是这么写的，安全系数计算值也应该越低才对（或者说功能上不需要较高），但用等效内摩擦角设计法反而越高，相当于劫贫济富了。另外，采用该法时也应计算边坡整体稳定安全系数，该如何计算呢？

（4）岩土工程勘察报告中通常会提供岩体的 c、φ 值，相关规范中也提供了各种类型岩体的 c、φ 经验值。用 c、φ 值进行边坡的稳定计算显然比等效内摩擦角相对更可靠一些，转换成等效内摩擦角可能是为了使用起来更直观、更方便，但舍近求远增大了不确定性。

（5）按等效条件得到的等效内摩擦角，其应用条件当然应该符合等效条件，否则非常可能会造成重大偏差。但如果严格按等效条件，其他的都不说，仅边坡直立、坡顶水平两条，恐怕应用范围就非常有限了吧？费这么大的劲弄出来的这个东西可能因此而用场不多。所以，如果采用此法，工程中就会超范围应用，即滥用规范，这几乎是必然的。

（6）填土挡墙工程中，广泛应用等效内摩擦角理论。这是填土挡墙的应用条件决定的。填土的 c、φ 值测试不准，离散性较大，工程中也很少测试，故较多采用等效内摩擦角理论，反正都不怎么太靠谱，不如简单一点。但填方等效内摩擦角通常根据压实度等指标按经验直接估算，很难用 c、φ 值去反算。另外，相对岩体来说，填土的 c 值的离散性就不算大了，一般可按 $5\sim15\mathrm{kPa}$ 估算；且挡墙高度相对不高，每级高度很少超过 $12\mathrm{m}$；挡墙顶几乎都是平的；坡面倾角不大、可视为直立，等等，这些条件，决定了填土挡墙按等效内摩擦角法设计施工，其误差就不算太大了，可被工程接受。将这种方法移植到岩体边坡，很难说是不是南橘北枳。

（7）新旧版规范都说表 7-2 中的数值是根据大量工程经验总结出来的，区别是新版规范中的 φ_d 数据均增加了 $2°$，没解释原因。"大量工程经验"，能理解也能接受，但工程经验提炼这些经验数据的过程好像有点毛病：

①从式（7-3）所示的理论依据，得不到式（7-2），推导出的是式（7-4）：

$$\tan\varphi_\mathrm{d} = \tan\varphi + 2c/\gamma h\cos^2\theta \tag{7-4}$$

对比可知，式（7-2）漏掉了一项 $\cos\theta$，有兴趣者可自行推导。计算公式都错了，会不会影响到计算结果的准确性？当然，式（7-2）很可能只是个笔误。修订后的 2013 年版规范不再提供式（7-2）及推导过程。

②两版规范中 φ_d 差了 $2°$。假定相差的原因是受到漏掉的那个 $\cos\theta$ 的影响。考虑到直立边坡，θ 的范围为 $45°\sim90°$，$\cos\theta$ 的范围约为 $0.71\sim0$，$2c/\gamma h\cos^2\theta$ 项折

合成反算前的内摩擦角约为 $1°\sim79°$，离散程度进一步增加，解释不了为什么表 7-2 中的数值反而提高了。

③规范说计算边坡高度不宜超过 15m，不得超过 25m。但表 7-2 注中，说表中数据适用范围不超过 30m。那么，$25\sim30$m 的数据或说经验怎么来的，是在没有严格执行规范的状况下获得的吗？如果是，规范中似乎应该给出这种超范围情况的通用处理原则以便工程应用。

总的来说，直说吧，不少人不太理解及赞同用上述岩体分类方法赋予不同类别岩体不同的等效内摩擦角，不赞同经验不是非常非常丰富的技术人员采用等效内摩擦角理论用于岩体边坡工程设计。

7.4 查图表设计法

1. 土质边坡坡率[2]

边坡规范：土质边坡的坡率允许值应根据工程经验，按工程类比的原则并结合已有稳定边坡的坡率值分析确定。当无经验、且土质均匀良好、地下水贫乏、无不良地质作用和地质环境条件简单时，边坡坡率允许值可按表 7-3 确定。

土质边坡坡率允许值　　　　　　　　　　表 7-3

边坡土体类别	状态	坡率允许值（高宽比）	
		坡高小于 5m	坡高 5～10m
碎石土	密实 中密 稍密	1：0.35～1：0.50 1：0.50～1：0.75 1：0.75～1：1.00	1：0.50～1：0.75 1：0.75～1：1.00 1：1.00～1：1.25
黏性土	坚硬 硬塑	1：0.75～1：1.00 1：1.00～1：1.25	1：1.00～1：1.25 1：1.25～1：1.50

注：1. 表中碎石土的充填物为坚硬或硬塑状态的黏性土；
　　2. 对于砂土或充填物为砂土的碎石土，其边坡坡率允许值应按砂土或碎石土的自然休止角确定。

这些数据是多年工程经验的总结，放在规范中用于指导工程实践似乎无可厚非，查表设计法已经沿用多年。不过，还是有几点疑惑：

（1）按表中坡率，整体稳定安全系数有多少？按表 7-3 注 2，无黏性土的坡率允许值即自然休止角，即整体稳定安全系数为 1.0，推理，表中允许坡率的安全系数也为 1.0。但安全系数 1.0，工程不允许，规范本身也不允许。各规范中，整体稳定安全系数，不管采用什么方法计算，平面法、折线法、圆弧法、对数线法等，安全系数目标值都在 1.15 以上，有些规范中还是强条，例如该规范本身就要求相应于一级至三级边坡应为 $1.35\sim1.15$，并根据安全系数将边坡稳定性状态应分为稳定、基本稳定、欠稳定和不稳定四种，如表 7-4 所示。按表 7-3 所示规则及查表法设计结果，可归类于表 7-4 所示的欠稳定状态，不符合规范自身规定。

边坡稳定性状态划分　　　　　　　　　　　　　　表 7-4

边坡稳定性系数 F_s	$F_s<1.00$	$1.00\leqslant F_s<1.05$	$1.05\leqslant F_s\leqslant F_{st}$	$F_s>F_{st}$
边坡稳定性状态	不稳定	欠稳定	基本稳定	稳定

注：F_{st} 为边坡整体稳定安全系数。

（2）实际上，对于黏性土边坡，因为黏聚力的存在，按查表法设计时，安全系数几乎没可能为 1.0。按表中坡率，边坡高度不同时安全系数不同，边坡越高安全系数越低，边坡较低时安全系数又偏大。这又与工程需求相矛盾：工程中通常希望安全系数随着边坡高度增加而适当增加。

（3）全国各地岩土性状差别那么大，表中数据能否在全国范围内都适用呢？

（4）现在，计算机已是日常工具，用软件计算一下整体稳定性是对设计者最基本的要求，各规范及各地区工程建设管理规定也是这么要求的，现实中已经普遍采用了更为先进、更为科学的半经验半理论设计方法。不管表中数据是否稳妥，对建筑边坡这种较小规模的边坡治理工程的坡率法设计而言，查图表这种经验设计方法已经不再适应现代工程建设及工程管理的需要，现在的工程师们的才能已经远远不止会查图表了。如果认为这些经验数据还具有指导意义，包括下节中的岩质边坡、填土边坡允许坡率值等，可放在条文说明中，供使用者初步设计时参考。

2. 岩质边坡坡率

边坡规范等规定：在边坡保持整体稳定的条件下，岩质边坡开挖的坡率允许值应根据工程经验，按工程类比的原则结合已有稳定边坡的坡率值分析确定；对无外倾软弱结构面的边坡，坡率可按表 7-5 确定。

岩质边坡坡率允许值　　　　　　　　　　　　　　表 7-5

边坡岩体类型	风化程度	$H<8m$	$8m\leqslant H<15m$	$15m\leqslant H<25m$
		坡率允许值（高宽比）		
Ⅰ类	未（微）风化	1：0.00～1：0.10	1：0.10～1：0.15	1：0.15～1：0.25
	中等风化	1：0.10～1：0.15	1：0.15～1：0.25	1：0.25～1：0.35
Ⅱ类	未（微）风化	1：0.10～1：0.15	1：0.15～1：0.25	1：0.25～1：0.35
	中等风化	1：0.15～1：0.25	1：0.25～1：0.35	1：0.35～1：0.50
Ⅲ类	未（微）风化	1：0.25～1：0.35	1：0.35～1：0.50	—
	中等风化	1：0.35～1：0.50	1：0.50～1：0.75	—
Ⅳ类	中等风化	1：0.50～1：0.75	1：0.75～1：1.00	—
	强风化	1：0.75～1：1.00	—	—

（1）该条规定中的前提条件就不太好理解："在边坡保持整体稳定的条件下"，边坡已经稳定了，还要再放坡吗？若将之理解为边坡整体是稳定的、因安全系数不够所以还要放坡好像也不对：仅从表中数据并不知道安全系数有多少、够不够，如

前所述。

（2）该规范的岩体分类表中，只有完整的、结构面结合良好或一般的岩体才能定为Ⅰ类岩体（参见表7-8）。《岩土工程勘察规范》GB 50021附录A对"完整"岩体的相应结构类型描述为"整体状或巨厚层状结构"，对"较完整"的描述为"块状或厚层状结构"（参见表7-10）；对"中等风化"岩石的野外特征描述为："结构部分破坏，沿节理面有次生矿物，风化裂缝发育，岩体被切割成岩块"。尽管岩体完整程度与岩石风化程度是两种分类方法，但之间是有一定联系的，从描述来看，中等风化岩石构成的岩体更可能"较完整"而不太可能"完整"，因为既然为完整岩体通常就不应该风化成中等程度。可见，表7-5中Ⅰ类岩体"中等风化"也许很难存在，未（微）风化岩体不太可能归类于Ⅲ类岩体。表中类似疑虑还有，从略。

（3）表7-5与表7-2好像闹矛盾了。表7-2中，例如Ⅱ类岩体，推荐等效内摩擦角为62°～72°，不分坡高，对应的坡率为1:0.58～1:0.32，按表7-2的说法，该坡率为临界稳定坡率。再看表7-5：Ⅱ类岩体坡高8m以内的坡率为1:0.1～1:0.25，达不到1:0.58～1:0.32，看起来稳定不了；坡高8～15m的坡率为1:0.15～0.35，基本稳定不了；坡高15～25m的坡率，未（微）风化时为1:0.25～1:0.35，几乎也稳定不了，只有中等风化时的坡率1:0.35～1:0.50才有可能稳定。也就是说，如果以表7-2为基准，表7-5坡率多是不稳定的坡率。

总之，与土质边坡一样，岩质边坡坡率的查表设计法看来已经是过气明星了。岩质边坡远比土质边坡复杂，影响岩质边坡稳定的因素更多，即使不考虑结构面因素，地下水的赋存状态、坡上荷载、坡面及坡顶以上形状等几何边界条件、坡高、岩性的不同组合、岩性的不均匀程度、初始应力状态、破坏方式、破坏面位置等因素，都影响着边坡的稳定性与安全系数。即使是考虑了这些因素的稳定性理论分析计算结果都未必准确，试图通过查询一张表格进行工程设计，风险太大了。

3. 填土边坡

某规范：压实填土的边坡坡度允许值，应根据其厚度、填料性质等因素，按照填土自身稳定性、填土下原地基的稳定性的验算结果确定，初步设计时可按表7-6数值确定。

压实填土的边坡坡度允许值

表 7-6

填土类型	边坡坡度允许值（高宽比）		压实系数（λ_c）
	坡高在8m以内	坡高为8～15m	
碎石、卵石	1:1.50～1:1.25	1:1.75～1:1.50	
砂夹石（碎石卵石占全重30～50%）	1:1.50～1:1.25	1:1.75～1:1.50	
土夹石（碎石卵石占全重30～50%）	1:1.50～1:1.25	1:2.00～1:1.50	0.94～0.97
粉质黏土，黏粒含量 $\rho_c \geqslant 10\%$ 的粉土	1:1.75～1:1.50	1:2.25～1:1.75	

该规范说得比较谦虚，查表法仅可用于初步设计。本人理解，这么说的原因除

了查表法本身就粗糙外，还因为：

（1）表中适用高度最高达 15m，密实方法为压实法，包括碾压、振动压实、冲击碾压等方法，但没包括强夯。近些年来，就本人的工程经验，稍厚填土，如达到强夯的一锤子深度（约 5～6m）后，通常会选择强夯法。压实法受分层限制及分层压实度检测影响，工期慢，费用高；而这恰好是强夯法的优点，填土越厚，强夯工期相对越快、造价相对越低、优势越明显。当然，强夯法因冲击振动容易扰民，但话又说回来了，需要大面积高填方区域，周边环境通常较为简单，强夯扰民问题一般不大。

（2）大量填料采用砂石，现在应该很少了吧？天然砂石是不可再生资源，在一般地区价格比土料高得多，舍得当填料用的堪称土豪——当然，砂源丰富的沙漠地区可能例外。采用人工砂、石？人工砂石的价格恐怕土豪也舍不得将之大量埋在地下，海砂通常也舍不得这么用。

（3）有的规范规定挡土墙填料如采用黏性土，宜掺入适量的砂砾或碎石，掺入多少算作适量没说，这里给出了答案：30%～50%。2005 年深圳观澜某边坡工程中设计尝试过在土料中掺入 30% 的碎石，发现很难实施：①拌不匀。通常，土料用车运来倾卸后，用推土机摊薄摊均即可。如果掺入石料，要拌合均匀，推土机就不好用了，要采用挖机。但挖机也很难拌合均匀，要一遍一遍地翻，至少要翻个三五次，如果土料黏性大或湿度大点儿，十次八次也掺搅不均匀。②计量不准确。就工程而言，不可能来一车料过一次磅去称，只能按每车体积估算，由于每车土料及石料的堆积密度不同，估算误差较大。③效率很低，一台挖机一个台班只能拌合几十方，大大增加了工期及工程造价。④最糟糕的是压实系数不好测量。现场密度通常采用环刀法、核子湿密度仪及灌砂法等，受碎石干扰，环刀等取土器很难切取土样；蜡封法也很难削出土样；核子湿密度仪取样点遇到碎石时，通常会得到压实系数大于 100% 的结果；灌砂法或灌水法，因为试坑坑壁受嵌入的碎石影响凹凸不平，同样测不准确。还有，因为室内击实试验时要将大粒径石子（通常大于 20mm）取出去，再按相关公式折合出最大干密度，准确度同样较差。该工程中，刚做完试压区、还没大面积展开作业，开发商、施工方及检测方就一起嚷嚷了起来，叫苦连天，最后只好作罢。⑤掺入石子的目的，应该是想提高填土强度。费这么大劲能提高多少不说，提高后能够干什么用呢？如果作为建筑天然地基，恐怕没有几个主体设计的结构工程师敢用；如果不是作为地基土而是另有它用，例如只是想提高回填土的强度，则可能不需要这么高的技术要求。⑥没查到该规定的出处，不知道是不是参考了水利土石坝或公路路基的做法。不管是不是，要求土料中夹石，用在建筑地基中，尤其是较厚填方中，大多可能都不适合。⑦有些填料为开山土，块状强风化中夹杂着中风化岩石，是比较好的填料。但这种填料是天然的，中风化石块的含量不确定、粒径也不确定，机械很难压实，最适合强夯处理。

（4）表中坡率建议值基于压实度较高（表中为 0.94～0.97）这一前提，如果填料为土，按本人经验，压实度很难超过 0.93，这些经验数据适用不适用，难说。

7.5 锚喷面板作法的确定依据

边坡规范：①锚喷支护用于岩质边坡整体支护时，其面板应符合下列规定：Ⅰ类岩质边坡素喷面板厚度不应小于 50mm，Ⅱ类不应小于 80～100mm，Ⅲ类网喷不应小于 100～150mm；②岩质边坡坡面防护宜符合下列规定：Ⅰ、Ⅱ类岩质边坡可采用素喷锚支护，Ⅲ类宜采用网喷锚，Ⅳ类应采用网锚喷。混凝土喷层厚度可采用 50～80mm，Ⅰ、Ⅱ类岩质边坡可取小值，Ⅲ、Ⅳ类宜取大值。

素喷面板与网喷相比差了层钢筋网，面板整体性差一些。通常，确定面板作法主要依据岩体的完整性，完整性好可以不设置钢筋网，完整性越差越需要设置钢筋网、增加面板厚度，而岩体完整性与岩体类型不是一回事，如表 7-8 所示。表 7-8 所示岩体分类表中，例如Ⅲ类岩体，完整，8m 高的边坡稳定，面板不需要设置钢筋网也不需太厚。这条规定采用岩体类型作为面板作法的确定依据不够准确，掩盖了岩体完整性这个本质特征。

7.6 主动岩体压力修正系数

边坡规范：坡顶一定范围内（0.5 倍坡高）有重要建（构）筑物时，应对主动岩土侧压力进行修正，岩质边坡的主动岩石（这里采用"岩体"一词似乎更为准确）压力修正系数 β，可根据边坡岩体类型按表 7-7 取值。

主动岩体压力修正系数 β				表 7-7
边坡岩体类型	Ⅰ	Ⅱ	Ⅲ	Ⅳ
主动岩体压力修正系数 β	1.30	1.30	1.30～1.45	1.45～1.55

对主动岩体压力进行修正能够理解，但修正系数以该规范中的岩体类型为依据则不太好理解。

修正系数即考虑到边坡的实际状态与主动状态之间的差异后对主动岩体压力的放大系数[3]。规范解释说：修正系数有利于控制坡顶有重要建（构）筑物的边坡变形；岩体边坡开挖后侧向变形受支护结构约束，边坡侧压力相应增大，故按主动压力乘以修正系数 β 来反映压力增加现象。

边坡岩体的实际状态通常置于静止状态与主动状态之间，随着边坡向下开挖、高度的增加，从静止状态向主动状态变化。修正系数的大小应取决于实际状态与主动状态的差异，而这种差异又取决于岩体的抵抗侧向变形能力，即岩体抗变形能力越大，达到主动状态前的变形量越小，实际状态与主动状态的差异就越小。岩体抗变形能力的度量指标通常采用变形模量，变形模量的大小与多种因素相关，其中最主要的是岩石坚硬程度及岩体完整性[4]。表 7-8 中，岩体类型与岩石强度及岩体完整性有一定关系但不是很紧密；从 Ⅱ、Ⅲ 类的"完整、结构面结合差"栏的对比可知，该表岩体类型的划分主要取决于外倾结构面的角度，但倾角与变形模量之间，很难说有什么必然关系。

7.7　岩体分类表

边坡规范花了很大力气，编制了一张岩体分类表，如表 7-8 所示。

岩质边坡的岩体分类　　　　　　　　　　表 7-8

边坡岩体类型	判定条件			
	岩体完整程度	结构面结合程度	结构面产状	直立边坡自稳能力
Ⅰ	完整	结构面结合良好或一般	外倾结构面或外倾不同结构面的组合线倾角＞75°或＜27°	30m 高的边坡长期稳定，偶有掉块
Ⅱ	完整	结构面结合良好或一般	外倾结构面或外倾不同结构面的组合线倾角 27°～75°	15m 高的边坡稳定，15～30m 高的边坡欠稳定
	完整	结构面结合差	外倾结构面或外倾不同结构面的组合线倾角＞75°或＜27°	
	较完整	结构面结合良好或一般	外倾结构面或外倾不同结构面的组合线倾角＞75°或＜27°	边坡出现局部落块
Ⅲ	完整	结构面结合差	外倾结构面或外倾不同结构面的组合线倾角 27°～75°	8m 高的边坡稳定，15m 高的边坡欠稳定
	较完整	结构面结合良好或一般	外倾结构面或外倾不同结构面的组合线倾角 27°～75°	
	较完整	结构面结合差	外倾结构面或外倾不同结构面的组合线倾角＞75°或＜27°	
	较破碎	结构面结合良好或一般	外倾结构面或外倾不同结构面的组合线倾角＞75°或＜27°	
	较破碎（碎裂镶嵌）		结构面无明显规律	
Ⅳ	较完整	结构面结合差或很差	外倾结构面以层面为主，倾角多为 27°～75°	8m 高的边坡不稳定
	较破碎	结构面结合一般或差	外倾结构面或外倾不同结构面的组合线倾角 27°～75°	
	破碎或极破碎	碎块间结合很差	结构面无明显规律	

注：表中外倾结构面系指倾向与坡向的夹角小于 30°的结构面；其余略。

1. 直立边坡自稳能力

"直立边坡自稳能力"作为了表中岩体分类判定条件之一。（1）表中"直立边坡"如果已经形成了、"长期稳定"或"稳定"了，或者不稳定已经坍塌了，再以此判定岩体类型、从而确定支护方法，恐怕工程意义已经不大；如果尚未形成，恐怕没有人敢冒着风险将其形成直立的以观察其稳定不稳定，即"直立边坡"无从考察。如果尚未形成直立边坡、要根据岩体类型判定其形成后的稳定性——嗯，不对，直立边坡自稳能力是判定岩体类型的依据，怎么反客为主了？这里似乎掉入了先有鸡还是先有蛋的因果困境。（2）按表7-4，边坡稳定状态分为稳定、基本稳定、欠稳定、不稳定4种，而表7-8中"15m高的边坡稳定，15～30m高的边坡欠稳定"，"8m高的边坡稳定，15m高的边坡欠稳定"，中间均缺少了"基本稳定"状态，直接从"稳定"过渡到了"欠稳定"，那么，"15m高的边坡基本稳定"，或"8m高的边坡基本稳定"，该如何划分岩体类别？既然是判定条件就应该完整，不能选择性缺失。

2. 结构面结合程度及岩体完整程度

（1）边坡规范明确了结构面按结合程度分为5类，如表7-9所示，但表7-8中只用到了4类，没有"结合极差"类。此外，表7-8中"完整"及"较破碎"栏中没有表7-9所示的"结合很差"项，"破碎"及"极破碎"栏中没有"良好"、"一般"、"差"项等。既然作为分类条件，就应该列全、覆盖所有状况，不能选择性失明；如果确实认为这些状态不存在或者可以忽略，要给出解释才好，否则太难理解。

《建筑边坡工程技术规范》中结构面的结合程度划分 表 7-9

结合程度	结合状况	起伏粗糙程度	结构面张开度（mm）	充填状况	岩体状况
结合良好	铁硅钙质胶结	起伏粗糙	≤3	胶结	硬质或较软岩
结合一般	铁硅钙质胶结	起伏粗糙	3～5	胶结	硬质或较软岩
	铁硅钙质胶结	起伏粗糙	≤3	胶结	软岩
	分离	起伏粗糙	≤3（无充填时）	无充填或岩块、岩屑充填	硬岩或较软岩
结合差	分离	起伏粗糙	≤3	干净无充填	软岩
	分离	平直光滑	≤3（无充填时）	无充填或岩块、岩屑充填	各种岩层
	分离	平直光滑	—	岩块、岩屑夹泥或附泥膜	各种岩层
结合很差	分离	平直光滑、略有起伏	—	泥质或泥夹岩屑充填	各种岩层
	分离	平直很光滑	≤3	无充填	各种岩层
结合极差	结合极差	—	—	泥化夹层	各种岩层

（2）边坡规范没有明确岩体完整程度分类方法，实际工程中执行《工程岩体分级标准》GB 50218，如表7-10所示。

《工程岩体分级标准》岩体完整程度的定性分类　　　表 7-10

完整程度	结构面发育程度		主要结构面的结合程度	主要结构面类型	相应结构类型
	组数	平均间距（m）			
完整	1～2	＞1.0	结合好或结合一般	裂隙、层面	整体状或巨厚层状结构
较完整	1～2	＞1.0	结合差	裂隙、层面	块状或厚层状结构
	2～3	1.0～0.4	结合好或结合一般		块状结构
较破碎	2～3	1.0～0.4	结合差	裂隙、层面、小断层	裂缝块状或中厚层状结构
	≥3	0.4～0.2	结合好		镶嵌碎裂结构
			结合一般		中、薄层状结构
破碎	≥3	0.4～0.2	结合差	各种类型结构面	裂隙块状结构
		≤0.2	结合一般或结合好		碎裂状结构
极破碎	无序		结合很差		散体状结构

　　岩体的完整程度反映了岩体的不连续性及不完整性，是决定岩体基本质量的重要因素。表 7-10 中划分岩体完整程度的依据为结构面发育程度、主要结构面的结合程度及主要结构面类型[5]，结构面的发育程度指结构面的密度、组数、产状和延伸程度以及各组结构面相互切割关系等，主要结构面的结合程度指结构面的张开度、粗糙度、起伏度、充填情况、充填物的赋存状态等，主要结构面指相对发育的结构面，即张开度较大、充填物较差、成组性好的结构面。表 7-8 把结构面的结合程度与完整程度作为了岩体的两种属性，前者独立于后者之外，因此陷入了悖论：表 7-10 已经包括了结构面的结合程度，表 7-8 又将其作为划分依据，不仅依据重复且自相矛盾，必然造成同一因却不同果或不同因却同一果，无法实施；如果不承认表 7-10，因边坡规范本身并没有提供完整程度的划分方法，表 7-8 同样无法实施。

3. 结构面产状

　　外倾结构面及外倾不同结构面的组合线（以下统称外倾结构面）的倾角一事儿也不太好理解。

　　（1）表 7-8 把外倾结构面的倾角划分为 3 类：＞75°或＜27°，75°～27°，无明显规律，其中倾角 75°～27°的结构面对边坡稳定最为不利。表 7-8 中完整程度及结构面结合程度采用了 5 分法，外倾结构面倾角采用了 3 分法，组合起来有数十种，表 7-8 没办法一一理清，只好选择性缺失，忽略一部分分类判定条件及条件组合，如"较破碎"栏中"结合良好"没有"倾角 75°～27°"项，"结合差"栏没有"倾角＞75°或＜27°"项等。

　　（2）并不是只要有外倾结构面，边坡就一定沿该面破坏。该规范认为，岩质边坡滑移型破坏形式有两类："一类是沿外倾结构面的滑移，主要受外倾结构面抗剪强度参数控制，与岩体强度参数基本无关；另一类是沿岩体中最不利滑移面的滑移，主要受岩体抗剪强度参数控制，不受外倾结构面控制，即与外倾结构面抗剪强度参数基本无关。"也就是说，后一类破坏模式中，即使有外倾结构面，也不是主控制因素，既然如此，表 7-8 还是应该把岩体强度参数也作为分类条件之一而不是与之基本无关。

（3）外倾结构面的倾角固然重要，但更重要的可能是倾角与坡角的相互关系，用前者而不是后者作为分类条件可能没有抓住矛盾的本质。例如，对于直立边坡，其余条件相同、仅外倾结构面倾角不同时，因为岩体重力的下滑分力更大及抗滑分力更小，外倾结构面倾角为 80°的边坡比 60°的更容易滑移、稳定性更差，如图 7-4（a）、（b）所示，而按表 7-8 却得出相反结论；再如，边坡坡角为 60°时，外倾结构面倾角为 70°的边坡基本是稳定的，倾角为 50°的边坡可能是不稳定的，如图 7-4（c）、（d）所示；而按表 7-8，却得出了 70°与 50°两者属于同一类、稳定性相同的结论。

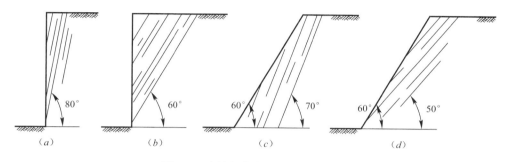

图 7-4　边坡倾角与坡角关系示意图

（4）外倾结构面倾角的下限调整为 27°，上一版规范（2002 年版）中为 35°，相差 8°之多，导致了结构结合面一般、外倾结构面倾角为 27°～35°的较破碎岩体由原分类表中的 Ⅱ 类大幅下调为 Ⅳ 类。还有其他类似情况。规范解释说这是因为考虑了后仰边坡，缓倾结构面在后仰边坡中更容易发生破坏。该解释很不好理解：结构面倾角相同时，通常认为边坡越缓稳定性越好，缓倾结构面似乎应该在直立边坡（如图 7-5 中实线所示）而不是后仰边坡（如图 7-5 中虚线所示）中更容易发生破坏，所以才削坡求稳。另外，按规范说法，这类边坡十几年前的工程经验表明不是最不利的（与＞75°的为同一类），现在变成了最不利的，变化这么大，规范最好给个说法以利于理解。

（5）表 7-8 注中说："表中外倾结构面系指倾向与坡向的夹角小于 30°的结构面"，意思是大于 30°时就不叫"外倾结构面"了，那么叫什么呢？况且与表 7-8 矛盾：表中把外倾结构面的倾角划分为＞75°、75°～27°及＜27°三类，即倾角可为 0°～90°，而坡角是不确定的，"倾向与坡向的夹角"的关系显然不仅仅"小于 30°"。本人理解，外倾结构面应该指"走向"与边坡"走向"的夹角小于 30°的结构面（结构面与坡面倾向相同时）。

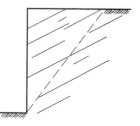

图 7-5　直立边坡与后仰边坡中的缓倾结构面

4. 分类表作用

　　表 7-8 作用有：确定岩体等效内摩擦角、破裂角及坡率允许值，作为工程安全等级分级依据、喷锚支护面板作法划分依据，确定主动岩石压力修正系数等。说实话这些作用都不太好理解，如前所述。也许是必然的，因为表 7-8 所示分类方法，总的来说信息量过大、内容过多、过于复杂，分类标准及尺度不是很统一，分类条件本身有些相互矛盾，导致内在逻辑性及系统性似乎不是很强。该岩体分类作为科研观点可以接受且应鼓励，用于规范则使用难度太大，富有经验的专家用起来也许得心应手，但水平不是很高的技术人员千万小心。

7.8 适用范围

1. 坡率法

　　坡率法不知道招谁惹谁了，近些年来在各规范中饱受打压排挤。因在边坡及基坑工程规范中遭遇相同，这里就放在一起说了。

　　边坡规范：坡率法不适用于安全等级为一级的边坡。

　　某基坑规范：坡率法不适用于安全等级为一级的基坑。

　　某基坑规范：坡率法适用于安全等级为三级的基坑。

　　现举 3 例。

　　（1）某挖方边坡。2012 年深圳 LNG 石岩站边坡，坡脚到山顶最高约 37m，坡脚为天然气站，边坡安全等级一级。自然边坡坡率约 1：1.6，上半部分表层 2～3m 厚为坡积层，以下为残积层及风化岩；近坡脚处强风化岩出露。坡积层松散，在雨水作用下，发生过多次局部表层塌滑。设计采用坡率法治理，将坡积层全部挖除，表面设置骨架梁植草绿化。削坡土填筑场地，场地标高提高后边坡高度降低约 2m。削坡后坡率约 1：2，稳定计算结果满足各规范要求。该边坡如采用支护措施，如锚杆格构或抗滑桩等，费用高，且表层塌滑很难根治。

　　（2）某填方边坡。2010 年深圳南澳鹅公湾某山地别墅项目，东侧场地内距离用地红线附近有高 11～17m 自然边坡，坡率约 1：1.1～1：1.3，主要地层为 2～3m 厚坡残积土及全—中风化花岗岩。原设计在红线处设置挡土墙，边坡与挡墙之间填土，在填土上打设工程桩，如图 7-6（a）所示。挡土墙方案安全性差、费用高、且挡土墙与工程桩相互干扰。优化方案为：对原自然边坡分级修坡，每级坡高 5m、坡率为 1：1.5，设 1.5m 宽中间平台，坡脚设置 2m 高护脚墙，坡面绿化；工程桩（人工挖孔桩）设置在平台上，建筑物采用高桩基础，如图 7-6（b）所示。整体方案工程造价低且安全可靠。坡顶、坡面、坡脚均有民宅，边坡安全等级一级。

　　（3）某挖方基坑。2014 年深圳龙华某旧改项目，分二期开发，地层主要为坡残积土、全风化及强风化花岗岩。一期与二期地下室相接，基坑将挖通，但一期开

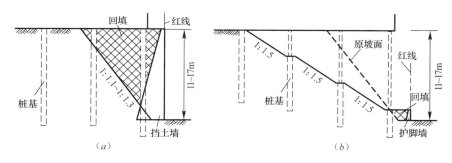

图 7-6　某一级边坡作法示意图
(a) 挡土墙方案；(b) 放坡方案

发时二期场地尚有 2 栋 4 层民宅计划 18 个月后拆除，拆除前一直有人居住。一期基坑深约 21m，与二期相邻侧采用坡率法开挖，总坡率约 1∶1.8，坡顶与该 2 栋民宅距离 3～6m，边坡安全等级一级。

这 3 个案例，坡率法均最为适宜，实际上，对于不少一级边坡及基坑而言，坡率法仍是首选方案。从设计计算可靠性角度，坡率法的稳定性分析方法是各种有支护结构整体稳定性分析及设计的基础，不确定性因素最少、理论最成熟；从施工及质量检验角度，放坡比各种支护结构都简单，施工质量最可靠；从四节一环保角度，放坡开挖最省材料最环保。因此，纵然坡率法有不足，也不该不分青红皂白一竿子打翻一船人。另外，对于永久性边坡来说，各种支护结构与坡率法相比较，哪个耐腐蚀、耐老化、耐久性更好，不言而喻。

2. 重力式挡墙、悬臂式挡墙及扶壁式挡墙

边坡规范：边坡支护结构适用条件如表 7-11 所示。

边坡支护结构常用形式（节选） 表 7-11

条件	边坡高度 H（m）	边坡安全等级	备注
重力式挡墙	土质边坡，$H \leqslant 10$ 岩质边坡，$H \leqslant 12$	一、二、三级	土方开挖后边坡稳定性较差时不应采用
悬臂式挡墙 扶壁式挡墙	悬臂式挡墙，$H \leqslant 6$ 扶壁式挡墙，$H \leqslant 10$	一、二、三级	适用于土质边坡
桩板式挡墙	悬臂式，$H \leqslant 15$ 锚拉式，$H \leqslant 25$	一、二、三级	当对挡墙变形要求较高时宜采用锚拉式桩板挡墙

某地基基础规范：重力式挡土墙适用于高度小于 8m 的地段。

某规范：悬臂式挡墙和扶壁式挡墙适用于地基承载力较低的填方边坡。

(1) 挡土墙按墙后填土的宽度范围可分为两类，一类是无限宽度填土挡墙，另一类是有限宽填土挡墙，分别如图 7-7 (a)、(b) 所示。

一般认为，挡墙背后填土的宽度为挡墙高度的 2～3 倍后，就可视为无限宽度，此时再远处的土压力已传递不到挡墙上。如果挡墙背后已存在稳定边坡或其他建构

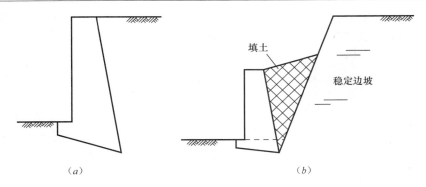

图 7-7 挡土墙简图

(a) 无限宽度填土挡墙；(b) 有限宽度填土挡墙

筑物，挡墙支挡的只是挡墙与边坡之间的有限宽度土条的土压力，则视为有限宽挡墙，所承受的土压力相对小一些。有限宽度与无限宽度是相对的，判断标准是边坡的土压力能否传递到挡墙上，而不是土条宽度与挡墙高度比，该比值只是辅助判断指标。表 7-11 中，重力式挡墙用于土质边坡时限高 10m，用于岩质边坡时限高 12m，既然区分了土质边坡与岩质边坡，指的应该是有限宽挡墙，因为无限宽时这种区分没有意义。那么，土质边坡与岩质边坡，对于这种有限宽度填方挡墙，有多大区别呢？

填方挡墙是自下而上修建的，挡墙基础开挖时，墙后为既有边坡或开挖形成新的边坡，该边坡不管是岩质还是土质，不管是既有的还是新开挖出来的，都必须要稳定，如果不稳定，连施工安全都保证不了，挡墙也就很难建得起来。表 7-11 备注中，重力式挡墙在"土方开挖后边坡稳定较差时不应采用"，此时不仅是重力式挡墙、其他填筑式挡墙也不应采用。随着挡墙加高，挡墙与边坡之间回填并压实形成土条，挡墙支撑的应该只是这部分新回填的土条的侧向土压力，因为边坡既然是稳定的，理论上就没有土压力传递到挡墙上。可见，挡墙的稳定程度取决于土条，与边坡基本无关，因此，以边坡的地质状况，土质还是岩质，作为挡墙类型的选择条件以及挡墙高度的限制条件，理论依据不一定充分。

（2）重力式挡墙适用于一级边坡吗？挡墙背后填土时，为避免压塌挡墙，靠近挡墙时不能采用大型机械设备压实，只能采用轻型设备，压实度通常较低，工后可能会产生较大沉降及引起挡墙水平位移。一级边坡，不仅对稳定性要求高，对变形要求也高，重力式挡墙很难满足。总体来说，重力式挡墙整体性差，适用高度有限，抗超载、地震等偶然荷载能力弱，抗水侵扰及冲刷能力弱，变形又大，还是尽量少用于一级边坡吧。

（3）表 7-11 中，重力式挡墙适用高度 10～12m，而钢筋混凝土挡墙适用高度 6～10m，重力式挡墙安全性比钢筋混凝土挡墙还要好？采用现有理论计算时，两者安全程度基本上没什么差别；实践中，重力式挡墙发生破坏现象随处可见，但钢筋混凝土挡墙发生破坏现象就少得多了，尤其在地震后，说明了钢筋混凝土挡墙的安全性大致上好于重力式挡墙。

（4）"悬臂式挡墙和扶壁式挡墙适用于地基承载力较低的填方边坡"，不一定吧，地基承载力较高时也适用啊。推测该条款要表达的意思是：地基承载力较低的填方边坡适用悬臂式挡墙和扶壁式挡墙，意即不适用重力式挡墙。再如该规范说"排桩式锚杆挡墙适用于稳定性较差的土质边坡、有外倾软弱结构面的岩质边坡、垂直开挖施工尚不能保证稳定的边坡"，不一定吧，稳定性较好的土质边坡以及高边坡，排桩式锚杆挡墙同样适用。不一一列举。

3. 适修性差的边坡

《建筑边坡工程鉴定与加固技术规范》GB 50843—2013 规定，适修性差的边坡工程不应进行加固。规范解释说，适修性差的边坡工程指既有边坡工程的加固费用超过新建支护结构费用的 70% 以上，此时已不适合采用对原支护结构进行加固的做法。

看来该规定主要是从经济性角度提出的。规范对"既有边坡工程加固"的定义为："对既有建筑边坡工程及其相关部分采取增强、局部更换等措施，使其满足国家现行标准规定的安全性、适用性和耐久性"，也就是说，边坡加固考虑了既有边坡支护结构构件的部分抗力，如果一点没考虑，就是新建工程而不是加固工程了。实际上，考虑不考虑、考虑多少，要通过经济技术比较后确定，是设计方案的合理性问题。2012 年深圳宝安某学校边坡加固工程，已有边坡高度约 12m，喷锚支护，土质较好，坡脚要向下开挖约 10m 形成基坑修建地下室，有一定放坡空间。各方案经济技术比较后确定为：对既有加坡采用预应力锚杆＋格构梁方案加固后，基坑采用预应力锚杆复合土钉墙方案。因开挖加深，原喷锚支护结构的锚杆长度就不够用了，故不考虑采用；面层完好，完全利用上了。面层的费用有限，加固费用约为新建费用的 90% 左右，超过了 70%，而按该规范这属于适修性差的边坡，不适合加固。工程情况是千变万化的，有些工程的具体条件决定了不管花多少钱，只能加固而不能新建。

7.9　构造设计与施工

（1）边坡规范：喷射混凝土面层 1d 龄期抗压强度不应低于 5MPa。

该条款引自《锚杆喷射混凝土支护技术规范》GB 50086。GB 50086 中喷射混凝土是用于围岩支护的结构构件，要起到支护作用，早期强度高对围岩稳定有利；而边坡工程中喷射混凝土通常是起防护作用的，是构造措施，如果不是工程抢险，不需 1d 强度这么高。通常，不添加速凝剂做不到，而添加了速凝剂又会影响后期强度。

（2）某规范：块石、条石挡墙严禁干砌。

不少山村公路的路边有很多干砌毛石挡土墙，7、8m 高的都有，有时民宅就建在挡土墙上，挡墙较高时大多采用干砌料石，不高则使用毛石，时间久了，草、灌木纷纷从石缝间钻出来，墙面上铺满苔藓，尽显纯朴、自然、环保。当然，客观上，山村缺电少水、农村缺钱买水泥也是干砌的原因。这些挡墙该不该严禁呢？只要设计为干砌，就应该可以。

（3）某规范：砂浆或混凝土初凝后，应立即开始养护。

砂浆开始养护时间，好像没有规范给予明确，通常认为与混凝土一样。《混凝土结构工程施工质量验收规范》GB 50204—2002（2011 年版）规定：应在浇筑完毕后的 12h 以内，对混凝土加以覆盖，并保湿养护；《水工混凝土施工规范》DL/T 5144—2001 规定：塑性混凝土应在浇筑完毕 6～18h 内开始洒水养护；《碾压混凝土施工规范》DL/T 5112—2009 规定：碾压混凝土终凝后即应开始洒水养护。各规范中，要么明示、要么暗示，混凝土应该在终凝后而不是初凝后开始养护，而该条规定初凝后立即开始养护，不知依据是否充分，会不会因养护过早反而对混凝土强度有害呢？

（4）某些规范：当整体稳定的软质岩边坡高度小于 12m，硬质岩边坡高度小于 15m 时，边坡开挖时可进行构造处理，如图 7-8 所示。

老实说，这两张图本人看不太懂：（1）图 7-8（a），破裂面都已经形成且贯通了，还认为边坡是稳定的，仅构造处理就行了？（2）图 7-8（b），横向连系梁凹进了坡体中，开槽时容易塌方或掉块，如果放在坡的表面上则省事得多。（3）说是构造处理，为什么又设置了支护锚杆？

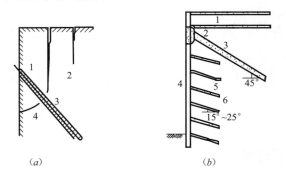

图 7-8　边坡支护

（a）1—崩塌体；2—岩石边坡顶部裂隙；3—锚杆；4—破裂面；

（b）1—土层；2—横向连系梁；3—支护锚杆；4—面板；5—防护锚杆；6—岩石

参考文献

[1]　付文光，赵苏庆，张家铭等. 深圳某超一级边坡治理工程//第四届全国岩土与工程学术大会论文集［C］. 北京：中国水利水电出版社，2013：260-267.

［2］ 付文光，罗小满，孙春阳. 浅议建筑边坡工程技术规范中的若干规定［J］. 岩土力学，
2012，33（增1）：156-160.

［3］ 方玉树. 建筑边坡岩体分类及其应用合理性研究［J］. 中国地质灾害与防治学报，2011，
12（22）：89-95.

［4］ 宋彦辉，巨广宏，吕生第等. BQ岩体质量分级与坝基岩体变形模量关系［J］. 水资源与
水工程学报，2011（22）：114-117.

［5］ GB 50218—2014. 工程岩体分级标准［S］. 北京：中国计划出版社，2014.

第8章 基　坑

8.1　抗隆起验算公式

1. 直立坡面时的抗隆起验算

（1）原公式

抗隆起验算是基坑工程设计中最为模糊和有趣的问题之一，国内外一直说不太清楚，争议较大。国内各规范建议的直立坡面抗隆起验算简图基本一致，以《建筑基坑支护技术规程》JGJ 120—2012 为例，如图 8-1 所示。

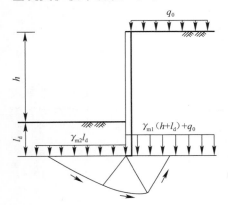

图 8-1　抗隆起稳定性验算简图

《建筑地基基础设计规范》GB 50007—2011 等规范建议的验算公式如式（8-1）所示。

$$K_b = \frac{N_c \tau_0 + \gamma l_d}{\gamma(h + l_d) + q_0} \tag{8-1}$$

式中，K_b 为抗隆起安全系数，取 1.6；N_c 为承载力系数，取 5.14；τ_0 为按十字板试验确定的土的总强度（kPa）；γ 为土的重度（kN/m³）；l_d 为支护桩等支护结构插入基坑底面以下深度（m）；h 为基坑开挖深度（m）；q_0 为地面附加荷载（kPa）。

基坑规范等规范的验算公式如式（8-2）～式（8-4）所示。

$$K_b = \frac{\gamma_{m2} l_d N_q + c N_c}{\gamma_{m1}(h + l_d) + q_0} \tag{8-2}$$

$$N_q = \tan^2(45° + \varphi/2) e^{\pi \tan\varphi} \tag{8-3}$$

$$N_c = (N_q - 1)/\tan\varphi \tag{8-4}$$

式中，K_b 取 1.8～1.4；γ_{m1}、γ_{m2} 分别为基坑外、内土的加权重度；N_c、N_q 为土的承载力系数；c、φ 分别为土的黏聚力及内摩擦角，采用三轴固结不排水强度指标或直剪固结快剪指标；其余符号意义同式（8-1）。

（2）公式简化

为便于分析，对式（8-1）、式（8-2）进行简化：设地层单一，$\gamma = \gamma_{m1} = \gamma_{m2}$；

地面无超载，$q_0 = 0$；桩无嵌固深度、即 $l_d = 0$，则两式分别简化为式（8-5）、式（8-6）。

$$K_b = N_c \tau_0 / \gamma h \qquad (8\text{-}5)$$

$$K_b = N_c c / \gamma h \qquad (8\text{-}6)$$

可见二者基本相同。

桩有嵌固深度、即 $l_d \neq 0$ 时，采用 $\varphi = 0$ 法（采用十字板剪切试验获得的总抗剪强度指标），令 $q_0 = 0$，则 $N_q = 1$，则式（8-1）仍与式（8-2）基本相同，如式（8-7）所示。

$$K_b = \frac{N_c \tau_0 + \gamma l_d}{\gamma h + \gamma l_d} \qquad (8\text{-}7)$$

（3）讨论

式（8-1）、式（8-2）均以浅基础地基承载力为理论基础。浅基础地基承载力破坏模型中，基底是刚性的，工作条件为：地基产生抗力，抗力是先天的，极限抗力是不变的；而基础及基础上的荷载为作用，作用是主动的，以递增的方式变化。而该两个公式的工作条件为：基坑内的土产生抗力，抗力是主动的，以递减的方式变化；基坑外的土为作用，作用是先天的，在每一开挖深度都是不变的，且假定的"基底"是柔性的。可见，基坑与浅基础的工作条件不同，且"基底"的刚度相差悬殊，因此，基坑能否采用浅基础的破坏模型，不少人是满心狐疑的。本节不打算探讨理论模型及公式推导，采用实证法说明问题。

① 设隆起稳定处于极限状态，即 $K_b = 1$，式（8-5）表明此时由土的抗剪强度构成的抗力 $N_c \tau_0$ 与开挖深度构成的作用 γh 相平衡，即 $N_c \tau_0 = \gamma h$。当桩有嵌固深度、即 $l_d \neq 0$ 时，式（8-5）分子分母同时增加 γl_d 项，得到式（8-7），分子分母仍然相等，力仍然平衡，K_b 仍然为 1，即桩的嵌固深度 l_d 没起作用，也就是说，按该公式，桩的嵌固深度与抗隆起稳定性无关。

② 怎么能无关呢？基础规范说："对特定基坑深度和土性，只能通过增加挡土构件的嵌固深度来提高抗隆起稳定性"。基坑规范也说："支护结构的嵌固深度应符合抗隆起稳定性要求"。也就是说，嵌固深度与抗隆起稳定安全系数是相关的。所以，还是得让两者产生关系才行。

假定某场地主要地层为淤泥，深度 40m，基坑深度 $h = 7.5$m，$\tau_0 = 20$kPa，$\gamma = 17$kN/m³，按式（8-7），则 K_b 与 l_d 的关系如表 8-1 所示。

按规范计算得到的抗隆起安全系数与桩嵌固深度的关系　　表 8-1

桩嵌固深度 l_d	0	$1h$	$2h$	$3h$	$4h$
抗隆起安全系数 K_b	0.80	0.90	0.94	0.95	0.96

原计划支护桩嵌固深度 $l_d = 7.5$m，一验算，抗隆起安全系数 0.90，不满足规范要求的 1.4～1.6；把桩加长，但达到 $4h$、即 30m，安全系数也才 0.96；假定地

质单一，达到 1.0 至少需要插入 $20h$、即 150m；安全系数想超过 1.0？别想啦，多长都不可能。

③这还不是最糟糕的。上例中，再假定基坑深度 $h=3.8$m，按式（8-7），则 K_b 与 l_d 的关系如表 8-2 所示：

按规范计算得到的抗隆起安全系数与桩嵌固深度的关系　　　表 8-2

桩嵌固深度 l_d（m）	0	$1h$	$2h$	$3h$	$4h$
抗隆起安全系数 K_b	1.60	1.30	1.20	1.15	1.12

糟了，随着桩嵌固深度的增加，抗隆起安全系数越来越低了！按式（8-7）计算结果，基坑深度 3.8m 时，假如原计划桩嵌固深度 3.8m，一验算，安全系数 1.3，不满足规范要求的 1.4～1.6，此时非但不能把桩加长，反而要把桩减短到嵌固深度为 0，才能获得 1.6 的安全系数，与"只能通过增加挡土构件的嵌固深度来提高抗隆起稳定性"显然背道而驰了。

试算结果说明，地层单一时，式（8-1）、式（8-2）：①如果 $N_c\tau_0=\gamma h$，则安全系数 K_b 恒为 1.0，不因支护结构的嵌固深度 l_d 的增减而改变；②如果 $N_c\tau_0>\gamma h$，K_b 必然随着 l_d 的增加而减小；③如果 $N_c\tau_0<\gamma h$，安全系数 K_b 随着嵌固深度 l_d 增加，但最大只能达到 1.0。这 3 点结论并不随着 N_c 的确定方法不同而改变，于是得到进一步结论：地层单一时，按公式，如果嵌固深度为 0（即没有支护桩时）安全系数 K_b 不满足规范目标值，有了支护桩以后同样不能满足，不管桩怎么加长都不会满足，除非桩端能够进入更好的地层。这个结论对所有地层适用。还要指出，不少文献的抗隆起验算经验都是基于较好地层的，并不一定适用于软弱地层。

上述试算并非空穴来风，而是 2012 年东莞虎门的一个采用排桩支护的基坑工程实例。主要因为土层抗剪强度指标太低，桩加长了几倍都很难满足规范要求，图纸评审通不过，最终采取被动区加固了事。

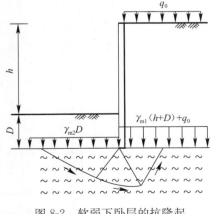

图 8-2　软弱下卧层的抗隆起
稳定性验算简图

2. 有软弱下卧层时的抗隆起验算

基坑规范提供了有软弱下卧层时的抗隆起验算简图，如图 8-2 所示。

仔细看看，图 8-2 中的 D 为坑底到软弱土层顶面的厚度，为非软弱土层，而在图 8-1 中为软弱土层。该规范采用了与图 8-1 相同的验算公式，仅用 D 代替 l_d，存在同样的缺陷，不再赘述。

3. 倾斜坡面的抗隆起验算公式

（1）公式

这个公式主要用于坡面倾斜的土钉墙，有地方标准引用到了坡率法开挖中，验算简图及公式如图8-3及式（8-8）～式（8-10）所示。

$$\frac{\gamma_{\mathrm{m2}}DN_{\mathrm{q}}+cN_{\mathrm{c}}}{(q_1b_1+q_2b_2)/(b_1+b_2)}\geqslant K_{\mathrm{b}}$$

(8-8)

$$q_1=0.5\gamma_{\mathrm{m1}}h+\gamma_{\mathrm{m2}}D \quad (8\text{-}9)$$

$$q_2=\gamma_{\mathrm{m1}}h+\gamma_{\mathrm{m2}}D+q_0 \quad (8\text{-}10)$$

式中，b_1 为土钉墙坡面的宽度（m），坡面垂直时取 $b_1=0$；b_2 为地面均布荷载 q_0 的计算宽度（m），取 $b_2=h$；K_{b} 取 $1.4\sim1.6$，其余符号意义同式（8-2）。可见，式（8-8）与式（8-2）形式不同但实质相同。

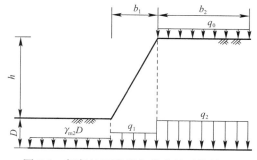

图 8-3 倾斜坡面抗隆起稳定性验算简图

$b_1=0$ 时的情况同上，不再赘述。

没有了支护结构的嵌固深度捣乱，似乎可以松口气了。式（8-2）假定基坑内、外均为半无限空间体，但有倾斜坡面时，因坡面宽度是有限的，把有限空间与无限空间混在一起不好办，故式（8-8）假定了基坑外为有限空间，其宽度 b_2 按 1 倍基坑深度 h 计取。假定该假定合理。

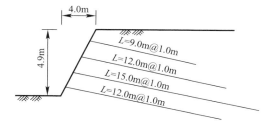

图 8-4 某基坑支护剖面图

先纠正该公式符号说明的一个小失误：按图 8-3，b_2 并非地面均布荷载 q_0 的计算宽度，而是基坑外土条、即 q_2 的计算宽度。理由：q_0 是地面附加荷载，可能不存在，即 $q_0=0$；但 q_2 不可能为 0。

（2）实例验证

杭州西湖区登云路某小区二期基坑，地质条件及土钉墙设计参数如表 8-3 及图 8-4 所示。

某土钉墙工程主要土层物理力学指标及设计参数　　　　表 8-3

土层名称	厚度（m）	黏聚力 c（kPa）	内摩擦角 φ（°）	重度（kN/m³）	与土钉粘结强度（kPa）
填土	0.8	15	10.0	18.0	20
粉质黏土	1.7	12	24.0	18.5	25
淤泥质黏土	8.6	8	3.6	17.0	17

土钉倾角 15°，直径 130mm，按基坑规范，计算整体安全系数 $K_{\mathrm{s}}=1.32$。基坑很成功，最大水平位移 22mm。但按式（8-8），不计地面超载，抗隆起安全系数 $K_{\mathrm{b}}=0.66$。该工程幸好是在该规范实施之前完成了，否则因为抗隆起安全系数远不满足规范要求，十有八九要修改设计。

这个案例很有代表性。国内很多项目位于海边、湖边或河边，有较为深厚的软弱土层，如果建筑物只有一层地下室，基坑开挖深度一般为 4～6m，基坑底面正好位于软弱土层中，而场地周边较为空旷，采用土钉墙方案或放坡还是比较适合的。但该抗隆起公式的发布，给土钉墙在这些区域的应用造成了一定的障碍：按该规范执行吧，抗隆起验算很难通过；不按该规范执行吧，审图公司及政府监管部门又很难通过。本人很容易就收集了广东、福建、江苏等地区 7 个类似案例，都是公开发表的论文中记录的，按式（8-8）验算发现其抗隆起稳定安全系数仅为 0.41～0.87，均远不满足规范要求，但均已成功实施。

（3）讨论

① 规范规定了该公式适用于软弱土层。什么是软弱土层？《深圳市基坑支护技术规范》SJG 05—2011 做了规定：“指淤泥、淤泥质土、松散砂、细砂或新近堆填（不超过 5 年）的松散填土”。粉细砂、松散砂等砂层，因为 $c=0$，按式（8-8）计算则 $K_b=0$，得到的结论是基坑不用挖了，一挖就隆起破坏了。试算表明，淤泥质土、淤泥质粉土、淤泥质粉质黏土、有机质土、有机质砂、淤泥、填土、泥炭、泥炭质土等，都是软弱土层，因 c 值较低（基坑规范规定采用三轴固结不排水剪强度指标或直剪固结快剪指标），按式（8-8）计算均很难通过。

② 实际上，没有看到哪个土钉墙工程或坡率法开挖是完全隆起破坏的，都会伴随着整体失稳。在那些视为隆起破坏的土钉墙案例中，随便找一个验算一下就会发现，其整体稳定安全系数同样很低。从已有的工程经验来看，软弱土层中整体稳定安全系数太低的土钉墙工程，不管计算得到的抗隆起安全系数高低，工程都是危险的，失事的概率很大；反之，整体稳定安全系数较高时（达到规范指标），即使抗隆起安全系数很低（远低于规范指标），工程失事的概率也是很低的。本人验算发现上述 7 个案例整体稳定安全系数均不小于 1.3，也就是说，安全性主要是整体稳定指标控制的。

③ 再换个角度想想。尽管式（8-8）声称适用于土钉墙，但该公式中并没有土钉什么事，稳定性验算结果与土钉无关。坡率法开挖，基坑规范不需验算抗隆起稳定性，那么，在斜坡面上打了几条土钉、形成土钉墙后，为什么就要求验算、这算不算“选择性执法”呢？

④ 图 8-3 中，斜坡面下的荷载，q_1，是“敌军”还是“友军”？式中是按“敌军”考虑的，即视为荷载，公式的意思是说，q_1 与 q_2 的加权均值应小于 $\gamma_{m1} D$ 产生的抗力。坡体要失稳时，常常采用坡脚反压的办法处理；或者高路堤中，为了防止失稳，常常设置反压台，如图 8-5 所示。q_1 与坡脚反压土及反压台的作用原理是相同的，但在反压时是抗力，是“友军”，用在斜坡面稳定时就变成了荷载、被视为“敌军”，为什么呢？

⑤ 试算表明，如果 c 值达到 12kPa 以上，按式（8-8）计算抗隆起安全系数大多可大于 1.0，但能不能达到规范目标 1.4～1.6 则不一定。基础规范规定抗剪强

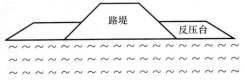

图 8-5　反压台示意图

度指标采用十字板剪切试验结果，因为十字板试验结果 c 值通常较高，淤泥中通常可达 20kPa 以上（珠三角地区经验。长三角地区通常更高），淤泥中开挖抗隆起安全系数大多可满足规范要求，其他种类的软弱土层性状好于淤泥，几乎都能满足。但基坑规范规定抗剪强度指标采用三轴固结不排水强度试验指标或直剪固结快剪试验指标，因数值较低，计算就很难通过了。

综上，没有了桩的嵌固深度掺乱，抗隆起验算公式还是不怎么靠谱。

4. 某地方标准中的验算公式[1]

该规范明确坡率法及土钉墙应进行抗隆起验算，明确土层抗剪强度指标可采用十字板剪切试验结果，计算简图如图 8-6 及式（8-11）～式（8-12）所示。

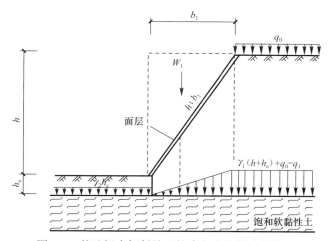

图 8-6 某地标中倾斜坡面抗隆起稳定性验算简图

$$K_r = \frac{\gamma_2 h_e N_q + c_k N_c}{\gamma_1 (h + h_e) + q_0 - q_1} \tag{8-11}$$

$$q_1 = 0.5 \gamma_1 b_1 (h + h_e) \tag{8-12}$$

式中，q_1 为：当为斜坡时，卸除斜坡以上土体的 W_1 重力，换算为作用于宽度为 b_1、饱和软黏性土面上的压力（kPa）；其余符号参见式（8-2）。

该式中，q_1 成为打入了敌军内部的友军，分化了敌军的力量。且慢，好像有点不对劲：式（8-12），怎么凭空多出来了一个 b_1？b_1 导致了 q_1 的量纲错误，q_1 的单位不再是 kPa，而变成了 kPa·m，原因是公式把斜坡上有限宽的土压力与斜坡外及坡底半无限宽的土压力混淆在了一起。

5. 其他作法

其他地区相关规范，欧洲的，美国的，英国的，中国香港的，也有基坑抗隆起要求，术语也不太统一，有的称为隆起破坏（heave failure），有的称为承载力破坏（bearing capacity failure），具体做法有些不同。如《欧洲规范7》[2]规定了应考虑抗隆起破坏，但没有提供具体的验算方法；美国规范[3]及中国香港的经验作法[4]，对于深宽比（H/B）小于 1 的基坑采用太沙基方法（Terzaghi，1943）进行抗隆起验算，计算得到的安全系数通常略大于按式（8-1）计算结果，也存在着有时偏低的缺陷，但因为没有扩展到桩墙支护结构，不会发生安全系数计算值随着支护结构物嵌固深度增加而减小这种方向性错误。另外，这些验算方法均针对直立坡面，没有看到坡面倾斜时如何处理，与土钉墙相关的规范中也没有提及。看来抗隆起验算是个国际级的疑难杂症，普遍没有良策。

既然目前没什么更好的办法，又不能取消，还要验算，建议把抗隆起稳定验算结果只作为设计参考项，别作为重要控制指标，不要严格执行，否则可能适得其反。

8.2　基坑安全等级判定标准

（1）某地标中，基坑的安全等级判定标准如表 8-4 所示。

某规范基坑安全等级划分表　　　　　　　　　　　　　　　表 8-4

安全等级	破坏后果	判定标准		
		基坑深度 h	1.3h 范围内软弱土层总厚度（m）	基坑边缘与邻近浅基础或桩端埋置深度小于 1.3h 摩擦桩基础的建筑物的净距或与重要管线的净距（m）
一级	很严重	$h>12.0$	>5.0	$<1.0h$
二级	严重	$8.0\leqslant h\leqslant 12.0$	$3.0\sim 5.0$	$1.0h\sim 2.0h$
三级	不严重	$h<8.0$	<3.0	$>2.0h$

该规范采用基坑深度、软弱土层厚度、周边环境的重要性及位置关系这 3 项标准来判定基坑的安全等级。如第 7 章所述，划分结构安全等级的唯一指标就应该是破坏后果（危及人的生命、造成经济损失、对社会或环境产生影响）的严重性，故这 3 项标准可用来辅助怎么判断"严重性"，但决不能代替"严重性"来判定安全等级。例如，某基坑深 13m，新近填土厚 7m，再下层为冲洪积粉质黏土，基坑周边空荡荡，1：2 放坡就行了，没什么破坏后果，显然是三级基坑，如果按表 8-4，安全等级一级，小题大做了。这是 2012 年深圳龙岗坂田的一个基坑工程设计实例。

（2）另一本地标中基坑的安全等级判定标准如表 8-5 所示。

某规范基坑侧壁安全等级表　　　　　　　　　　　　　　　表 8-5

安全等级	破坏后果	基坑和环境条件
一级	支护结构破坏或土体失稳或过大变形，对基坑周边环境和地下结构施工影响很严重	$h\geqslant 14m$ 且在 $3h$ 范围内有重要的建构筑物、管线和道路等市政设施，或在 $1h$ 范围内有非嵌岩桩基础埋深 $<h$ 的建筑物；或基坑位于地铁、隧道等大型地下设施安全区范围内
二级	对基坑周边环境影响一般，但对地下结构施工影响严重	除一级和三级以外的基坑工程
三级	对基坑周边环境和地下结构施工影响不严重	$h<6m$ 且在周围 $3h$ 范围内无特殊要求保护的建构筑物、管线和道路等市政设施

某基坑 4.8m 深，主要地层为 1～2m 厚的填土、13～16m 厚的淤泥，坑边 5～6m 以外有很多民宅，按表 8-5，不符合一级基坑判定标准，甚至都不符合深基坑判定标准（当地规定深度超过 5m 的为深基坑），但谁敢不把它当成一级基坑对待？这是 2014 年中山市一个基坑支护工程设计实例。可见，基坑安全等级判定条件不宜太具体，否则很难应用。

（3）某规范：基坑安全级别的划分按照《建筑地基基础工程施工质量验收规范》GB 50202—2002 执行。有 3 点疑惑：①基坑安全等级应该由设计规范确定，GB 50202—2002 作为施工质量验收规范也来规定，属于超范围经营，不一定有相应效力。②该规范没有引用更专业、更权威的基坑规范，却引用了不以基坑为主业的质量验收规范，让人有些不解。③第一次看到该规范时就担心：标明了引用的是 GB 50202 的"2002 年版"，如果 GB 50202 再修编、2002 年版废止了，这本规范怎么办？果然，GB 50202 在 2014 年版征求意见稿中，拟删除对基坑安全等级划分的相关规定。

（4）某规范强条：1）符合下列情况之一，为一级基坑：①重要工程或支护结构做主体结构的一部分；②开挖深度大于 10m；③与邻近建筑物、重要设施的距离在开挖深度以内的基坑；④基坑范围内有历史文物、近代优秀建筑、重要管线等需严加保护的基坑。2）三级基坑为开挖深度小于 7m，且周围环境无特别要求时的基坑。3）除一级和三级外的基坑属二级基坑。

开挖深度大于 10m 就算一级基坑？无语了。

综上，确定基坑安全等级时，应与边坡安全等级一样，要从"破坏后果严重性"这一根本原则出发，其他条件都应该是随从。

8.3 基坑变形控制标准

某规范中，基坑支护结构顶部最大水平位移控制标准如表 8-6 所示，表中 h 为基坑深度。

某规范支护结构顶部最大水平位移控制值表　　　　表 8-6

基坑支护安全等级	排桩、地下连续墙加内支撑支护	排桩、地下连续墙加锚杆支护、双排桩、复合土钉墙	坡率法、土钉墙或复合土钉墙、水泥土墙、悬臂式排桩、钢板桩
一级	0.2%h 且不大于 30mm	0.3%h 且不大于 40mm	
二级	0.4%h 且不大于 50mm	0.6%h 且不大于 60mm	1%h 且不大于 80mm
三级		1%h 且不大于 80mm	2%h 且不大于 100mm

（1）表中一级基坑绝对控制值 30mm 或 40mm，工程中很难做到。以深圳地区为例，近几年每年都会有数十个一级基坑变形超标，不超标的不多，说明该指标可

能过于严格了。表 8-6 中的部分指标来源是参考了另外一本规范,后者的变形控制值如表 8-7 所示。

	某规范中变形控制值	表 8-7
安全等级	支护结构水平位移	周围地面沉降变形
一级	$0.2\%h$ 且不大于 30mm	$0.15\%h$ 且不大于 20mm
二级	$0.4\%h$ 且不大于 50mm	$0.3\%h$ 且不大于 40mm
三级	$2.5\%h$ 且不大于 150mm	$2\%h$ 且不大于 120mm

被参考的规范是 20 世纪 90 年代中期发布的,当时当地的基坑深度大多不超过 2~3m 地下室,30mm 的水准是基于当时的基坑规模的;近些年,基坑深度与十几年前相比多了一层地下室深度,但指标还是十几年前的,看来有点偏严了。

(2)表 8-6 中,"复合土钉墙"项重复出现在两栏中,以哪个为准?更意外的是,该表后来又原封不动地出现在了基坑规范中。

8.4 拉锚式钢板桩

某建筑及市政基坑规范建议了拉锚式钢板桩支护法的设计计算方法,如图 8-7 及式(8-13)所示,式中,φ 为土层内摩擦角。

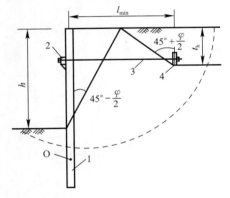

$$l_{\min} \geqslant t_h \tan\left(45° + \frac{\varphi}{2}\right) + h\tan\left(45° - \frac{\varphi}{2}\right)$$
$$(8-13)$$

图 8-7 拉锚式钢板桩计算简图
1—钢板桩;2—腰梁;3—拉杆;4—锚定板

(1)该规范建议这种支护形式用于淤泥及淤泥质土等软弱土层。假设采用十字板剪切试验测定淤泥的抗剪强度 $c=30\text{kPa}$,$\varphi\approx 0°$,按式(8-13)计算则 $l_{\min} \geqslant t_h + h$;如果取 $l_{\min}=t_h+h$,则锚定板还在支护结构的潜在圆弧滑裂面以外的不稳定区呢,没啥用;如果要想起作用,锚定板就要超出潜在滑裂面,$l_{\min}$ 恐怕至少要延长二、三倍才行,那么计算公式就用处不大了。此外,采用图示计算模型时,一般认为 $45°-\varphi/2$ 平面破裂面的根部在净土压力为 0 处、即主动土压力强度等于被动土压力强度处,如图 8-7 中 "O" 点所示,并非在坑底。

(2)锚拉钢板桩的施工过程为:打钢板桩→在钢板桩背后开挖至拉杆槽底及锚板坑底,同时开挖钢板桩前面土方至相应标高→在钢板桩上打孔,埋设拉杆,拉杆头穿过钢板桩足够长度以便与钢腰梁连接,拉杆槽回填→吊装锚定板,与拉杆连接、固定→用素混凝土封闭拉杆的内锚头，填塞锚板坑内锚定板前方的空隙→锚板坑回填压实→安装腰梁→安装拉杆的外锚头→张拉锁定→开挖基坑内土方。可见，施工过程相当繁琐。

锚定板太小了提供的抗拔力有限，太大了安装不方便，一般按 1m×1m 预制。锚定板分为深埋与浅埋两类，没有明确分界，埋深少于 3m 一般可认为浅埋，超过 3～5m 后为深埋。深埋锚定板由板前填土的被动抗力提供抗拔力，锚板面积按 1m² 计算，每个锚定板提供的抗拔力特征值，有经验认为锚板埋深 5～10m 时为 130～150kN，埋深 3～5m 时为 100～120kN[5]，本人经验较之略大一些；如果浅埋，锚定板提供的抗力更小。别看提供的抗力有限，锚定板的成本并不低且施工不便，锚定板每块怎么着也是几百公斤，要靠机械吊装；土方又挖又填的，工期也长而且对板前填土的回填质量要求非常高。

这种支护结构港口工程中有人用，但恐怕是被逼上梁山，因为好多情况下钢板桩都打在水里了，或土质太差，性价比更好的锚杆没法施工。铁道、公路工程中也有人用，但多用于锚定板挡土墙，那是从下向上分层填筑分层建造的填方挡墙，回填时顺便深埋锚定板，有一定道理；但在建筑基坑及市政基坑中，还是少用吧。

8.5 规范的适用范围

某边坡规范：本规范适用于……边坡工程，也适用于岩石基坑工程。

某基坑规范：对于岩质基坑和开挖深度范围内主要是中、微风化岩层的基坑工程，尚应符合《建筑边坡工程技术规范》有关规定。

两本规范看上去挺和谐。

边坡与基坑存在着很大差别：

（1）在形态上，边坡从地表向上展开，而基坑则向下展开；边坡大多是有一定坡度的，而基坑大多垂直开挖；边坡平面形状通常是开放的，呈不规则线型，而基坑平面形状通常是封闭的多边形；边坡规模可能非常大、总高度很高，而基坑规模、深度通常是有限的。

（2）基坑工程中受保护的建构筑物、管线等通常位于坡顶，而边坡工程中大多位于坡脚、部分位于坡顶。

（3）基坑几乎都是短期的，使用过后要回填（不回填的一般则视为边坡），而边坡大多为长期的。

（4）地下水及地表水的处理对边坡及基坑来说都非常重要。在基坑开挖范围内有丰富地下水的地区，基坑支护往往是以处理地下水为核心展开的。在地下水处理方式上，边坡通常以疏为主，要将坡体内的水排泄出来，从边坡高处向低处排水；而基坑以堵为主，通常要将地下水拦截于基坑之外，要防止基坑开挖过程中水土流失量过大对周边环境造成沉降等不良影响，通常是从低处（坑内）向高处（坡顶）排水；少量基坑采用降水井降水。

（5）边坡可能是土石方开挖形成的，也可能是土石方填筑形成的，而基坑都应该是开挖形成的。

（6）边坡开挖范围内的岩土层，大多以坡积土、残积土及风化岩为主，土质相对较好，而基坑开挖范围内的土层大多以填土、沉积土及残积土为主，且大多含水，土质相对较差；边坡工程主要处理对象为土和岩石，基坑工程处理对象主要为土。

（7）因形态、条件、使用要求及目的不同，边坡与基坑在支护方法上存在着较大差别，如毛石挡土墙、悬臂式挡墙、扶壁式挡墙、衡重式挡墙、柱板式锚杆挡墙、加筋土挡墙等填方边坡中常用的挡土形式以及锚杆格构式挡墙、方桩、抗滑桩等，基坑工程中几乎都用不到，而基坑工程中常用的止水帷幕、内支撑、水泥土重力式挡墙及型钢水泥土墙、沉井沉箱、地下连续墙、咬合桩等支护方法、构件或工艺，边坡工程中也几乎不用。

（8）两者设计理论及方法上也存在着很大差别。比如赤平投影法、传递系数法等边坡稳定分析方法，在基坑工程中用不到；反之亦然，基坑中支撑体系、沉井等方法，边坡中也用不着。

故针对边坡工程编制的规范，很多条款都不适用于基坑工程，针对基坑工程编制的规范，很多条款同样不适用于边坡工程。

8.6 使用年限

某规范：基坑支护设计应规定其设计使用期限。基坑的设计使用期限不应少于一年。

某规范：基坑的设计使用期限为一年。

某规范：本规范所列各种支护结构，除有特殊要求外，均应按开挖至基坑底后，还需保证安全和正常使用一年的临时性构筑物设计，对有内支撑的基坑，其暴露时间不宜超过两年。

某规范：复合土钉墙基坑支护工程的使用期不应超过一年，且不应超过设计规定。超过使用期后应重新对基坑进行安全评估。

南昌抚生南路某桩锚工程，坑深约 16m，4 排预应力锚索，设置桩间旋喷桩及连续搅拌桩两层止水帷幕，设计图中注明基坑使用期为 18 个月。基坑某侧施工了 2 排锚索后因意外缓建，之后修改了设计，下面 2 排锚索改为留置土台＋抛撑支护，即改为中心岛法开挖。抛撑具备条件准备开挖留置土台施工时，政府主管部门以基坑使用时间超过设计期限为由，要求对该侧基坑进行安全评估及必要的加固后才能开挖。工程各方对"基坑使用期限"意见很不统一，争议有：（1）设计使用期限为 18 个月是否符合规范、是否合理？（2）基坑使用期限从什么时间节点起算？基坑规范定义"设计使用期限"为"设计规定的从基坑开挖到预定深度至完成基坑支护使用功能的时段"，即从基坑开挖到底时起算。国内大部分地区按此算法，少部分地区的起算时刻有：基坑支护作业开始时，土方开挖作业开始时，锚索安装完成或分项分部工程验收时（每排锚索可单独或不单独计算使用期限），基坑验收、中间验收或场地移交时……（3）搅拌桩、旋喷桩等水泥土止水帷幕也受"基坑使用期限 1～2 年"限制吗？

规定设计使用期限不应小于 1 年的主要原因即雨季，雨季对基坑的安全影响较大，基坑应按至少历经一个雨季设计。但深大基坑可能不只历经一个雨季，"基坑使用期限一年"、"设计使用期不应超过 1 年"等要求不一定合适。同时，基坑支护是短期工程，满足地下结构的施工工期要求即可，在安全度、结构构件的耐久性等方面不会像长期工程那么讲究，如果基坑放置数年，周边环境及使用荷载可能会发生变化，材料、构件及支护体系的性能也可能会发生变化，风险会增大，尤其是预应力锚索杆的腐蚀性，故规范提出"不应少于一年"的时间下限要求似乎不完整，还应有时间上限要求，在设计文件应予明确以免超期服役，本例中"设计使用期限 18 个月"如果能够满足地下结构的施工工期要求则是合理的。"不超过 2 年"主要可能是受预应力锚杆的影响，其在基坑支护常用构件中对时间最为敏感。但如第 3 章所讨论，短期锚杆设计使用期"2 年"不一定合适，很多深大基坑设计使用期限"2 年"也不一定合适，"对有内支撑的基坑，其暴露时间不宜超过 2 年"的规定显得偏于保守了。

关于起算时刻，"设计规定的从基坑开挖到预定深度"适用于一般情况，对于本例中途停工这种工况，使用期限中应计入，故将"设计使用期限"的定义补充上后半句"如果基坑施工期间或使用期间停工，则停工时间也应计入使用期内"后，看起来更为完善一些。至于其他起算时刻，以锚杆为基准显得有点繁琐且以偏概全，以支护结构施工或土方开挖为基准有些保守，以基坑验收或场地移交为基准可能不太好操作且可能因为延时较长而偏于不安全。

对超期服役基坑进行安全评估时，重点之一即预应力锚杆的耐久性（如腐蚀性及预应力变化等），如果需要检测，通常检测锚杆的抗拔力即可。有时需要对基坑止水帷幕的性能进行评估，评估内容通常是渗漏量及对周边环境的影响，至于搅拌桩及旋喷桩等水泥土构件的材料性能，用于基坑这种短期工程时通常不会劣化，不需评估也无需检测，钢筋混凝土构件、钢构件、土钉等也是如此（腐蚀性水土环境除外）。

8.7 构造设计与施工

（1）某些规范：排桩采用素混凝土桩与钢筋混凝土桩间隔布置的钻孔咬合桩形

式时，素混凝土桩应采用塑性混凝土或强度等级不低于 C15 的超缓凝混凝土，其初凝时间宜为 40～70h，坍落度宜取 12～14mm。

①坍落度。最初在某地方规范中看到"12～14mm"时，认为不过是"120～140mm"的笔误而已。偶然见到了该规范主编提及此事，主编笑道：以后规范修编时再改吧。但是后来，这个笔误原封不动地出现在某行业标准里；再后来，又原封不动出现在了某年的注册岩土工程师考试试题里！

②塑性混凝土。有两本规范对"塑性混凝土"进行了定义或命名。一本是《水电水利工程混凝土防渗墙施工规范》DL/T 5199—2004，定义为"水泥用量较低，并掺加较多的膨润土、黏土等材料的大流动性混凝土，它具有低强度、低弹模和大应变等特性"，并规定了其入孔坍落度应为 180～220mm。另一本是《混凝土质量控制标准》GB 50164—92，规定"塑性混凝土"的坍落度为 50～90mm。GB 50164 修编为 2011 年版后废止了"塑性混凝土"名词，目前"塑性混凝土"均指 DL/T 5199—2004 的定义。

（2）某规范：关于土钉墙构造的某条款写道，"采用水泥土桩复合土钉墙时，水泥土桩桩身 28d 无侧限抗压强度不宜小于 1MPa"；关于重力式水泥土墙构造的某条款又写道，"水泥土墙体的 28d 无侧限抗压强度不宜小于 0.8MPa"。

①水泥土桩重力式挡土墙中，水泥土桩的强度是很有意义的，强度太低挡墙可能会发生强度破坏。该规范中，水泥土桩复合土钉墙设计计算时，水泥土桩仅是构造措施、不参与各种稳定性与强度验算，但规定的最小强度指标比水泥土重力挡墙的还高一些，和功能似乎不太般配。②不管是 1.0MPa，还是 0.8MPa，在土质较差时，例如淤泥及淤泥质土中，几乎都达不到。为了调查与研究水泥土搅拌桩的桩身实际强度，约十年前，珠海市建设工程质量监督检测站对珠海市 2000～2004 年间的 34 项水泥搅拌桩工程、水泥掺入比 15%～18%、龄期 28～45d 的 894 组芯样抗压强度进行了统计，其中淤泥及淤泥质土中共 70 组，平均强度 0.53MPa。这是近些年来国内关于搅拌桩桩身实际强度最全面最权威的研究成果，被《广东省地基处理技术规范》DBJ 15—38—2005 所采用。实际上，本人对 0.53MPa 能不能代表桩身的平均实际强度都是持怀疑态度的。水泥土桩在淤泥类软土中连续性、胶结性不好，抽芯获得的芯样极少通长完整，绝大多数含有或多或少的松散段，这些松散段是无法制作试块、进行抗压强度试验的。为了能够制作试件，要挑选较完整、强度较高的芯样（如果芯样强度低，打磨芯样时也容易造成芯样破坏），因此，获得的试件的抗压强度实际上代表了桩身强度的较高水平，并非平均水平，更非最低水平，说极端点多少有点自欺欺人。因为芯样强度很难代表桩身强度等原因，国内关于水泥土搅拌桩最早的、二十多年前的专项技术标准《软土地基深层搅拌加固法技术规程》YBJ 225—91 中，并没有把抽芯取样法获得的试件强度作为设计或检验指标，现在看来仍然是有道理的。③有的地方标准，如上海市《基坑工程技术规范》DG/TJ 08—61—2010，也规定了水泥土桩 28d 无侧限抗压强度不应低于 0.8MPa，

但规定宜采用制作水泥土试块的方法，试块采用 70.7mm 见方的立方体，也可采用钻取桩芯的方法。众所周知，试块的强度远高于芯样，大约为后者的 3~5 倍，所以上海市规范的强度指标不难满足。

（3）不少基坑规范：灌注桩排桩的施工应符合《建筑桩基技术规范》的规定。某些基坑规范：钢筋的锚固长度，如支护桩钢筋伸入桩顶冠梁的长度，应符合《混凝土结构设计规范》。某些规范：基坑支护的搅拌桩、旋喷桩等水泥土桩的施工应符合《建筑地基处理技术规范》的规定。

支护桩承受的是水平力，以抗弯抗剪为主，几乎不需抗压也不需抗拉；而基础桩承受的是竖向力，以抗压抗拔为主，几乎不需抗弯，用于抗剪也较少，两类桩的受力机理完全不同，结构及构造也有所不同，支护桩不一定要完全遵守用于建筑物基础桩的规范。例如，基础桩通常对桩底沉渣要求严格，但支护桩则无需过于严格；再如，支护桩允许方向性配筋，但基础桩不允许等。要求遵守《混凝土结构设计规范》亦如此。桩顶冠梁通常只是构造构件，支护桩主筋伸入冠梁长点短点影响不大，伸入的钢筋根数多点少点影响不大，没必要像混凝土结构那么严格。同理，用于复合地基的水泥土桩，对桩头、桩身上半部分及桩底的要求较高；而用于基坑支护时，往往更看重桩身中下部质量，两类桩的施工质量控制重点恰好相反，不应采用同样施工要求。比如，基础搅拌桩大多要求桩端喷浆座底以增强底端承载力，而基坑搅拌桩则不需要。

（4）某规范：有机质含量较大及不易搅拌均匀的土层，严禁采用单轴搅拌机施工水泥土桩墙。

该规定的意思可能是，这种土层单轴搅拌机不容易搅拌均匀，故不允许使用。搅拌均匀与否，在其他条件相同时，是某处土体被搅拌机叶片翻动搅拌的次数决定的，搅拌次数越多，水泥与土混合的均匀性越好，这与采用什么样的机械类型大致无关，机械的作用是驱动搅拌头或搅拌轴上的叶片。单轴搅拌机不易搅拌均匀的土层通常黏性太大，其他类型的搅拌机可能同样不易搅拌均匀。

（5）某些规范：搅拌桩钻头的叶片不得少于两层。搅拌桩机头提升速度不得大于 0.5m/min（有的规范规定为不得大于 0.8m/min 等）。

该规定最早见于《深圳地区建筑深基坑支护技术规范》SJG 05—96，后来被各种规范引用，目的是为了确保搅拌充分、桩体质量均匀。SJG 05—96 大致是 1995 年编制的，当时深圳地区使用的搅拌桩机械只有 SJB 及 SPP 两种类型，钻头形状相似，为两层一字型平直叶片，喷浆口位于上层叶片，如图 8-8 所示，采用上喷浆工艺，即提升时喷浆并形成有效搅拌，一般采取一喷两搅工艺，水泥用量较大或土质黏性较大时采用两喷四搅工艺。该规范规定钻头的叶片不得少于两层、最后一遍提升速度不应大于 0.5m/min，尽管不分机械设

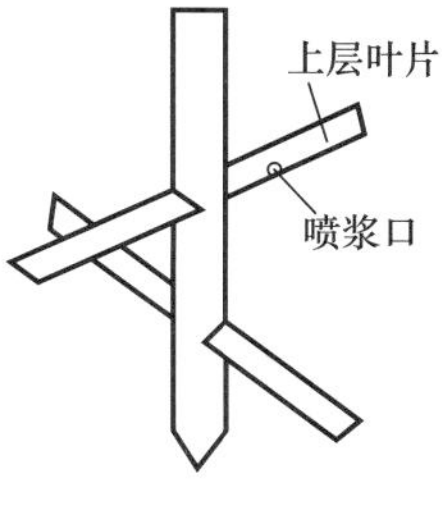

图 8-8 深层搅拌桩机双层一字型叶片

备及施工工艺直接硬性规定工艺时间不一定很妥当，但基于当时的施工机械及施工技术水平也能接受。随着搅拌桩机械设备及施工工艺不断发展，下喷浆、即下沉喷浆并形成有效搅拌这种工艺开始应用，两喷两搅、三喷四搅及四喷四搅成为工艺主流，后来又出现了更新更先进的各种类型的搅拌桩机械，使用双层双向叶片、螺旋叶片、垂直叶片、三翼叶片、折叠叶片、链状刀具、轮状及多轴钻头等形状各异的钻头，喷浆搅拌工艺也相应改变了很多，该条规定显然已经不适应这些工程实际需要、应与时俱进了。

（6）某规范：搅拌桩、旋喷桩等水泥土的抗压、抗剪、抗拉强度标准值应通过现场试验确定。

惠州澳头某路基处理工程，政府质量监督人员到现场质量检查，要求提供搅拌桩的水泥土强度试验报告。现场提供了水泥土试块的室内抗压强度试验报告，监督员说不够，还应按上述规定提供抗剪、抗拉强度报告，且应为现场试验报告。工程各方面面相觑，说从来没做过水泥土的抗剪、抗拉强度试验，甚至都没听说过还有抗拉试验，而且试验只能在试验室内进行，现场实施不了。事情最终通过咨询省质监部门才得以解决。

（7）某些规范：回灌井点与降水井点应同时使用，如因故一方停止，另一方必须立即停止工作。有的规范还作为强条。

有些基坑降水工程，因周边空旷无物，抽水量又不大，不需设置回灌井；不少基坑设置了止水帷幕，不设置降水井，但是因帷幕漏水等原因，需要设置回灌井回灌。如果没有回灌井或降水井，当然也就无法同时使用。即使都有，也不见得必须同步工作。降水量与回灌量很难准确计算，对地下水位影响的快慢程度不同，相对降水而言，回灌导致地下水位上升的速率通常要慢一些，回灌时间适当长一些是有益的。故上述要求可能只适用于某些地区的某种特定条件，不宜在全国范围内推广，具体每个工程如何实施还是要因地制宜。

（8）某规范规定，采用微型桩复合土钉墙时，微型桩施工应符合下列规定：①采用投石注浆法施工，也可成孔后灌注水泥浆、砂浆或混凝土；②应间隔成孔；③混凝土、砂浆或水泥浆灌注过程中，应避免钢筋笼或型钢上浮；④钢筋笼在同一断面的接头面积不应大于50％；⑤钢筋笼主筋伸入冠梁长度应不小于35d……

各规范对微型桩的定义不太一致，国内一般把直径小于250～300mm的桩称为微型桩。因为桩径小，微型桩的施工工艺有着特殊性，现浇微型桩与中、大直径的灌注桩的工艺不完全一样：

1）微型桩早期施工普遍采用投石注浆法，或称投石升浆法，通用工艺过程为：小型机械钻孔→洗孔→吊放钢筋笼，注浆管绑在钢筋笼上随之放入→投入细石→注浆，直至孔口返出的浆液浓度达到拌制浆液的浓度→如果可能，拔出注浆管，边拔边注浆。这种施工方法，石子空隙的泥浆、泥渣及石子上附着的泥皮等应该用浆液置换干净，注浆应饱满，但实际上很难做到，所以质量很难得到保证，桩身松散、不胶结、不连续等缺陷较多，用于地基处理尚属勉强，最好别用于基坑支护。如果采用预拌混凝土现浇，桩直径越小，灌注导管越细，越容易堵管，越难灌注，此时必须要使用细石混凝土，粗骨料粒径越小越好，当然，小到一定程度就变成砂浆了。如果从孔口向下浇灌，再使用振捣钎密实，微型桩较长时桩下部质量很难保证。先灌注混凝土后放钢筋笼也不行，钢筋笼容易被混凝土阻住而难以下放。砂浆也大体如此。那么问题来了：技术上，微型桩灌注水泥净浆就可以了，而灌注水泥浆要容易得多，为什么要舍近求远灌注混凝土、砂浆呢？结构设计人员喜欢抗浮锚杆灌注细石混凝土或水泥砂浆，但微型桩和抗浮锚杆不同，抗浮锚杆是长期的，对注浆体质量要求高一些尚可理解，基坑微型桩是短期的，耐久性要求没那么高。

2）不少规范都要求，当灌注桩间距较密时，应间隔施工，即跳孔，主要目的是防止穿孔及蹿孔。桩身混凝土初凝前，混凝土的自重引起的侧压力较大，如果相邻的桩孔距离太近，混凝土的侧压力会将两桩之间的土层压穿，造成穿孔，不仅造成工程质量事故，严重者地面会随之塌陷，甚至造成安全事故。灌注材料为砂浆、水泥浆也会发生穿孔破坏现象。如果桩孔之间没有贯通、土体还在，只是浆、水、气等介质连通，称为蹿孔，或窜孔。常见的蹿孔现象有两种：一种是浆液的流失，指如果地层渗透性很强，浆液可能会渗透到相邻桩孔，尤其干法成孔时；另一种是动力介质蹿孔，即有些采用气动法或高压喷射法成孔的桩，如果相邻桩尚未终凝，成孔时高压气体、水或浆液等介质会从相邻桩孔冒出，降低相邻孔桩身的强度、完整性甚至造成断桩。灌注桩之间多远的间距够用、不会发生穿孔、蹿孔现象，和桩间距、桩径、桩深、浆体凝结时间、地层强度、土层黏性、渗透性、裂隙、地下水、成孔方法、介质压力等多种因素相关，尚不确切知道。本人经验，一般黏性土中两桩之间的净距可为（0.5～1.0）D（D 为桩径），淤泥等软弱土层中可为（1.5～2.0）D，砂石层、新近填土等可在两者之间，但动力介质蹿孔的安全距离需要更长一些；挖孔桩因为有护壁，距离可以更短一些甚至为零。顺便提一下：有些工程为了加快工程进度，相邻桩同时成孔，进尺不同，此时相邻桩如果同时灌注混凝土，控制浆面高差，也是可行的；但如果先后浇灌且桩间距较近，可能会穿孔。至于微型桩，间距一般都在 3D 以上，如果不使用高压介质成孔，轻易不会发生穿孔蹿孔现象，通常没必要跳孔施工。

3）灌注混凝土时钢筋笼为什么会上浮，一般有这么几个原因：①导管提升时挂住了钢筋笼，带动其提升；②钢筋笼埋入混凝土浆面下的长度不多而混凝土浇灌速率过快时，混凝土从管底跌出后向上反冲，反冲力过大则可能会导致钢筋笼随混凝土浆面同时上升，最早浇灌的一两车混凝土比较容易导致这种现象发生；③导管埋深过深时，上部混凝土与钢筋笼的摩擦力较大，可能会带动钢筋笼与混凝土浆面同时上升；④浇灌速率过慢或间歇过长，较早时浇灌的混凝土流动性降低、稠度增加，与钢筋笼的摩擦力增加甚至产生黏结力，后续混凝土浇灌时，钢筋笼可能会随着这部分混凝土一起被新浇灌在下层的混凝土顶起上升。大直径干孔浇灌时容易发生这种情况；⑤钻孔倾斜、钢筋笼没有垂直安装等原因，造成钢筋笼倾斜甚至弯曲时，与混凝土的接触面增大，摩擦力及上浮力增加，可能会导致上浮。微型桩灌注的通常都是水泥净浆，不可能发生这些上浮现象；就算浇灌混凝土或砂浆，因为浇灌速率较慢，也不太可能上浮。至于型钢会上浮，没听说过，好像不太可能。

4）基坑中的微型桩的力学作用，通常为局部受剪且剪力较小，一般不用于抗弯、抗拉、抗压。钢筋笼接头在同一断面中的比例，主筋伸入冠梁的长度，混凝土的强度等，都不重要，没必要按中大直径灌注桩的施工要求及构造设计来严格要求微型桩。

（9）某规范：基坑支护结构施工与基坑开挖期间，支护结构达到设计强度要求前，严禁在设计预计的滑裂面范围内堆载。

"设计预计的滑裂面"在哪儿施工单位未必知道；如果是设计允许或无妨安全，也不一定要"严禁"。

（10）不少规范：机械挖土时，坑底以上 200～300mm 范围内的土方应采用人工修底的方法挖除，基坑边坡应采用人工修坡方法挖除。规范解释说，人工修底修坡，主要为了防止机械超挖和机械扰动坑底或边坡土体，并加强对工程桩的保护。

机械开挖对土体的扰动比人工开挖更大一些。几十年前的建筑物大多采用天然基础，对基底土的质量要求比较高，一旦扰动了可能会影响到承载力；但现在，建筑物大多采用桩基，设计不考虑基底土的承载力，而且桩承台采用放坡开挖，坡顶往往会连成一片，桩间土所剩不多，受到扰动与否通常已经无关紧要；几十年前人工便宜，现在人工贵暂且不说，建筑工人短缺，找到足够的人手进行人工开挖不是件容易的事。以深圳为例，现在通用的作法是：卸掉挖土机的挖斗换上刮铲，再配几个工人辅助，技术好的挖机司机能保证坑底平整度在 50mm 以内，又快又好。这条数十年前针对天然基础土方开挖制订的措施现在不一定适用了。另外，基坑边坡就算被机械扰动了一点，好像也没什么关系，如果坡面较陡、较高，工人在坡上站不稳，干活很不方便及不安全，人工修坡难度太大，还是应该用机械修。

（11）某规范：确保地下水在每层土方开挖面以下 500mm，严禁有水挖土作业。该规范解释说，对基坑开挖深度范围内的地下水进行降水与排水措施，是为了保证基坑内土体疏干，提高土体的抗剪强度以及便于挖土施工；若基坑土方采用分层开挖施工时，需在每层土方开挖的深度范围内将地下水降至每层土方开挖面以下 500mm。

南方地区地下水位高，例如深圳，百分之八九十的基坑都要在地下水位面以下开挖，没什么问题呀。黏性土中水位很难降得下去，例如淤泥，确保地下水面在开挖面以下 500mm 几乎就是不可能完成的任务。为了开挖，要做的事情不仅是疏干降水，还要修挖集水坑和排水沟，让土层中渗出来的地下水，有序集中后抽排。这条规定可能适用于砂层等强透水性地层，不一定适合推广到各类土。

（12）不少规范：基坑土方开挖应符合分层、分段、对称、平衡、适时的原则。

某些规范中这是强条。

"对称、平衡"原则，主要适用对象为内支撑、圆拱结构、逆作及半逆作、盖挖逆作、逆作拱墙、沉井及沉箱等整体性支护形式，桩锚、土钉墙、复合土钉墙等二维支护形式通常不需要；对于坡率法开挖，不仅"对称、平衡"不需要，"分段、适时"通常也不需要。

（13）不少规范：基坑采用坡率法开挖时，开挖较深的土质边坡应分级，每级高度 5～8m，每级中间设置 1～2m 宽的过渡平台，如图 8-9 所示。为什么要设置中间平台呢，都没说，应该只是经验作法。

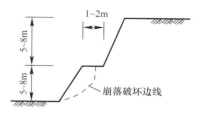

图 8-9 土质边坡中间平台示意图

一些软弱岩体中存在着结构面，结构面走向与基坑坡面走向大致平行或夹角较小、倾向较陡时，或者受多组结构面切割时，如果坡率不足够缓，开挖时容易产生顺层滑动或楔形滑动。这种破坏形式在强风化花岗岩中常见，全风化花岗岩中也较为多见。深圳地区的基坑工程实践中，近些年来发现，残积黏性土中也会产生类似破坏形式。残积黏性土中也可能存在着由母岩中构造应力或风化营力所产生的节理、裂隙或软弱岩脉经风化作用而保留于残积黏性中的软弱结构面，受这些原生的结构面控制，残积土可能会发生沿结构面的层块状崩落。崩落后，结构面上通常会见到有地下水渗出，往往能够看到多维结构面的切割及沿结构面的剥离现象，崩落物有较强的整体性，母岩常常为花岗岩或花岗片麻岩。最早的崩落物清除后通常会继续向后崩落，稍带有倾倒破坏的特征。这种破坏形式与典型的顺层滑动或楔形滑动稍有不同，也与通常发生在坡面下 2m 以内的浅层滑动有所差别，这里姑且称为崩落。深圳地区放坡开挖发生塌方的基坑中，有很大一部分是残积黏性土及全、强风化岩中发生的这种破坏，推测和开挖后岩土体应力重新分布及反弹变形有关，而与重力没有直接关系或关系不大。

这种破坏，在有边界约束时，如基坑平面的阴角或支护结构，通常不会发生或发生的范围及规模较小；无边界约束时，范围可能较大，有时甚至达上百平方米、深度达 3～5m。工程中发现，采用坡率法开挖时，如果发生崩落，通常发生在每级中间平台以下，塌方区顶面即中间平台，不再向上发展，如图 8-9 所示。但如果不设置平台、一坡到底，发生的概率则大大降低。另一方面，如果平台较宽，如不小于 5～6m，塌方概率也大大降低。平台设置 5～6m 及更宽往往不是有意为之，而是功能需要，如车道、建筑物前后院错台、地下室分区标高不同等。设置较窄的平台反而增加了塌方概率的原因，推测可能和设置平台后平台坡肩形成的阳角有关：阳角处应力迹线突变及应力集中，虽然可能不是塌方的主因，但提供了塌方的边界条件及塌方区向上贯通的应力途径；如果一坡到底，该处上级坡体对下级坡体的物理约束更强一些，上级坡体的自重应力的稳定作用也更强一些，崩落破坏发生的概率则降低；随着平台加宽，应力集中及突变现象有所缓和，塌方的边界条件及应力贯通强度减弱，塌方的概率也降低了。对基坑工程而言，地层中的结构面不太容易通过勘察手段去了解，国内目前相关经验不多，故这种破坏较难预测及预防，现场开挖后要仔细观察，注意研究坡体土层的变化，及时调整坡率或采用加固措施。

　　这种纯过渡性质的中间平台有什么功能吗？一般没有。那为什么要设置呢？推测可能是沿袭边坡工程的习惯。边坡工程中习惯设置中间平台，俗称马道，有功能需求：①边坡通常为永久性的，工后要检查、监测、绿化、维修及加固，为便于有关人员作业及可能发生的加固工作，每隔一定高度（一般 6～10m）要设置中间平台，顺便把边坡分成多级；②有利于排水。边坡太高后仅设置坡顶截洪沟在雨水丰富地区通常是不够的，坡面汇水也会对边坡形成危害，故要分级截排水，而截排水沟就适合设置在中间平台上；③边坡通常分级开挖分级支护，这与基坑不同，基坑须分层开挖分层支护。级与层的区别为：基坑以支护结构的竖向间距作为一层，如土钉层高一般 1～2m，锚杆层高一般 3～5m，内支撑层高一般 4～8m；边坡以平台分级，每次开挖一级施工一级支护，每级包含一层或多层，支护构件如为锚杆，每级边坡可能包括了 3～4 层锚杆，如图 8-10 所示。尽管规范或图纸也要求边坡分层开挖、分层支护、每层锚杆张拉后再施工下一层，但这样会大大增加工期及施工难度，大量增加竖向支护构件（通常为混凝土格构梁）的接头，大量增加装拆脚手架的次数（马道宽度一般较窄，机械设备的作业面不够，需要搭设脚手架），大大增加工程造价，故工程中很难做到分层作业。因为边坡的地质条件通常较好，较少有地下水的侵扰，坡率较大，临时自稳能力比较强，有条件分级作业；④边坡支护施工时可利用已完成平台放置一些材料及小型设备，便于施工；⑤平台上可设置边坡监测点，监测边坡的稳定情况及下级边坡开挖时的临时稳定。但对基坑来说，这些功能几乎都不需要。总的看来，基坑坡面中间平台弊大于利，不需设置。另外，土钉墙工程中由于土钉的约束等原因，设置中间平台不会产生什么危害，但同样用处不大，也可以取消。

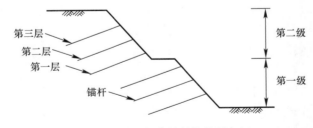

图 8-10　坡面及支护结构的层与级

8.8　四节一环保

　　某规范：当基坑开挖的深度低于地下水位，且土层中可能发生流土现象时，应采用井点降水降低地下水位后再开挖基坑。

某规范：塑料排水板的原材料不得采用再生料。

该两条规定技术上没什么问题。但这里不打算讨论技术，而是想就相关规范中的节约资源和保护环境问题说几句。"四节-环保"（节能、节地、节水、节材和环境保护）是我国的基本国策。

（1）节约地下水。应该说，尽量少抽取地下水已是全民共识。水资源贫乏的地区自不必说，水资源丰富的沿江沿海地区过量开采地下水的危害也日益严重。某基坑行业标准共 125 页，如何降水内容就有 13 页，占了 10.4%，比任何一种支护方法所用的篇幅都多。这应该不是在暗示鼓励降水吧？《建筑工程绿色施工评价标准》GB/T 50640[6]规定："资源保护应符合下列规定：应保护场地四周原有地下水形态，减少抽取地下水……"点个赞。基坑降水法可能适用于少数地区，但不能在全国范围内提倡。

（2）再生资源的利用。①排水板的主要功能是软土预压时排水。目前没有确切的证据证明再生料排水板的排水效果劣于全新料排水板[7]；②国内早期的塑料排水板主要采用再生料制造，目前市场上两种材料板并存[8]，从外观到化学分析都很难区分，再生板造价较低，就算要求不得采用实际上也很难杜绝；③排水板是临时排水措施，预压结束后即废弃。再生板采用废旧资源再利用，节约资源，符合国策，应该受到鼓励和推广；④再生料的再生次数较多时，排水板杂质多、成型差、强度低、耐久性差、有污染，故有的规范禁止使用。规范如果对再生板的质量有顾虑可以针对性地提要求，但不能因噎废食一棒子将之打死。

参考文献

［1］ 付文光. 浅议相关规范中基坑抗隆起稳定验算方法［J］. 防灾减灾工程学报，2015，35（增刊）：42-47.

［2］ EN 1997—1：2004，Eurocode 7：Geotechnical design—Part1：General rules［S］，CEN.

［3］ FHWA-IF-99-015，Geotechnical Engineering Circular No. 4：Ground Anchors and Anchored Systems［S］，FHA，1999.

［4］ Geo，Gco Publication No. 1/90，Review of design methods for excavations［R］. Geo，1990.

［5］ 李海光. 新型支挡结构设计与工程实例［M］. 北京：人民交通出版社，2004：100-102.

［6］ GB/T 50640—2010. 建筑工程绿色施工评价标准［S］. 北京：中国计划出版社，2011.

［7］ 朱耀庭，尹长权，陈举. 对塑料排水板板芯质量的试验研究［J］. 中国港湾建设，2008（5）：35-36，66.

［8］ 杨明昌，汪肇京，钟祥海. 现行《塑料排水板质量检验标准》的讨论//中国土木工程学会港口工程学会塑料排水技术委员会编［C］. 第五届全国塑料排水工程技术研讨会论文集. 北京：海洋出版社，2002：60-63.

第9章 锚　　杆

9.1　锚固段的有效长度

各规范对等截面锚杆锚固段长度 l_a 的规定差别较大。l_a 通用计算式为：

$$l_a \geqslant \frac{KN_{ak}}{\pi D q_{sk} \psi}$$

(9-1)

式中，K 为锚杆锚固体抗拔安全系数；N_{ak} 为锚杆设计轴向荷载；D 为锚固段钻孔直径；q_{sk} 为锚固体与岩土层之间的粘结强度；ψ 为锚固长度对粘结强度的影响系数。各规范除了 K 取值不一致外，最大区别是 ψ 的设置，大部分规范中没有设置该参数，或者说认为 $\psi=1.0$。

以普通拉力型锚杆为例，锚固段受力过程如图 9-1 所示：随着荷载增加，粘结应力峰值增大，达到抗力极限值（即粘结强度）后向后端转移。锚固段上的粘结强度是异步发挥的，能有效地发挥锚固作用的粘结应力的分布是有一定长度范围的，即有效长度，粘结强度在有效长度范围内提供抗拔力的效率最高。

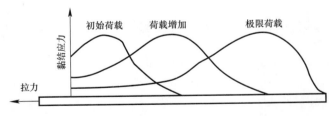

图 9-1　拉力型锚杆粘结应力沿锚固段的分布与转移

q_{sk} 无法直接测到，只能通过测得锚杆与岩土层的粘结应力间接得到。粘结应力几乎也没办法直接测到，目前通过测量锚筋应力的方法间接得到，由于技术困难、花费不菲等原因，业界测得的数据不多。能够准确、方便、大量测试到的，是施加到锚杆端头上的荷载。锚杆未被破坏前，认为锚杆抗拔力 R_k 与施加到锚头上的荷载 N 相等；而抗拔力 R_k 与锚固段的直径 D、长度 l_a 及 q_{sk} 相关，假定粘结应力是沿锚杆全长均匀分布的、q_{sk} 是同步发挥的，就能够通过测量施加到锚杆上的荷载，按式（9-2）反算出平均粘结强度 q_{sk}：

$$R_k = N = \pi D l_a q_{sk}$$

(9-2)

如果锚固体与周边岩土体的刚度比较大且锚固段不太长，平均粘结应力假设则大致成立，可近似认为 q_{sk} 沿锚固段全部发挥，R_k 与 l_a 成正比。如果锚固段长度较长，超出了有效长度而产生了无效段，因无效段的 q_{sk} 并没有发挥或没有充分发挥，如果仍按全部发挥计算，则高估了锚杆的抗拔力，就是说施工工艺不变、参数不变、直径不变时，地层为锚杆提供的锚固力是有限的，不能无限提高。为了防止高估，有规范在式（9-1）中增加了一个系数 ψ，对 q_{sk} 进行折减，l_a 越长，ψ 取值取低。有规范推荐了土层中 ψ 的建议值如表 9-1 所示，为了数据间能够相互比较，需要设置 ψ 的计算基准，土层中以锚固长度 10m 为基准。

某规范土层中锚固长度对粘结强度的影响系数 ψ 的建议值　　　　表 9-1

锚固段长度（m）	13～16	10～13	10	10～6	6～3
ψ	0.8～0.6	1.0～0.8	1.0	1.0～1.3	1.3～1.6

表中 ψ 可以这样理解：当锚杆形成后，粘结强度就已经成为固有属性、是定值，并不随 l_a 变化而变化，实际上是粘结强度、或说锚固长度的利用率在随着长度增加而减少，故称 ψ 为锚固长度利用系数可能更准确一些。另外，表中 ψ 的取值设计得很有趣，以 l_a 界限值 16m 及 13m 为例计算一下：$16 \times 0.6 = 9.6 \approx 10$，$13 \times 0.8 = 10.4 \approx 10$，意思大致是说，$l_a$ 再长，能发挥作用的有效长度也就是 10m，别瞎忙乎了。有的规范计算公式中没有采用折减系数 ψ，但对锚固段的有效长度进行了限制，例如不超过 12m，显得颇为简洁。

9.2　水平刚度系数

1. 公式

不少规范引用式（9-3）、式（9-4）计算土层锚杆水平刚度系数 k_t：

$$k_t = 3AE_s E_c A_c \cos^2\theta / (3l_f E_c A_c + E_s A l_a) \tag{9-3}$$

$$E_c = (AE_s + A_c E_m - AE_m)/A_c \tag{9-4}$$

式中，A 为杆体截面面积；E_s 为杆体弹性模量；E_c 为锚固体组合弹性模量；A_c 为锚固体截面面积；l_f 为锚杆自由段长度；l_a 为锚杆锚固段长度（如本书前文所述，l_f 并非自由段、实则非粘结段，l_a 也并非锚固段、实则锚筋粘结段。为与规范表达一致，本节暂不更正）；θ 为锚杆水平倾角；E_m 为锚固体中注浆体弹性模量。

以拉力型锚杆为例。假定锚杆甲直径 150mm，采用单条 1860MPa 级 ϕ15.2 钢绞线制作，自由段及锚固段各 6m 长，土层为单一风化岩，注浆体强度等级 25MPa，锚固段能够提供 120kN 的抗拔力。按式（9-3）计算刚度系数 k_t，假定为 5MN/m，如果施加 100kN 的荷载，则位移 20mm。把锚固段延长 594m 形成锚杆乙，其他参数不变，按式（9-3）则刚度系数约为 0.5MN/m，如果施加 100kN 的荷载，则位移 200mm——怎么个情况？尽管锚杆乙锚固段长 600m，但前 6m 提供了 100kN 的抗拔力，后面的 594m 基本没受力，难道这没有受力的 594m 导致了锚杆位移增加了 180mm？

　　为了看得更清楚，可把式（9-3）恢复原形。令自由段的刚度系数为 k_{tf}，锚固段的刚度系数为 k_{tc}，把式（9-3）中分子分母均除以分子，可得：

$$k_{tf} = E_s A \cos^2\theta / l_f \tag{9-5}$$

$$k_{tc} = E_c A_c \cos^2\theta / l_a \tag{9-6}$$

$$k_t = \frac{1}{\dfrac{l_f}{AE_c} + \dfrac{l_a}{3E_c A_c}} \cos^2\theta = \frac{1}{\dfrac{1}{k_{tf}} + \dfrac{1}{3k_{tc}}} \tag{9-7}$$

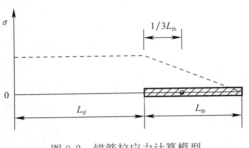

图 9-2　锚筋拉应力计算模型

　　可见，所谓的锚杆的刚度系数，是把自由段的刚度系数与锚固段的刚度系数"串联"在一起的。锚固段所受拉应力 σ 分布不均匀，从前到后几乎单调递减，式（9-3）假定其从头至尾线性递减，因形心处距自由段与锚固段的分界点为 $l_a/3$，故计算锚固段变形长度时取 $l_a/3$，如图 9-2 所示。

　　假定"串联"及"$l_a/3$"的假定成立。以拉力型锚杆为例讨论一下：

　　（1）锚固段越长、刚度系数越小的观念并不全面，式（9-3）不准确。锚固段存在着有效长度，大多规范认为土层中约 10～12m，软质岩石中约 6～8m，硬质岩石中约 2～4m，锚固段如果产生拉伸变形也应仅限于有效长度内，锚固段后半段超出了有效长度，已经受力很小甚至不再受力，也就不可能产生变形，就影响不到刚度系数，即锚固段长到一定程度、超过有效长度后，刚度系数与之无关[1]。

　　（2）式（9-4）没有指明注浆体弹性模量是压弹性模量还是拉弹性模量。如果是压弹性模量，因杆体采用的是拉弹性模量，作用方向正好相反，两者形不成"组合弹性模量"。锚杆工作时，自由段及锚固段均处于受拉状态，注浆体也大致处于拉剪状态，可能适合采用拉弹性模量。注浆体一般为水泥浆、水泥砂浆或细石混凝土，拉弹性模量咋取值呢？规范没有提供建议，在互联网上也没搜索到这方面相关文献，推断可能没什么可靠的研究成果。如果有也应该很低，估计会比杆体的拉弹性模量低 2～3 个数量级，对形成的"组合弹性模量"恐怕也是杯水车薪。实际上，由于注浆体周围岩土体的侧限，该模量既非拉弹性模量也非压弹性模量。锚固段如果不因拉脱而产生位移，则弹性模量可视为无穷大；如果因杆体拉脱而产生了与浆体间的相对位移，则相对位移段的弹性模量为杆体的拉弹性模量；如果因锚固段拉脱而产生了与孔壁的相对位移，则相对位移段的弹性模量才为杆体与注浆体拉弹性模量的组合值。

　　（3）有的规范中，式（9-3）中没有 $\cos^2\theta$ 一项或该项为 $\cos\theta$。这是假定变形几何条件不准确导致的推导错误[2]。

（4）有的规范采用式（9-5）作为岩石锚杆的水平刚度系数计算公式，即不考虑锚固段。概念正确。

（5）对于压力型锚杆，式（9-3）、式（9-4）的不适用性就很明显了。压力型锚杆的浆体与锚筋无粘结，只有杆体的拉弹性模量，不存在浆体的弹性模量与锚筋弹性模量的组合什么的。

（6）不考虑注浆体的拉弹性模量，式（9-3）可简化为：

$$k_{tf} = E_s A \cos^2\theta/(l_f + l_a/3) \tag{9-8}$$

l_f 如果按锚筋无粘结段 l_{tf} 计取，而 l_a 取 0，则式（9-8）与式（9-5）相同。可见，所谓的锚杆水平刚度系数实际上就是考虑了倾角后的锚筋的刚度系数。

2. 应用

某规范按式（9-9）计算锚杆在荷载 T 作用下产生的位移 s。

$$s = T/k_t \tag{9-9}$$

（1）如果锚杆还没张拉或不张拉，锚杆在张拉力或外力作用下的伸长，通常按材料的虎克定律计算，无需刚度系数。

（2）锚杆通常要张拉锁定，张拉时已经产生了一定量的位移。锁定应力与锚杆工作中所受外部荷载相比：如果工作荷载始终小于锁定荷载，因荷载增量为 0，理论上锚杆不会再产生弹性位移，刚度系数此时基本没用；如果工作荷载大于锁定荷载，超出的部分使锚杆产生弹性位移，式（9-9）中荷载 T 可用荷载增量 ΔT 替代，此时刚度系数有意义。目前规范通常要求锚杆承载力设计值约为最大工作荷载的 1.3～1.5 倍，锁定荷载为设计值的 0.6～0.9 倍，即约为工作荷载的 0.8～1.2 倍，也就是说，锚杆工作过程中，所受工作荷载一般不大可能大于锁定荷载，即使超过，超过量也不大。这也是被大量锚杆应力监测结果所证实的。荷载增量较小，按式（9-9）计算得到的弹性位移较小，通常数毫米，在位移总增量中比例很小，刚度系数意义不大。

（3）式（9-3）修正后，计算得到的也只是锚筋的弹性位移，锚筋受拉后还产生塑性变形；除此外锚座及锚具变形、锚座下土体压缩、锚杆蠕变、夹片及锚具松弛、土层应力调整与徐变等原因，均会导致锚杆锚头产生塑性与弹性位移，锚筋弹性位移只是总位移中的一部分。也就是说，修正后的式（9-3）仍不会有太大作用。

总之，所谓的锚杆刚度系数，意义可能没有以为的那么大。

9.3 裂缝验算

有规范规定锚杆应验算裂缝宽度，控制指标与抗拔桩基本一致，最大裂缝宽度限值取 0.2～0.3mm。

普遍认为，钢铁在 pH＞11.5 的碱性环境中氧化后将在表面形成钝化膜，保护钢铁不会锈蚀。硅酸盐水泥拌制的浆体（包括净浆、砂浆及混凝土等）能够满足钝化膜生成条件，并保护钝化膜长期不被破坏。从大量锚杆腐蚀破坏案例来看，浆体防护作用很明显，只要浆体厚度足够且不被破坏，通常就能提供有效的防腐保护，故很多文献认为浆体是最基础的防腐措施。但浆体在应力作用下可能会开裂，裂缝达到一定宽度后会失去对锚筋的保护作用。国内外对最大裂缝宽度允许值看法不大一致，大致为 0.1～0.5mm。

困难在于预应力锚杆估算裂缝宽度的方法。《混凝土结构设计规范》[3]（简称《结构规范》）提供了用于钢筋混凝土构件最大裂缝宽度 ω_{max} 的验算公式，如式（9-10）所示：

$$\omega_{max} = \alpha_{cr}\psi \frac{\sigma_s}{E_s}\left(1.9c_s + 0.08\frac{d_{eq}}{\rho_{te}}\right) \tag{9-10}$$

式中，σ_s 为钢筋应力；c_s 为受拉钢筋的保护层厚度（mm），小于 20mm 时取 20mm，大于 65mm 时取 65mm；α_{cr} 为构件受力特征系数；ψ 为裂缝间纵向受拉钢筋应变不均匀系数；E_s 为钢筋弹性模量；d_{eq} 为纵向受拉钢筋等效直径。

有规范将该式用于验算锚杆浆体裂缝。（1）按锚杆一般设计参数，锚筋为精轧螺纹钢时，正常使用极限状态时锚筋应力水准约为 300～600MPa，约为梁板柱墙桩等构件中普通钢筋应力水准 150～300MPa 的 2～4 倍，计算裂缝宽度通常为 0.3～0.7mm，远大于 0.2～0.3mm 的规范目标。锚筋为钢绞线时，正常使用极限状态时锚筋应力水准约为 600～900MPa，计算裂缝宽度更大，通常在 0.8mm 以上。（2）锚筋采用普通钢筋时，应力水平与普通混凝土构件相近，验算结果比较容易满足 0.2～0.3mm 的目标值。

《公路钢筋混凝土及预应力混凝土桥涵设计规范》JTG D62[4] 也提供了一个裂缝宽度 W_{tk} 验算公式，有规范将之用于桩基裂缝验算，如式（9-11）所示：

$$W_{tk} = C_1 C_2 C_3 \frac{\sigma_{ss}}{E_s}\left(\frac{30+d}{0.28+10\rho}\right) \tag{9-11}$$

式中，C_1 为钢筋表面形状系数；C_2 为作用（或荷载）长期效应系数；C_3 为与构件受力性质有关的系数；σ_{ss} 为钢筋应力；d 为纵向受拉钢筋直径；ρ 为纵向受拉钢筋配筋率。该公式中裂缝验算宽度与钢筋保护层厚度无关，验算结果也相对较小。按锚杆的一般设计参数，锚筋为普通钢筋时，验算裂缝最大宽度大致为 0.15～0.25mm，为精轧螺纹钢时 0.3～0.7mm，为钢绞线时 0.5～1.1mm，大致上为按式（9-11）验算结果的一半；不过，该规范最大裂缝宽度限值为 0.10～0.20mm，大致上也是式（9-11）限值的一半，故锚筋为精轧螺纹钢及钢绞线时也很难满足要求。

看来，如果锚筋采用普通钢筋，通过增加配筋率及减小锚筋应力水平等措施，裂缝验算还是容易满足规范目标的，这也是抗拔桩设计通常采取的办法。但如果锚筋为高强材料，按锚杆设计的一般参数水平，采用这两个公式验算得到的裂缝宽度想满足规范目标就非常困难了。如果想提高配筋率以达标，锚筋为精轧螺纹钢时大致需要增加 0.5~1 倍，为钢绞线时大致需要增加 1~2 倍。

国外主要锚杆规范中未见验算裂缝的要求，通常也不把浆体列为首要永久性防腐措施[5]。拉力型锚杆锚筋的应力从粘结段头部到尾部单调递减，粘结应力呈波峰形而非均匀分布，这与梁板柱墙等构件受力形态有较大不同，上述两个公式是否适用还需进一步研究。在得到充分证实前，也许应谨慎采用裂缝验算方法及把浆体作为主要防腐措施，特别是锚筋为高强材料时。

9.4 止浆塞

理想状态下，抗拔力应该完全由锚固段提供，自由段不提供。为达到这个目的，自由段最好不与地层粘结，即自由段没有浆体填充，这样，构造上就需要设置物理措施把锚固段与自由段分隔开。那么问题来了：这个物理措施是什么？问题看起来挺简单。不少人认为，自由段的锚筋是有防腐油脂及套管包裹的、不与注浆体粘结，而锚固段的锚筋是裸露的、与注浆体粘结——很不幸，答错了，这是粘结段与非粘结段的区别。不少人认为，锚杆在假定破裂面以外的部分为自由段，以内的为锚固段——似是而非，因为问的是：物理上要采取什么构造措施，才能保证自由段与锚固段分隔开，达到各自的力学功能？答案是止浆塞。

1. 应力传递机理

压力型锚杆的注浆体受到的是杆体（承载体）的压力作用，一般认为拉力型锚杆的注浆体受到的是杆体（锚筋）的拉力作用，但注浆体不承受拉应力，拉力型锚杆的锚筋拉力无法直接传递给注浆体，实际上是以粘结力、即剪力的形式传递的。理想状态下，这两类锚杆设置了止浆塞后的结构简图及应力传递机理如图 9-3 所示，其中 σ 为承载体作用在锚固段尾端端面上的压应力，τ 为剪应力（或称粘结应力）。

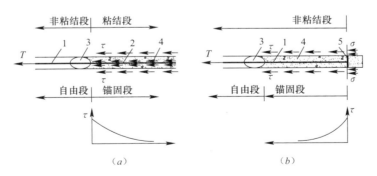

图 9-3 锚杆锚固段结构及应力分布简图

(a) 拉力型；(b) 压力型

1—无粘结钢绞线或套管；2—钢绞线；3—止浆塞；4—注浆体；5—承载体

2. 止浆塞的作用

为使注浆饱满，规范要求孔口返浆后才能停注。不设置止浆塞时，自由段内充满了或几乎充满了浆液，与锚固段浆体连续而成为一体，导致了应力从锚固段不可避免地传递到自由段。拉力型锚杆此时实质上为拉压型锚杆：（1）非粘结段、自由段表现为压力型锚杆，在与粘结段的交界面上受到粘结段的压力，再以剪力的形式向周边岩土层扩散；（2）粘结段、锚固段一方面表现为拉力型锚杆，将锚筋传来的拉力以剪力的形式向外扩散，另一方面又表现为压力型锚杆的承载体，在界面上向非粘结段、自由段传递压力。力学机理相当复杂，目前尚没看到这方面的国内外研究成果，本人推测浆体与地层界面粘结力分布简图如图 9-4 所示。

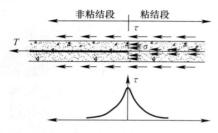

图 9-4　推测拉压型锚杆应力分布形状

更糟糕的是：为将锚固段置于假定破裂面以内的稳定土体中，自由段应穿过假定破裂面 1～2m，使锚固段的应力不回传于假定破裂面以外的不稳定土体中。没有止浆塞时，锚固段与自由段之间并没有明确的物理界面，无法确定锚固段的起点，如图 9-5 所示："自由段穿过假定破裂面 1～2m"对于拉力型锚杆只是把非粘结段穿过了假定破裂面 1～2m，对于压力型锚杆则因为不知道自由段的终点在哪，也就不知道锚固段是否全部穿过了假定破裂面。

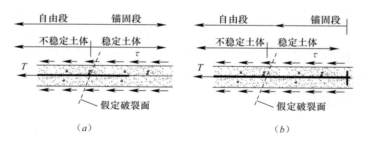

（a）　　　　　　　　　　　　　（b）

图 9-5　无止浆塞时的锚固段传力简图
（a）拉力型；（b）压力型

可见，止浆塞看起来只是一个构造措施，但它却是构成锚固段、区别锚固段与自由段的关键，至关重要。不设置止浆塞的锚杆，"自由段"并不自由、也在产生粘结力为锚杆提供抗力；不清楚锚固段的起点位置在哪里，锚固段到底有多长也就变成了一笔糊涂账，既不可知，也不可控。

国外锚杆规范中，大多要求在自由段与锚固段交接处设置压水膨胀或压气膨胀的止浆塞、灌浆袋、封堵器、止浆环等，或者较为简单的单向阀、分隔膜等，以及采用带有自止浆功能的马歇管、袖阀管等注浆，其作用有二：（1）使锚固段在注浆时形成封装的空间，有利于提高灌浆压力或为多次注浆提供条件，从而提高锚杆抗拔力；（2）把锚固段与自由段分隔开，使注浆时自由段尽量保持无浆；即使自由段内填充了浆液，也可使其与锚固段的浆体相互独立而不相连，以隔断应力的传递。国内除《水电水利工程预应力锚索施工规范》DL/T 5083—2010 等个别规范，大多数规范，基坑的、边坡的、基础的及锚杆专项标准，都没有设置止浆塞的要求，工程中也就极少有设置的。

3. 进一步讨论

　　对于拉力型锚杆，理想情况下，止浆塞可设置在粘结段与非粘结段交界处，自由段—锚固段的界面与非粘结段—粘结段的界面位置重合，粘结段亦为锚固段，如图 9-3（a）所示，这种位置重合导致了很多人及规范把锚固段与粘结段混为一谈。但止浆塞的适用位置与粘结段—非粘结段的界面不应重合，因粘结段锚筋少了像非粘结段锚筋那样的无粘结套管的保护与隔离，为了得到浆体的包裹与保护，非粘结段应进入到锚固段一定距离（如 0.3～0.5m）作为保护段（这对于长期锚杆而言特别重要），如图 9-6 所示。

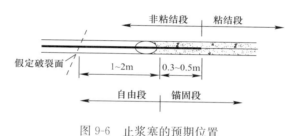

图 9-6　止浆塞的预期位置

　　保护段实际上是受压段，如图 9-4 所示。从这个意义上讲，工程中几乎没有纯粹的拉力型锚杆，拉力型锚杆实际上都会带有一定长度的受压段，一定程度上都带有拉压型锚杆的特征。

　　设置止浆塞也有其不利的一方面，即有时不利于保证注浆质量。钻孔位于地下水位以下时，很难保证注浆时钻孔内没有积水或泥浆，设置了止浆塞后阻碍了液体流动，不利于水泥浆置换积水或泥浆。欧美规范中没有示意止浆塞的具体作法，日本锚杆规范[6]的解决方案值得借鉴：基本试验锚杆严格要求设置止浆塞，工作锚杆自行决定。

9.5　压力型锚杆的注浆体强度增大系数

1. 问题的提出

　　某规范规定，压力型锚杆锚固段注浆体的承压面积应按下式验算：

$$A_p \geqslant \left(\frac{N_d}{1.35 \eta f_c} \right)^2 / A_c \qquad (9\text{-}12)$$

式中，A_p 为锚杆承载体与注浆体的净接触面积；A_c 为注浆体的截面积；η 为注浆体的强度增大系数；f_c 为注浆体的轴心抗压强度设计值；N_d 为锚杆轴向拉力设计值。

另一本规范规定，压力型锚杆注浆体承压面积应按下式验算：

$$K_p N_t \leqslant 1.35 A_p \left(\frac{A_m}{A_p}\right)^{0.5} \eta f_c \qquad (9\text{-}13)$$

式中，K_p 为局部抗压安全系数，取 2.0；N_t、A_m 符号意义分别与式（9-12）中的 N_d、A_c 相同；但 f_c 为注浆体的轴心抗压强度标准值。

公式有了，但使用非常困难，主要是不知道 η 怎么取值。前本规范建议只取 1.0~1.5，后本规范甚至没建议，只笼统地说根据试验确定。

式（9-12）与式（9-13）大同小异。差异有两点：①式（9-12）采用了混凝土材料的轴心抗压强度设计值，而式（9-13）采用了强度标准值；②式（9-13）中多了个局部抗压安全系数 2.0。由于材料强度设计值是标准值除以分项系数 1.4，故式（9-12）中的 η 为式（9-13）中 η 的 0.7 倍，两者并不相同。式（9-13）中的 1.35 本身即安全系数，又多了个安全系数 2.0，不如式（9-12）简练。故以下讨论以式（9-12）为主。

2. 配置间接钢筋时的验算公式

《混凝土结构设计规范》（简称结构规范）第 6.6 节规定，配置间接钢筋的混凝土结构构件，局部受压区的截面尺寸应符合下列要求：

$$F_l \leqslant 1.35 \beta_c \beta_l f_c A_{ln} \qquad (9\text{-}14)$$

$$\beta_l = (A_b / A_l)^{0.5} \qquad (9\text{-}15)$$

式中，F_l 为局部受压面上作用的局部荷载或压力设计值；f_c 为注浆体的混凝土轴心抗压强度设计值；β_c 为混凝土强度影响系数；β_l 为混凝土局部受压时的强度影响系数；A_l 为混凝土局部受压面积；A_{ln} 为混凝土局部受压净面积，对后张法构件，应在受压面积中扣除孔道、凹槽部分的面积；A_b 为局部受压的计算底面积。

上述两本规范分别解释说，式（9-12）、式（9-13）参考了结构规范中混凝土局部受压承载力计算公式。从形式上看，参考了式（9-14）并做了如下改动：

（1）式（9-12）取消了混凝土强度影响系数 β_c。按《结构规范》，当混凝土强度等级不超过 C50 时，β_c 取 1.0；锚杆浆体强度等级不太可能超过 50MPa，故式（9-12）将其简化取消。

（2）式（9-12）中用净受压面积 A_p 替代了局部受压面积 A_l（A_l 即承载体与浆体的接触面积，可取承载体的底面积）。但这种做法不一定稳妥，因为 A_p 小于 A_l，替代的结果导致了式（9-12）中的 $(A_c/A_p)^{0.5}$ 项、亦即强度影响系数偏高，从而增大了锚杆的不安全性。《结构规范》解释 β_l 时说："经试验校核，计算时采用受压面积、不扣除孔道面积的做法比较适合"。既然式（9-12）源自《结构规范》，最好尊重该规范的处理意见。

（3）《结构规范》要求计算底面积"可由局部受压面积与计算底面积按同心、对称的原则确定"，承压面为圆形时可沿周边扩大 1 倍直径，如图 9-7（a）所示。式（9-12）计算底面积 A_b 直接采用了浆体截面积 A_c，如图 9-7（c）所示。

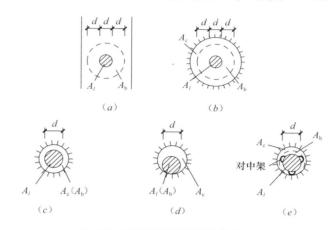

图 9-7　锚杆局部受压的计算底面积

这种作法大多数工况下或许不妥当。比如扩大头锚杆，扩孔面积 A_c 可能大于计算底面积 A_b，如图 9-7（b）所示，按式（9-12）作法 A_b 取成 A_c 可能会增大锚杆的不安全性。更为普遍的情况是，受压面与注浆面通常并不同心、对称，如图 9-7（d）所示。这是因为，承载体的重量较重，实际工程中不会在承载体上设置对中架，对于基坑、边坡等工程中的倾斜锚杆，在重力作用下承载体会贴在锚杆钻孔底面上，造成受压面局部与注浆体同边，即与注浆体不同心、不对称。这种情况下，最好遵守《结构规范》，计算底面积取受压面、即强度影响系数取 1.0。

即使在承载体上设置了对中架，为了保证锚杆能够顺利安装，计入对中架后形成的表观外径仍小于钻孔直径，仍不能保证受压面与注浆体面完全同心、对称，如图 9-7（e）所示。那些垂直布置的锚杆，如抗浮锚杆，可认为属于这种情况，按同心、对称原则计算底面积 A_b 可取计入对中架后形成的表观面积，仍不宜取浆体截面积 A_c。

（4）锚杆浆体是在有侧限条件下工作的，与无侧限条件相比强度提高很多，故式（9-12）采取了强度增大系数 η。这是非常必要的。

但式（9-12）的主要问题并不在此。结构规范规定配置螺旋筋等间接钢筋的局部受压承载力应符合式（9-16）：

$$F_t \leqslant 0.9(\beta_c\beta_l f_c + 2\alpha\rho_v\beta_{cor}f_{yv})A_{ln} \tag{9-16}$$

式中符号略。公式右边前一项为混凝土提供的承载力，后一项为间接钢筋提供的承载力，局部受压承载力为两者之和。结构规范解释说："试验表明，当局压区配筋过多时，局压板底面下的混凝土会产生过大的下沉变形；当符合式（9-14）

127

时，可限制下沉变形不致过大"。也就是说，式（9-14）控制的是受压面的截面尺寸，是式（9-16）的适用条件，目的是限制变形，并非为了控制荷载。

对于锚杆来说，最大荷载通常发生在张拉阶段，此时锚杆的变形是次要的，且承载体下浆体产生的压缩变形相对于锚筋的总变形来说微乎其微可以忽略不计，上述两本规范的主要意图显然是想通过式（9-12）来估算浆体的受压承载力从而判断锚杆设计荷载的安全程度，而不是想计算浆体的压缩变形量，因此，参考式（9-16）应该比参考式（9-14）更准确、更合适，才能达到规范的本来目的。但这么做显然更为复杂、困难：式（9-16）计入了无侧限条件下间接钢筋的受压承载力，在锚杆浆体这种有侧限条件下间接钢筋的作用又该如何计取，业界目前更是知之甚少。

3. 素混凝土时的验算公式

承载体下间接钢筋大多采用螺旋筋，少量采用镂花套筒，分别如图 9-8（a）、图 9-8（b）所示。间接钢筋可以有效地提高局部受压承载力，但实际工程使用不多，更多的是采用素浆体，如图 9-8（c）所示，因为素浆体的受压承载力通常能够满足使用要求，不需要设置间接钢筋。

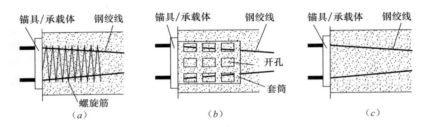

图 9-8 承载体下的间接钢筋
（a）螺旋筋；（b）镂花套筒；（c）无间接钢筋

《结构规范》规定，受压面上仅有局部荷载作用时的素混凝土构件的局部受压承载力应符合式（9-17）：

$$F_l \leqslant \omega \beta_l f_{cc} A_l \tag{9-17}$$

式中，ω 为荷载分布影响系数，局部受压面上荷载均匀分布时取 1.0；f_{cc} 为素混凝土轴心抗压强度设计值，取混凝土轴心抗压强度设计值 f_c 的 0.85 倍。

利用式（9-17）所示理论来验算锚杆局部受压承载力及反算 η 或许更为合理可行。取 $\omega = 1.0$，仿照式（9-12）、式（9-13）加入强度增大系数 η，式（9-17）则转变为式（9-18）：

$$F_l \leqslant 0.85 \beta_l \eta f_c A_l \tag{9-18}$$

混凝土无侧限时，局部抗压强度比轴心抗压强度有所提高，即 $\beta_l > 1$，这是因为局部受压面积 A_l 以外的混凝土截面 $A_b - A_l$ 对 A_l 内部混凝土形成了一定的约束作用，如图 9-9（a）所示；而在周围形不成约束作用时，局部受压强度则得不到提高，边角局压应取 $\beta_l = 1$，如图 9-7（d）所示。这就是局部受压面应与计算底面同心、对称的原因。对于锚杆，浆体受到钻孔壁的侧限作用，β_l 得到进一步加强，而且加强的幅度通常可能大很多，如图 9-9（b）所示，这种共同加强作用仅凭 β_l 是不够的，故应引入侧限强度增大系数 η。为了获得较大的受压承载力，承载体面积应该尽量大；但为了安装方便，承载体直径又要小于钻孔孔径，通常小 $10 \sim 50mm$，这样，β_l 在理想工况下（承载体位于钻孔正中）通常为 $1.05 \sim 1.5$（扩大头锚杆除外），而 η 远大于 β_l，故 β_l 不应直接作为锚杆的局压增大系数。

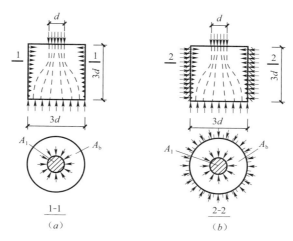

图 9-9　无侧限及侧限条件下混凝土径向约束应力
（a）无侧限；（b）有侧限

由于承载体在浆体中的位置通常如图 9-7（d）所示，取 $\beta_l = 1$ 最为合适，那么，可将式（9-18）变化为式（9-19）：

$$F_k \leqslant 0.85 \eta f_c A_l \tag{9-19}$$

式中，F_k 为锚杆素浆体局部受压状况下的极限受压承载力。

式中取消了 β_l，或说将之合并到 η，理论上也解释得通：锚杆浆体受到侧限后，A_b-A_l 对 A_l 内部浆体的约束作用大幅度提高，β_l 已经不再是无侧限条件下的 β_l，与 η 显然无法截然分开，只能一并考虑。而且，因为要利用公式反算 η，多了个不确定因素 β_l 会使反算工作更加困难、η 的准确性更差。与式（9-17）相比，式（9-19）用 η 代替了 β_l，其余不变，可认为素混凝土在无侧限条件下局部受压强度影响系数为 β_l，有侧限条件下局部受压强度影响系数为 η，概念清晰。

式（9-19）可作为反算 η 的理论公式，也可用来估算锚杆素浆体局部受压承载力的理论公式。

4. 结论

压力型锚杆受力后锚固段注浆体产生径向膨胀，在周边地层的约束作用下处于三向应力状态，浆体抗压强度提高很多倍，远远不止 $1.0 \sim 1.5$。提供式（9-12）的规范说，注浆体是在有侧限条件下工作的，与无侧限条件下的抗压强度相比，根据相关资料，在密实至很密的砂或软弱岩体中可提高 5～11 倍；提供式（9-13）的规范说法类似，说英国 A. D. Barley 等学者进行的模拟试验表明，在密实至很密的砂或软弱岩体中，注浆体无侧限时抗压强度仅 40～70MPa，有侧限条件下达到了 200～800MPa；而本人按式（9-19）估算 η，黏性土中可达 2.6～5.2，粉土中可达 3.7～6.3，砂性土中可达 3.1～10.5，碎石土中可达 5.2～12.2，岩体中可达 4.8～18.2。

9.6　抗浮锚杆整体稳定验算

有规范建议采用图 9-10 及式（9-20）进行锚杆抗浮整体稳定性验算：

$$K_{\mathrm{b}} = (\Sigma W + G_{\mathrm{d}}) / 浮力 \qquad (9\text{-}20)$$

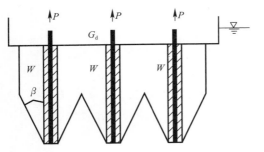

图 9-10　规范中群锚抗浮稳定性验算示意图

式中，W 为被锚杆包围的岩土体的浮重度；G_{d} 为结构物自重等荷载，水下部分取浮重度；β 按经验取 30° 或 45°；K_{b} 为抗浮安全系数，一般取 1.05，特殊情况下可取 1.0。

本人在各种公开文献中收集了国内 38 例Ⅰ～Ⅲ级岩石抗浮锚杆案例（岩体基本质量分级按《工程岩体分级标准》GB 50218），按式（9-20）计算，高达 18 例、即 47.3% 的安全系数达不到 1.0，按说这些案例很可能会发生上浮破坏，但实际上并没有，都安然无恙，说明式（9-20）中抗力只计取岩土体重量的作法可能偏于保守，大大低估了岩石锚杆的抗浮力，与工程实际的符合性较差。因此建议增加点分量，就是计取岩体破裂面的部分抗拉力也作为抗浮力。更多内容可参见《抗浮锚杆及锚杆抗浮体系稳定性验算公式研究》[7]等相关文献。

9.7　水泥土锚杆的防腐

以高压喷射扩大头锚杆为代表的水泥土锚杆是近几年来应用较多的新技术，已经编制了专项标准及列入了地标、行标，规定可用于边坡、抗浮等长期工程。

水泥土锚杆在某些条件下是否适用于长期工程，本人一直心存疑惑，主要担心腐蚀问题。例如《高压喷射扩大头锚杆技术规程》JGJ/T 282—2012 规定："强、中等腐蚀环境的永久性锚杆应采用Ⅰ级防腐构造，弱腐蚀环境中应采用Ⅱ级防腐构造，微腐蚀环境中应采用Ⅲ级构造"。该规范规定Ⅰ级构造采用压力型锚杆，无粘结钢绞线防腐；Ⅱ级及Ⅲ级构造采用拉力型锚杆，无粘结段采用防腐油脂外包套管防腐。本人很担心其粘结段（亦为锚固段）的防腐。

该扩大头锚杆的工艺流程为：钻孔→在计划扩孔位置，用高压水或高压水泥浆液扩孔两遍，第二遍须采用水泥浆液→安装锚杆杆体及注浆管→自下而上注浆，直至孔口返浆与拌制的浆液浓度相同→张拉锁定。形成的扩大头锚杆如图 9-11 所示。

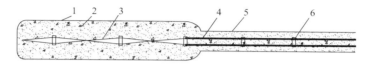

图 9-11　某规范 II 级防腐预应力锚杆构造示意图
1—扩大头；2—注浆体；3—锚杆杆体；4—注防腐油脂套管；5—自由段；6—定位器

扩孔段是水泥与土体原位拌和后形成的水泥土浆液，凝固后形成水泥土。受工艺影响，水泥土中不可避免地会夹杂泥块、石子、碎屑等。安装锚杆筋体时，筋体插入水泥土浆中，表面被水泥土浆包裹；之后的注浆，理想状态是用纯水泥浆把锚筋周边及锚筋上附着的水泥土浆置换掉，使锚筋被纯水泥浆包裹，可以推测，水泥土浆液的比重与纯水泥浆液的相当，含砂率大时可能甚至还要大一些，故很难做到。如果原位土是黏土，因黏土浆液的黏度大于水泥浆的黏度，故形成的水泥土浆液的黏度通常也大于水泥浆的，其与锚筋的附着能力更强一些，被完全置换干净的难度可想而知。极端点，假如下锚时恰好有水泥土浆液中的泥块夹入了锚筋束内，该泥块被水泥浆冲走置换的概率极低。这与等截面锚杆不同，等截面锚杆在注浆前有洗孔要求，原则上应将孔内泥浆置换干净后才能下锚注浆；锚杆孔径较小，水泥浆的比重相对较大，孔内泥水容易被水泥浆置换干净，实在不行还可以采用风举反循环法清孔。而扩大头钻孔不能轻易洗孔，因为洗孔时容易造成塌孔，故很难将钻孔清理干净。

也就是说，实际上，这种扩孔工艺形成的锚筋局部（如果不是大部分的话）是被水泥土浆液包裹的。有些规范甚至都没有注浆这道工序要求，直接将锚筋插入水泥土浆中。而且这种作法并不只是扩大头锚杆，一些大直径水泥土锚杆，例如，有的规范中采用搅拌桩法形成水泥土锚杆时，也是将锚筋直接插在了水泥土里。

众所周知，混凝土中的钢材之所以防腐，主要因为混凝土形成的强碱性环境，使钢材表面产生了一层致密的钝化膜，阻止了钢材由表及里的腐蚀。业界认为，大致上，pH＝11.5 为临界值，pH 小于临界值后钝化膜不稳定。没看到业界对水泥土 pH 的研究成果，一般认为混凝土的 pH 为 12～13，水泥土的 pH 推测要低很多。这就意味着，水泥土的钢材表面形不成钝化膜，也就不能靠钝化膜防腐。1996年深圳沙井镇一个水泥土搅拌桩重力式挡土墙工程，墙顶设置了混凝土盖板，搅拌桩桩头插入了 2～3m 的钢筋与盖板相连。几个月后，偶然机会，拔出了几条插筋，发现从上到下全身已经锈蚀严重，可见水泥土本身防腐能力很弱。

如果锚筋没有完全被水泥浆包裹，局部被水泥土包裹或夹杂了泥块，可能会产生局部腐蚀。锚杆讲究的是"大家好才是真的好"，即便是局部腐蚀，一点溃而全局崩，对锚杆来说也足以致命。

9.8　构造设计与施工

1. 抗浮锚杆的粘结强度

根据本人经验，相对于边坡、基坑等锚杆工程而言，土层中抗浮锚杆验收不合格的概率更高一些。除去验收荷载不同造成的影响（基坑及边坡锚杆验收时的极限荷载通常为 1.5 倍承载力设计值，而抗浮锚杆通常为 2.0 倍），分析认为主要原因可能有：

（1）和抗浮锚杆的施工条件及施工质量有关。抗浮锚杆几乎都是竖直向下布置的，而在边坡、基坑等工程中，锚杆大致水平布置或倾角较小。抗浮锚杆角度垂直，施工质量较难保证：①抗浮锚杆所在地层的地下水位通常较高，施工时几乎都是在水下作业，成孔时容易在孔壁上形成泥皮影响粘结强度；②抗浮锚杆几乎都是竖向的，钻孔液、地下水及泥渣等需垂直向上排出，相对困难，清孔质量较难保证；③灌浆时钻孔内往往已积水，需要用浆液将之置换，灌浆质量较差。

（2）和土拱效应有关。钻孔是竖直向下的，与土层重力方向、即最大主应力方向同向，而在边坡、基坑等工程中，钻孔大致水平或倾角较小，与最小主应力方向大致同向。推测土体受此影响，土拱效应在竖向与水平向开展的强弱程度有所不同，竖孔比水平孔的土拱效应更强一些，孔壁对锚固体的约束更弱一些，故界面粘结强度更低一些。

（3）和坑底土体回弹有关。抗浮锚杆几乎都在基坑底施工，随着基坑土方被逐步挖除，坑底土体随应力释放向上回弹，土体物理力学性状变差，提供的粘结强度降低。

目前相关规范中推荐的锚杆与土层的界面粘结强度，几乎都是从边坡及基坑锚杆工程得到的经验，相对较高，按其设计计算得到的极限抗拔力也相对较高；但抗浮锚杆的实际粘结强度及极限抗拔力要低一些，故验收不容易合格。故建议，目前标准中的土层界面粘结强度用于抗浮锚杆设计计算时，可乘以折减系数，大小以 0.6～1.0 为宜。

岩石锚杆通常不存在这个问题。推测原因为：①岩石锚杆长度较短、几乎不产生泥浆，施工质量较容易保证；②岩体的拱效应在不同方向上开展的强弱程度可能差别不大；③岩体产生的回弹隆起量很小。所以，岩层中的抗浮锚杆与基坑锚杆及边坡锚杆相比，承载力几无差别。

2. 锚固段上覆土层厚度

一些规范规定，锚固段上覆土层厚度为 4～5m，且近些年来有不断加厚趋势。有的规范解释了原因：为减缓地面交通荷载等反复荷载的影响，及不致因压力注浆导致上覆土隆起，故要求锚固段上覆土有一定厚度。

但这两条理由似乎并不充分。与道路相关的技术标准中，认为一般车辆动荷载有效影响深度大致不超过 2m；工程中 2～3m 厚的上覆土通常基本上就能够抵抗得住二次注浆压力，况且如果地面结构物允许，有些轻微隆起并无大碍，因此没必要强调上覆土一定要很厚。工程中，例如较深的桩锚支护基坑工程，为控制桩顶的水平位移，第一排预应力锚索的位置通常会设置得较高，例如离地面 2m 左右，规范强调锚固段上覆土厚度不小于 4～5m，可能会妨碍这种情况下锚索的正常应用。但需要注意的是，如果锚固段埋深较浅，可能会减弱锚杆的抗拔力。

3. 锁定荷载

因千斤顶张拉及锚夹具锁定而在锚筋上产生的预应力称为驻留荷载，也称持有荷载，初始驻留荷载称为锁定荷载，即千斤顶收油、锚夹具刚刚锁定时锚筋上持有的荷载。锁定荷载 P_0 是锚杆一个重要的设计参数，通常受锚杆设计承载力 N_d 及锚筋材料抗拉强度 f_k 双重控制。欧美标准侧重于采用 f_k 控制，没有给出 P_0 与 N_d 的明确关系，经本人测算，大致上，欧洲标准要求 $P_0 \geq 0.9N_d$，美国标准 $1.1N_d \geq P_0 \geq 0.85N_d$；日本标准侧重于采用 N_d 控制，大致可认为 $P_0 \geq N_d$。国内规范大部分建议 $P_0 \approx 0.75N_d \sim 0.9N_d$，少部分允许 P_0 最低可为 $0.5N_d \sim 0.6N_d$，很少要求 $P_0 > 0.9N_d$。可见，国内规范要求或建议的锁定荷载相对偏低。

一方面，锚杆用于支护结构时，所承受的岩土侧压力通常按主动土压力计算，需要结构产生一定的变形量，如果变形太小，岩土压力可能居于主动土压力与静止土压力之间，导致锚杆实际荷载偏大，故允许锚杆产生一定变形；而且，锚筋也不宜长时间工作在高应力状态下，所以锁定荷载不宜太高，应尽量低一些。另一方面，锁定荷载的主要作用即控制结构物的变形，所以不能太低，太低则达不到目的。以基坑锚杆为例，如果锁定荷载较低，锚杆受力随着土方开挖将逐渐增加，最大达到设计承载力（有规范称为承载力设计值，有规范称为承载力标准值，这里不加区别统称为设计承载力），随着内力增加变形加大。内力从锁定荷载增加到设计承载力的过程中，锚杆的变形增量不得影响到结构物的安全，也不得导致结构物的变形超出允许值，此应为确定最低锁定荷载的原则。如果锁定荷载较小，如小于 $0.9N_d$，而非粘结段又较长时，锚杆变形增量很难满足这一原则，很可能导致结构物变形超出允许值，尤其对那些压力型锚杆。举例：一级桩锚基坑，锚杆非粘结段 25m 长，锚筋为 1860MPa 级 $4\phi^s15.2$ 高强低松弛钢绞线，弹性模量 200MPa，设计承载力 600kN，锁定值为设计值的 0.75 倍，即 450kN，则锚杆内力从锁定值增加到设计值时，弹性变形增加约 33.5mm；塑性变形按弹性变形的 1/2 估算（经验表明，锚杆塑性变形一般为弹性变形的 0.5～2.0 倍），锚杆总变形 50.2mm，而基坑规范通常规定一级基坑的坡顶位移允许值为 30～40mm，说明了锚杆锁定荷载如果偏低则或许不能满足支护结构的变形要求。

4. 被禁止使用的材料

（1）镀锌钢材

有规范规定，锚杆杆体不宜采用镀锌钢材，理由为镀锌钢材在酸性土质中易产生化学腐蚀，发生氢脆现象。

镀锌钢绞线的适用范围国内外尚有争议。欧洲标准 EN 1537：2013《特种岩土工程的实施—锚杆》[8]规定牺牲金属涂层不能用于锚筋，《建筑结构体外预应力加固技术规程》JGJ/T 279—2012 等规范则规定镀锌钢绞线不宜直接与混凝土砂浆接触。有文献[9]引用的资料[10]认为：由于锌、钢和刚搅拌好的砂浆相互间易于起反应，故对氢脆较为敏感的预应力钢易受环境影响而出现断裂，但这种脆裂危险有一定的时间范围，可以通过对钢材施以较低的张力或通过其他措施来降低。而美国 PTI 规范[11]认为预应力镀锌钢绞线可用于与混凝土砂浆接触的场合，经验表明这类钢绞线对氢脆并不敏感。不过，镀锌钢材"在酸性土质中易产生化学腐蚀，发生氢脆现象"，除了该规范，没见到其他文献有类似说法。

（2）镀锌扎丝

有规范规定，锚杆杆体制作时，绑扎材料不宜采用镀锌材料。

不同金属在同一电解质溶液中有电导接触后因电位差会形成双金属反应，电位较高的金属表现为阴极，激发其他金属作为阳极，条件适合时形成双金属反应电池，发生腐蚀。锚杆杆体与扎丝材料的金属成分通常不同，因两者直接接触无隔离层，存在电解液时可能会产生双金属电池，故规范做此规定。不过，除了镀锌铁丝，其他金属材料的扎丝也不应该采用，隔离架、对中架等其他配件也不应该采用金属材料。

（3）PVC 材料

有规范规定，聚氯乙烯（PVC）套管不得用于长期锚杆，理由是聚氯乙烯材料在长期使用过程中可能会释放出对防腐不利的氯离子。

这是几十年前、对 PVC 材料认识不足时的谨慎作法。近些年来国外的研究成果表明，这种担心是没必要的，国外目前主要锚杆规范，如英国锚杆标准 BS 8081：1989《英国标准：锚杆实践规范》[12]、美国 FHWA-IF-99-015 及 PTI DC35.1-14、欧洲 EN 1537：2013 等均允许使用 PVC 材料。BS 8081：1989 指出，聚氯乙烯套管已经在工程实践中广泛应用，仅观察到在暴露于火边时促进腐蚀的氯化物可能被释放，但这种危害在地层锚杆中极不可能产生；EN 1537：2013 进一步指出，在哪里应用，聚氯乙烯材料都能够耐老化、不会产生自由氯化物。国内工程实践中也未发现 PVC 材料对锚杆的腐蚀现象。

聚氯乙烯的优点较多，如阻燃、耐酸碱腐蚀、机械强度高、耐微生物腐蚀、耐磨、电绝缘性良好、价格便宜等，不应禁止，反而应积极采用。

5. 锚固段的不适用地层

某规范规定："永久性锚杆的锚固段不应设置在未经处理的下列土层中：（1）淤泥及有机质土；（2）液限 $w_L > 50\%$ 的土层；（3）相对密实度 $D_r < 0.3$ 的土层"。

这几款限制条件是二十多年前 CECS 22：90《土层锚杆设计与施工规范》编制时大致参考了德国标准 DIN 412-2《Ground Anchorages；Design，Construction And Testing》1976 年版"长期锚杆"制订的，当初这么直接引用应属水平及能力所限之举，现如今应加以改进了。如：（1）在"淤泥"、"有机质土"后面，可加上"淤泥质土、泥炭土、新近填土等不良或软弱土层"；（2）国内岩土分类标准很少采用液限指标，如认为有必要，可把"$w_L>50\%$的土层"按《土的工程分类标准》GB/T 50145—2007 改为高液限黏土、高液限粉土；（3）国内规范通常采用标贯击数 N 作为砂土密实度的划分指标，很少采用相对密实度 D_r。《铁路桥涵地基和基础设计规范》TB 10002.5—2005 同时采用了 N 及 D_r，但以 $D_r \leqslant 0.33$ 作为"松散"的划分标准及与 $N \leqslant 10$ 相对应，并非 0.3。所以，"相对密实度 $D_r<0.3$ 的土层"改为"松散砂土及碎石土"或许更适合。（4）这些不良土层如果不厚，可能影响不大，规范中可予适当明确。

6. 锚杆错开角度

某规范规定：锚索的倾角应避开与水平向成±10°的范围；锚杆间距小于 1.5m 时，应将锚固段错开，或使相邻锚杆的角度相差 3°。

角度通常不分正负。该条规定目的是要求锚杆较密时将锚固段错开置放以避免群锚效应，但角度相差 3°不一定能达到目的，还要看锚杆间距有多大及自由段有多长了。

参考文献

［1］ 付文光，胡建林，张俊. 浅议有关技术标准中对预应力锚杆的若干规定 ［J］. 岩土工程学报，2012，34（增刊）：7-12.

［2］ 於法明. 关于锚杆水平向刚度系数的讨论 ［J］. 广州建筑，1995，3：14-15.

［3］ GB 50010—2010. 混凝土结构设计规范 ［S］. 北京：中国建筑工业出版社，2010.

［4］ JTG D62—2004. 公路钢筋混凝土及预应力混凝土桥涵设计规范 ［S］. 北京：人民交通出版社，2004.

［5］ 付文光，周凯，任晓光. EN 1537：2013 等规范中的锚杆防腐设计—欧洲目前主要锚杆技术标准简介之六 ［J］. 岩土锚固工程，2015（1）：10-18.

［6］ JGS4101—2012，グラウンドアンカー—設計　施工基準、同解說，公益社団法人地盘工学会，2012.

［7］ 付文光，柳建国，杨志银. 抗浮锚杆及锚杆抗浮体系稳定性验算公式研究 ［J］. 岩土工程学报，2014，36（11）：1971-1982.

［8］ EN 1537：2013，Execution of special geotechnical works—Ground anchors ［S］，CEN.

［9］ 张正基，孙金茂，张伟君. 斜拉索用 PC 钢丝钢绞线的种类与防腐分析 ［J］. 金属制品. 2003（29）：1-4.

［10］ G. Hampejs，D. Jung wirth etc. Galvanisation of Prestressing steels. FIPcommission reports Dec. 1992.

［11］ Recommendations for stay cable design testing and installation. PTI committee on cable stayed bridges. November 10，2000.

［12］ BS 8081：1989，British Standard Code of practice for Ground anchorages ［S］，BSI.

第10章 土钉墙

10.1 破坏模式种类

国内外规范中假定基本型土钉墙的破坏模式有十几种，可分为两大类：

（1）第一大类为稳定性破坏，大致分为 7 种形式：①外部整体稳定破坏；②内部整体稳定性破坏；③平移破坏；④倾覆破坏；⑤隆起及沉降破坏；⑥突涌破坏；⑦局部稳定性破坏。这些破坏模式分别如图 10-1 所示，其中突涌破坏几乎与支护结构的形式无关，这里不讨论。

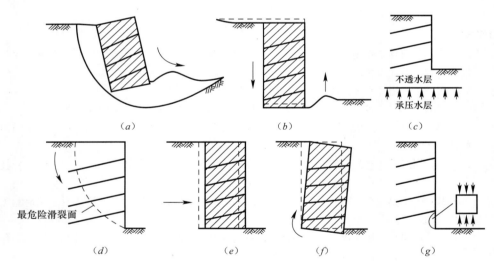

图 10-1　土钉墙稳定性破坏模式简图

（a）外部整体失稳；（b）沉降及隆起；（c）突涌；（d）内部整体失稳；（e）平移；（f）倾覆；（g）局部失稳

（2）第二大类，结构强度破坏，大致分为 7 种形式：①土钉拔出破坏，指土钉的锚固体被整体拔出；②杆体拔出破坏，指土钉的杆体从浆体中被拔出而浆体没被拔出；③拉断破坏，指土钉杆体被拉断；④杆体弯剪破坏，指土钉杆体在土体内部弯折或剪切后断裂或塑性变形很大；⑤钉间面层破坏，指土钉之间的面层局部冲剪或弯折破坏；⑥钉头破坏，指钉头受压后与杆体的连接处被剪断，土钉与面层脱开；⑦面层水平破坏，指面层混凝土大致沿水平方向的断裂或鼓胀。这些破坏模式分别如图 10-2 所示。

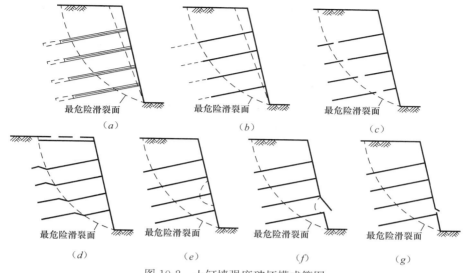

图 10-2　土钉墙强度破坏模式简图

(*a*) 土钉拔出；(*b*) 杆体拔出；(*c*) 杆体拉断；(*d*) 杆体弯剪；
(*e*) 钉头破坏；(*f*) 钉间面层破坏；(*g*) 面层水平破坏

　　破坏模式按发生的概率可分为三级：①第一级，有整体稳定破坏及锚固体拔出破坏 2 种，如果安全系数偏低肯定会发生；②第二级，有隆起破坏、突涌破坏及杆体拉断破坏 3 种，有一定的发生概率，或者说不清楚—例如有些破坏疑似隆起破坏，但很难与整体稳定破坏区别开；③其余为第三级，只要按设计构造要求去做了，就几乎没可能发生。因与各规范的观点及不同规范之间的观点分歧较大，所以有必要逐个分析一下，其中有关隆起的内容参见第 8 章。

10.2　整体稳定性

1. 整体稳定性、外部整体稳定性及内部整体稳定性

　　有些规范中所谓的内部整体稳定性是指滑裂面全部或部分穿过被加固土体内部时的土钉墙的稳定性，如图 10-3 所示。

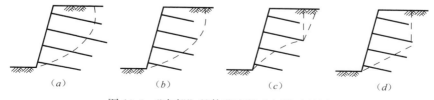

图 10-3　"内部"整体稳定性破坏模式简图

对于土钉墙而言,"内部整体稳定"与"外部整体稳定"是一回事。按整体稳定性验算模型及公式,例如按国内大多数规范推荐的瑞典圆弧条分法,计算程序自动搜索最危险滑裂面时,是不分"内外"的,搜索到的最危险滑裂面,是土体及土钉提供的各个分项安全系数之和为最小值的滑裂面,如果土钉的分项安全系数为零,即进入"外部整体稳定"模式。但经验与理论分析均表明,这种情况几乎不会出现,因为最危险滑裂面至少要穿过最下一排或最长一排土钉,如图 10-4 曲线 1 所示。曲线 2 为"外部整体稳定"最危险滑裂面,与曲线 1 相比,因位置后移导致滑弧长度增加,土体抗剪强度提供的分项安全系数增加。土钉在滑弧外的长度 l 很小时,l 产生的摩阻力很小,摩阻力提供的分项安全系数,小于曲线 1 后移至曲线 2 时土体抗剪强度提供的分项安全系数增量,故曲线 2 的安全系数大于曲线 1,曲

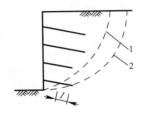

图 10-4　土钉墙整体
稳定性分析简图

线 2 通常并非最危险滑裂面。因此,土钉墙中,可能不存在与土钉墙相关的"外部整体稳定",因而也就无需区分出"内部整体稳定"及"混合破坏",土钉墙及复合土钉墙像其他类挡土结构物一样,仅需考虑"整体稳定"即可。至于在土钉墙范围以外一定距离发生的坡体失稳,如图 10-1 (a) 所示,已经与挡土墙的结构形式基本无关,毛石挡土墙、悬臂式或扶壁式等形式的挡土墙中也可能发生,这类坡体的稳定性分析通常归类为局部区域地质稳定性问题。

2. 整体稳定分析方法与滑裂面形状

土钉墙的整体稳定分析方法大致分为极限静力平衡法及数值分析法。基于极限静力平衡状态分析的垂直条分法是国内外用于边坡稳定分析的主要方法,条分法有多种,分析计算相对容易一些的瑞典圆弧法国内应用较多,简化毕肖普法国外应用较多,数值分析方法总体应用不多。

有规范要求土钉设计成与假定滑裂面垂直。滑裂面是假定的,不同的分析方法中,滑裂面的形状常假定为双折线、圆弧线、抛物线、对数螺旋曲线、半折半曲线、双曲线等多种形式,相差甚远,顾得了这个,顾不了那个,土钉不可能设计成与各种假定滑裂面都垂直,也没有太大意义。

10.3　平移、倾覆与墙底压力

重力式挡土墙通过墙身自重来平衡墙后的土压力以保持墙体稳定。土钉墙技术研究早期,国内外很多学者将土钉墙视为原位土中的加筋土挡墙,其作用机理类似于重力式挡墙,认为土体在加筋及注浆等作用下得到加固,与土钉共同形成复合结构,即"复合土体挡土墙",利用其整体性来承受墙后的土压力以维持边坡的稳定,也存在着墙体平面滑移、绕墙趾倾覆、地基沉降及不均匀沉降、挡墙连同土体整体

失稳等破坏模式，如图 10-1 所示，认为需要对这些破坏模式进行验算分析。

但土钉墙毕竟不是重力式挡墙，两者之间存在着很大差别：①重力式挡土墙先构筑挡墙后填土，而土钉墙先有土后开挖，施工顺序不同导致了土压力的分布及结构内力分布均不同，不能采用相同的受力模型；②重力式挡土墙一般被视为刚性体，在外力作用下不发生变形或变形微小可以忽略，这才可能出现整体性的平移、转动、沉降等破坏形式。而土钉墙是柔性复合结构，达不到重力式挡墙那样的整体刚度及强度；③重力式挡土墙墙趾压力较大是沉降乃至倾覆的重要原因之一。导致压力较大的主要原因为墙后土压力产生的倾覆力矩导致基底压力偏心，加大了墙趾压力；次要原因为挡土墙材料一般为浆砌毛石或钢筋混凝土，密度比土大 25%～50%。而土钉墙不同，土钉墙几乎没有增加土的密度（增加幅度一般 1%～3%）；土钉墙墙底较宽，基底的偏心距很小，即便因偏心力矩导致墙趾压力增加，其增加量也很小，一些工程实测数据证实土钉墙墙趾压力较天然状态并没有显著增加。如果墙趾压力几乎没有增加，则不会产生额外的沉降。土钉密度越大，土体的复合模量及复合刚度也就越大，土钉墙受力后的变形也就越带有重力式挡土墙平移、转动及墙趾应力增加等特征，但土钉的密度远没达到能够使复合土体成为"重力式挡土墙"的程度，国内外均未发现此几类破坏的工程实例。这几类破坏也许根本就不会发生，因为在发生之前，应该先发生整体稳定破坏。

可通过试算来验证。验算整体稳定安全系数 K_s、抗平移安全系数 K_c、抗倾覆安全系数 K_0 及墙趾压力 P，K_s 计算方法按《建筑基坑支护技术规程》JGJ 120—2012，K_c、K_0 及 P 计算方法按《深基坑工程设计施工手册》[1] 所示重力式挡墙方法。计算结果如图 10-5 所示，过程可参见相关文献[2]。

计算结果说明：（1）在 $K_s=1$、即土钉墙处于整体极限稳定状态时，抗平移及抗倾覆安全系数仍较大，在地层性状变化、坡高变化等各种条件下均如此，说明即使土钉墙会发生倾覆及滑移破坏，发生的概率也远远小于整体稳定破坏；（2）土钉总长度不变时，各种安全系数随着土钉长度的减短而降低，在工程适用范围内，土

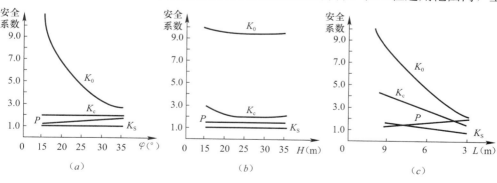

图 10-5　土钉墙各种稳定安全系数
（a）随土层内摩擦角变化；（b）随坡高变化；（c）随钉长变化

钉的密度形不成重力式挡土墙；（3）计算墙趾最大压力均高于天然状态很多，与实际不符，说明计算方法存在较大缺陷。实际上，土钉墙单独沉降不太可能，沉降必然要伴随着隆起，而隆起通常又伴随着整体失稳。

上述计算及数十年的实践经验表明，土钉墙不需考虑滑移、倾覆、沉降等破坏形式。

10.4　单钉拔出与设计抗拔力

大多规范中认为土钉可能会发生单钉拔出破坏，要求进行单钉抗拔计算，有些规范中也称为局部稳定性验算、内部整体稳定验算或土钉承载力设计等。

1. 单钉抗拔机理

这些规范通常按如下机理及步骤验算单钉抗拔力：

（1）假定基坑侧壁产生的土侧压力（即荷载）作用在土钉上，土钉 j 周边一定区域内的土侧压力（即局部荷载）由土钉 j 承受，该区域通常假定为土钉 j 平均水平间距与平均竖向间距所围合的面积，如图 10-6 所示。所有土钉所承受的荷载之和即为土体产生的最大侧压力（为了避免与朗肯主动土压力或库仑主动土压力混淆，这里采用"最大侧压力"一词而不是"主动土压力"）。

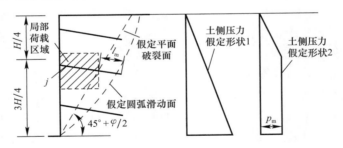

图 10-6　单钉设计荷载简图

（2）局部荷载可按一定的规则计算给出。假定土钉 j 最大内力（拉力）的水平分力应不小于局部荷载，据此求出土钉 j 最大内力。

（3）杆体设计破断力（破断力即杆体被拉断时的最大荷载）应不小于最大内力乘以一定的安全系数，据此求出设计破断力，进而设计出杆体的材料强度、直径等参数。

（4）假定一个平面破裂面（通常假定其与地面夹角为 $45° + \varphi/2$），认为土钉在破裂面之内的长度（即图中土钉与破裂面的交点至土钉尾端的距离 l_m）与土体产生的粘结力为土钉 j 的抗拔力，其值应不小于最大内力乘以一定的安全系数，据此求出设计抗拔力。

（5）设计抗拔力与设计破断力之间的较小值即为土钉 j 的设计拉拔承载力。由于设计破断力通常大于设计抗拔力，故设计拉拔承载力通常代表设计抗拔力。

（6）根据设计抗拔力设计土钉的直径及 l_m，进而计算土钉长度 l。

至此，土钉墙初步设计完成。这种设计方法理论上假定局部荷载由单条土钉来承受，故称为局部稳定性分析或土钉承载力设计，主要目的是获得土钉的长度，防止单钉拔出破坏，及获得杆体的强度防止拉断破坏。

初步设计得到的土钉长度、直径等参数，需代入整体稳定及其他稳定验算公式进行验证，验证通过则设计工作完成。

2. 土压力假设

这种"局部稳定性"分析方法的关键是如何计算土钉最大内力，亦即如何分配局部荷载。不同规范有 2 种典型办法：

（1）采用经典土压力理论，认为土钉墙所承受的土侧压力在竖向上呈三角形分布，如图 10-6 中土侧压力假定形状 1 所示，土侧压力大小可按朗肯主动土压力计算，越下层的土钉承受的土压力越大。

（2）采用经验土压力，认为土侧压力总和大致与朗肯主动土压力总和相当，但土侧压力在竖向上呈其他形状，图 10-6 中土侧压力假定形状 2 为其中应用较为广泛的一种，国内最早的土钉墙专项标准《基坑土钉支护技术规程》CECS 96：97[3] 即采用此形状，认为当基坑深度超过某假定临界深度后，基坑中下部的土钉受力相同。

3. 梯形土压力假设

国内外大多数技术标准采用经验土压力，其中以图 10-6 中所示梯形土压力形状居多，第 j 条土钉的轴向荷载 $N_{k.j}$ 及最大土侧压力 p_m 通用表达式如式（10-1）、式（10-2）所示。

$$N_{k.j} = \zeta\eta_j e_{ak.j}s_{x.j}s_{z.j}/\cos\alpha_j \tag{10-1}$$

$$p_m = aK_a\gamma H \tag{10-2}$$

式中，ζ 为坡面倾斜时的土侧压力折减系数；η_j 为第 j 层土钉处的主动土压力分布调整系数；$e_{ak.j}$ 为土钉处的主动土压力强度，在经验土压力假设中的最大值为 p_m；$s_{x.j}$ 为土钉的平均水平间距；$s_{z.j}$ 为第 $j-1$ 层至第 $j+1$ 层土钉垂直间距的 1/2，最上（下）排土钉至坡顶（脚）的距离应计入最上（下）排土钉的垂直间距内；α_j 为土钉的倾角；a 为经验系数，一般取 0.4～0.6，CECS 96：97 中最大取 0.55；K_a 为朗肯主动土压力系数；γ 为土的重度；H 为基坑相应开挖深度。

式（10-2）假定：（1）对于某确定深度（H）的基坑，土钉所受到的土侧压力 $e_{ak.j}$ 在未达到某假定临界深度（1/4H）前与基坑开挖深度 h 成正比，到达后即达到极值 p_m，之后不再随着基坑深度 h 增加而增加；（2）土钉受到的最大侧压力 p_m 随着基坑总深度 H 的增加而增加。

为了验算这种假设及单钉抗拔理论，本人挑选了 4 个土钉墙塌方工程实例进行反算[4]。反算时土侧压力、土钉单钉所受荷载、抗拔力及破断力等计算方法均按 CECS 96：97 等相关规范（ζ 及 η_j 均为 1），并用正常剖面与塌方剖面进行了对比，计算结果如表 10-1 所示，其中，抗拔力及破断力安全系数均取 1.0，计算破断力时钢材极限强度取屈服强度的 1.3 倍。

各案例中土钉最大荷载及抗力计算结果　　　　　　　　表 10-1

案例编号	正常剖面土钉荷载（kN）	塌方剖面土钉荷载（kN）	正常剖面土钉抗拔力（kN）	塌方剖面土钉抗拔力（kN）	土钉破断力（kN）
1	102	223	143	100	119
2	216	194	242	213	214
3	213	300	113	96	165
4	157	187	111	111	119

观察表中数据：案例 3、4 中，正常剖面土钉的计算最大荷载远大于抗拔力及破断力，逻辑上应该发生单钉的拔出或拔断破坏，但实际上都没有，基坑稳稳的，土钉好着呢；案例 1 中，塌方剖面土钉计算最大荷载远大于抗拔力及破断力，逻辑上塌方时土钉应该被拔出或拉断了，但实际上也没有，土钉后半段还留在未塌方的原状土里，也好着呢。这说明了按梯形土压力假设计算得到的单钉荷载偏大了好多，方法误差较大。实际上，深度超过 15m 的土钉墙及复合土钉墙案例很多，土钉杆体大多采用直径不超过 25mm 的 HRB335 钢筋，按上式计算土侧压力及土钉荷载，会发现很多土钉最大内力都超过 200kN、即超过了钢筋的抗拉极限，但实际工程中钢筋并没有拉断破坏。某基坑深度 9.2m 时，土钉最大内力可达到 150～160kN[5]，而深度为 20～21m 的 2 个工程实例[6,7]，土钉最大内力也为 150～160kN，土钉所受到的最大土侧压力 p_m 并未与基坑深度 H 成比例增加。工程实践表明，当基坑较浅时，这种假设大致合理；超过一定深度后，土钉承受的侧压力不再随深度 H 增加，再深的基坑，土钉所承受的最大侧压力都是有限的，式（10-2）的假定 2 未必成立。

4. 三角形土压力及其改进版

按图 10-6 中假定形状 1，土钉所受荷载随着基坑深度 h 的增加而增加，最下一排土钉受荷载最大、内力也最大。想象一下：基坑开挖到底了，土钉墙稳定，但整体稳定安全系数不满足规范指标，所以决定在最下层增加一排土钉。按该假设，土钉安装以后，立刻就受到了荷载，且荷载在各排土钉中最大。哪来的压力、咋么这么大、啥时候传递给这排新兵们的？

这种假设的缺陷比较严重。该规范意识到，按朗肯土压力线性分布假设进行设计，过高地估计了下部土钉的作用，基坑底部土钉又长又粗但并不能提供较高的承载力及安全储备。于是 2012 年版做了改进，思路为：作用在土钉墙上的土侧压力总和仍为朗肯主动土压力不变，但不再是三角形分布，通过系数 η_j 将其调整为类似梯形。具体为：假定 η_j 与基坑深度 H 为线性关系，其值在墙底处为小于 1 的 η_b，在墙顶处为大于 1 的 η_a；第 j 条土钉按三角形荷载所承受的土侧压力强度及土侧压力分别为 $e_{a,j}$ 及 $E_{a,j}$，调整后则为 $\eta_j e_{a,j}$ 及 $\eta_j E_{a,j}$。调整前后的土压力强度曲线如图 10-7 所示。与原三角形线性压力相比，该曲线形状已经改善了许多，但仍不能较好地模拟大多数工程的实际情况，与工程实测结果仍有较大差距。

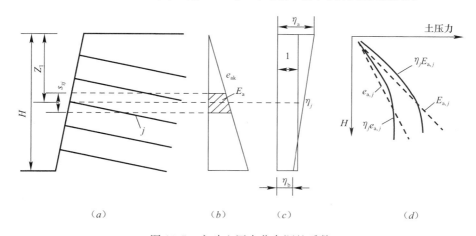

图 10-7　主动土压力分布调整系数

（a）计算模型；（b）朗肯主动土压力；（c）土压力调整系数；（d）调整后土压力

5. 斜坡面上的土钉荷载

朗肯主动土压力是在假定墙背垂直的条件下推导出来的，坡面倾斜时，侧向土压力减小，土钉所受荷载减小，故应进行折减。如何折减，众说纷纭。但因为折减结果只是用于初步估算土钉长度，通常无需过于关注。

6. 极限抗拔承载力及设计长度

大多规范采用图 10-8 所示模型计算土钉长度及极限抗拔力。令第 j 条土钉的总长度为在主动区内长度 l_z 与在稳定区内长度 $\sum l_i$ 之和，则稳定区内长度 $\sum l_i$ 及极限抗拔力应满足式（10-3）及式（10-4）。

$$K_t N_{k,j} \leqslant N_{u,j} \qquad (10\text{-}3)$$

$$N_{u,j} = \pi d_j \sum q_{sk,i} l_i \qquad (10\text{-}4)$$

式中，K_t 为土钉抗拔安全系数，一般取 1.2～1.8；$N_{k,j}$ 为第 j 条土钉的轴向荷载；$N_{u,j}$ 为土

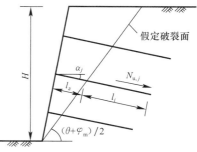

图 10-8　单钉抗拔承载力计算简图

钉在稳定区的极限抗拔承载力；d_j 为土钉的锚固体直径；$q_{sk,i}$ 为土钉在第 i 层土的极限粘结强度；l_i 为土钉在稳定区第 i 土层中的长度。

图 10-8 假定了潜在破裂面为平面。显然,这种平面破坏假定与大多实际工程相差较大,除非地层为均质砂层。也有规范采用了其他破坏模型,如《铁路路基支挡结构设计规范》[8]就采用了一种折线形假设。不管采用什么样的简化模型,主要目的都是为了获得土钉的长度。也能获得土钉"极限承载力",但钉土界面粘结强度是定值,当土钉的直径也确定后,主要是土钉的长度决定了承载力,所以,土侧压力形状假设、方向假设、斜面折减假设、潜在破裂面形状假设等,做了这一大堆假设的目的,归根结底,主要就是为了获得土钉长度。

按这种单钉抗拔假设方法获得的土钉长度能不能满足土钉墙安全性要求,该法本身并不能去验证,还要采用其他方法,如整体稳定性验算方法。把土钉长度等参数输入到整体稳定性验算公式,如果整体稳定安全系数等能够满足规范指标,则计算通过,设计完成;如果不满足,则调整参数,重新验算,直至满足。就是说,这种方法得到的只是一个初步长度,最终长度是多少,并不是这种方法说了算。

7. 单钉抗拔计算法的作用与意义

简单回顾一下朗肯及库仑侧向土压力理论。朗肯土压力理论是根据半空间的应力状态和土的极限平衡条件而得出的土压力计算方法,为了使挡土墙后的应力状态符合理论要求,假定条件为:①墙背直立;②墙背光滑;③墙后填土是水平的。库仑土压力理论根据墙后滑动土楔的静力平衡条件推导出土压力计算公式,考虑了墙背与土之间的摩擦力,并可用于墙背倾斜、填土面倾斜等情况,假定条件为:①填土为无黏性土土,即 $c=0$;②破裂面为平面。两个经典土压力理论的共有特点之一即主动土压力全部作用在挡土墙墙背上。

土钉墙不同于以往任何一种挡土结构。除了土钉墙及加筋土挡墙,其他挡土结构的主动土压力均是全部直接作用在面层上,但土钉墙、加筋土挡墙土侧压力并非全部作用在面层上、而是大部分直接作用在土钉或筋带上,这是与其他挡土结构受力特征的本质不同。土压力是否作用在面层上直接影响了土钉的内力分布形态。土钉墙的面层不是重力式"墙",复合土体也不是。除此外,土钉墙使用时往往墙面倾斜、土质以黏性土土为主或与砂土互层。可见,土钉墙不符合上述这两个经典理论的假定条件,直接引用其理论公式不一定合适,三角形土压力假设注定不会很成功。

土钉墙整体稳定分析的理论基础是:稳定区中土钉所提供的抗力(矩)及土体抗力(矩)之和应与主动区土体产生的下滑力(矩)相平衡,重点强调的是土钉的整体作用性。但基于极限平衡理论的稳定分析方法中,如果土钉布置不合理,例如有一条足够粗长的"超级土钉",即使安全系数较大也并不意味支护系统一定是安全的。在稳定性分析满足设计要求的前提下,如果对每条土钉的长度、承载能力及间距等都加以限制,不使其长度过短及承载力过低,则可大大保证支护系统的安全性,这就可能需要对每条土钉的抗拉力、抗拔力等进行验算,其中以单钉抗拔计算为主导。对土钉的抗力计算以每条土钉均应该与分配给其的土侧压力相平衡为理论基础,是对整体稳定性分析的补充,是从另一个角度核算土钉墙的安全性。因要平衡的对象不同，故按土侧压力平衡法计算出来的土钉抗力与按极限平衡稳定分析验算得到的单条土钉极限抗力是有区别的，而前者需要依靠后者去检验、修正。

经验表明，土钉抗力各种计算方法与相应的整体稳定分析综合考虑后，计算出的土钉长度及密度相差不大，且由于安全系数目标值不同，总体而言对土钉墙安全性的影响差异不大，都可采用。也就是说，反正也要修正，单钉抗拔破裂面的形状假设为直线、折线或其他曲线等其实并不重要，土侧压力形状假定为三角形、改进三角形或梯形等其实也并不重要。

那么，问题来了：费了那么大的劲儿，做了那么多符合或者不符合实际的假设，得到的结果还不一定用得上，这样做还有多大意义？

以前，规范这么做，是因为大家经验普遍不足，不知道土钉的长度该怎么估算，且哪种理论计算方法都不完全成熟，多种合在一起使用安全性更有保证。再有，二十多年前计算机还不是日常工具，设计工作需要手算，先进行单钉抗拔计算、再代入整体稳定验算公式复核，也是为了能够手算。但早已今非昔比了，今天业界的工程经验已经足够丰富。实际上，设计人员目前普遍采用的设计方法是：按经验估计土钉长度，代入整体稳定验算公式复核，哪一层整体稳定安全系数不够，直接增加土钉长度或增大孔径，不需按步就班地按上述步骤计算单钉长度。鉴于这种实际情况，《复合土钉墙基坑支护技术规范》干脆取消了徒劳无功的单钉抗拔计算，直接建议了土钉长度及密度的经验值，简单实用。

8. 设计抗拔力

单钉抗拔计算劳而无功，但如果只进行整体稳定验算就会产生一个新的问题：土钉设计抗拔承载力怎么计算？

（1）有规范建议通过整体验算模式来计算单钉抗拔力。具体为：把假定破裂面以内的土钉长度 l_{mj} 称为有效锚固段，l_{mj} 提供的粘结力为有效抗拔力，有效抗拔力乘以安全系数即为设计单钉抗拔力。很不幸，这个看法有点毛病。

以图 10-9 所示第 1 排土钉为例。基坑初始开挖时，l_{m1} 有一定长度、能提供一定的有效抗拔力；随着开挖，潜在滑裂面后移，l_{m1} 减短、提供的有效抗拔力减少；开挖到后来，潜在破裂面可能已经超过了土钉尾部，土钉有效锚固段及有效抗拔力为 0，但土钉抗拔力显然不可能设计为 0。这与假定破裂面的形状无关，不管是圆弧形还是平面形，潜在破裂面都有可能超出上排土钉的长度范围。一个合理的设计方案中，每排土钉的 l_{mj} 提供的有效抗拔力通常为 0～50kN，而土钉的内力，如前

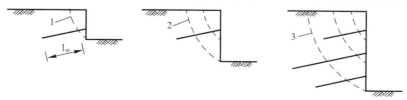

图 10-9　整体稳定验算中的土钉抗拔力

所述，最大可达 150～160kN，不可能按 0～50kN 去设计。

（2）有规范认为，随着开挖，l_{mj} 提供的抗力逐渐增大，之后稳定或者逐渐减小，可通过整体稳定验算模型求出曾经历过的极限值，该极限值即为设计抗拔力。很不幸，这种看法也是一厢情愿。图 10-9 所示第 1 排土钉，最初开挖时 l_{mj} 最长，提供的有效抗拔力最大，但其数值不可确知；之后不断减小，直至为 0，有效抗拔力是逐渐递减的，并非先增后减。

结论是：整体稳定验算方法也不能准确得到土钉的设计抗拔力。

9. 抗拔力检验

如前所述，通过单钉抗拔力验算方法得到的所谓的单钉承载力设计值，指的是土钉在假定平面破裂面以内"稳定区"的抗拔力。土钉的实际抗拔力通过现场拉拔试验来检验，拉拔试验只能在土钉的头部进行，由于土钉全长粘结，故拉拔试验得到的抗拔力是土钉全部长度与土体粘结产生的，"设计抗拔力"只是其中的一部分。有规范要求将试验土钉长度的一半作成非粘结段，也同样无法认定试验结果就是设计抗拔力。对于整体稳定验算法来说，"设计抗拔力"是多大都不能确定，也就无从检验。l_{mj} 提供的"有效抗拔力"同样无法检验。也就是说，设计抗拔力也好，有效抗拔力也罢，均无法通过试验检验，现场拉拔试验得到的单钉抗拔力与两者均无直接关系，与破裂面假定形状亦无关。

那么，各规范中检验的又是什么呢？有的要求检验极限抗拔力，但回避了极限抗拔力与"设计抗拔力"之间的关系；有的笼统地要求进行抗拔力检验，同样没明确要检验的抗拔力与"设计抗拔力"之间的关系；有的不检验抗拔力、而是要求检验土钉与土体间的粘结强度；有的干脆连检验要求都不提。

看来，土钉的"设计抗拔力"是一个虚拟概念，既无法计算得到，也无法通过实践检验。但图纸中抗拔力还是要有的，拉拔试验也还是要做的，因为没有比拉拔试验更好的方法来检验土钉的施工质量。检验的也当然应该为预先设定值、即设计值，否则检验就失去意义。那么，要检验的设计值是什么，与整体稳定性分析所需的抗拔力之间又应该是什么关系呢？

本人的解决方法是建立"验收抗拔力"概念，所谓的验收抗拔力即整条土钉的抗拔力。单钉或整体稳定性分析中的"设计抗拔力"及有效抗拔力只计取了一部分土钉长度，即假定破裂面至土钉尾部的长度，拉拔试验时检验的是整条土钉的抗拔力，如果整条土钉的抗拔力检验结果达到了预期，根据整体稳定验算模型及公式，则认为自动满足了"设计抗拔力"或有效抗拔力的要求。这种设计思路已被《复合土钉墙基坑支护技术规范》GB 50739 采纳。

10.5　杆体拔出、拉断与弯剪

以钢筋土钉为例：一些规范建议钢筋杆体—浆体的界面粘结强度约为 2.0～

4.0MPa，约为浆体—土层界面粘结强度的 $10\sim200$ 倍；而土钉直径通常约为锚筋直径的 $4\sim6$ 倍，即，钉—浆界面粘结力约为浆—土界面粘结力的 $2\sim50$ 倍，故几乎没可能发生土钉杆体从浆体中拔出、而浆体留在原地没动也没被破坏这种现象——采用假水泥也许除外。大量土钉墙事故表明，就单钉而言，通常只发生两种破坏现象：一是单钉全条被拔出，二是钉头破坏，即土钉前半部分与塌方土体脱开、后半部分仍锚固在滑坡后缘的稳定土体中，没见过杆体与浆体脱开被拔出这种现象。故这种破坏模式无需验算，按构造要求即可。

土钉墙事故中几乎没发现过锚筋断裂现象，要么是因为土钉内力小，要么是因为按目前的设计方法得到的筋杆的强度足够大，不会发生拉断与弯剪破坏。国外的稳定分析方法中，法国方法及所谓的"运动学"等方法中涉及了土钉的弯剪变形与破坏准则，另一些方法及国内的稳定分析方法中几乎都没有考虑土钉的弯剪破坏。土钉的受力状态实际上非常复杂，一般情况下，土钉中产生拉应力、剪应力和弯矩，土钉通过这个复合的受力状态对土钉墙稳定性起作用。国外大量实尺试验认为土钉剪力的作用是次要的，仅考虑抗拉作用略偏于保守（Gassler1980）。只考虑土钉拉力作用、不考虑其他内力作用总体影响不大且偏于安全，可被工程所接受。

10.6 钉间面层破坏

1. 面层压力

有规范认为，如果作用在土钉之间的面层上的土侧压力太大，可能会造成钉间面层的压弯及剪切破坏。

由于测量困难，业界对面层所受的土压力的认识还不是很清楚，但可以肯定，面层所受的荷载并不大，目前国内外还没有发现面层出现破坏的工程事故，在欧美国家所做的有限数量的大型足尺试验中，也仅发现在故意不做钢筋网片搭接的喷射混凝土面层才出现了问题。工程中，钢筋网片不能距土坡面太高，否则固定不稳，在喷射混凝土的冲击下产生较大振动，故一般距坡面 $20\sim30$mm，约为保护层厚度，而面层厚度一般约 $80\sim100$mm，面层中的钢筋通常距离迎土面比背土面更近，如图 10-10 所示。面层承受了土压力后必然产生弯矩，本该承受正弯矩的钢筋网片却位于受压区起不到作用，只能靠喷射混凝土自身的抗

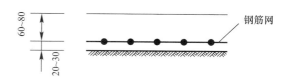

图 10-10　钢筋网在面层中的位置

拉强度抵抗弯矩，而喷射混凝土抗拉强度很低，面层如果所受弯矩较大必然开裂，但并没有哪个工程发现过这种破坏，从而也说明了面层受到的土压力不会太大。

2. 面层验算

有规范建议，面层在土压作用下受压受弯，其计算模型可取为以土钉为支点的连续板进行内力分析并验算强度，即作用于面层的侧向压力在同一间距内按均布考虑，反力作用为土钉端头拉力，需验算面层跨中正弯矩和支座负弯矩，及板在支座处的冲切等。计算时假定钢筋位于面层的中间，且喷射混凝土的厚度是均匀的。试算一下：设土钉纵横间距均 1.5m，设计拉力 150kN，C20 混凝土面层 100mm 厚。经验表明按 $\phi6@250\times250$ 配筋不会有任何问题，但按这种算法，配筋约为双向 $\phi8@35\times35$，过于安全了。

总的来说，面层所受的压力并不大且非常复杂，难测难算，那么工程中可以采用方便简单的做法，即按构造设计，按构造配置钢筋、设计混凝土强度及厚度。实际上这么多年来工程界就是这么做的，没见出什么问题。

3. 构造设计

面层太厚固然用处不大，太薄也不合适，应能覆盖住钢筋网片及连接件。面层柔度较大，很少会产生温度裂缝，故临时性工程中一般无需按有些规范建议的那样设置伸缩缝，没啥必要。大面积坡面上确实有时会产生温度裂缝，灌灌浆抹抹缝也就解决了，反而是伸缩缝容易将地表水渗漏下去而产生危害。还有规范建议设计时要考虑面层的重量，防止面层下沉造成的不良影响。可能有点防卫过度了。实际工程中，为了防止地表水浸入到面层背后，挂网喷射混凝土面层在坡顶沿水平方向有一定的向外延伸形成护顶（或称护肩），规范中也通常这样要求。护顶宽度一般0.5～2.0m，常常延长至与坡顶排水沟相接，该护顶完全能够承受住面层的重量，更何况面层的重量可能早被土钉及面层与土体的摩阻力平衡掉了。还有规范要求采用过双层钢筋网的，似乎也防卫过度了。国外长期土钉墙工程中，通常在喷射混凝土面层上再挂钢筋网、现浇或喷射一层混凝土作为外饰面板，故钢筋网为双层。

工程中确实能看到面层破坏，常见为的破坏形式为面层大致在某一高度上沿水平向开裂几米甚至二三十米，严重者甚至上下断裂，土体或泥浆从裂缝处挤出，但土钉墙整体变形不大，较为稳定。有规范以此作为面层应进行结构设计计算的依据。实际上，这种破坏是施工质量缺陷引发的。规范通常要求上下钢筋网片搭接200～300mm，点焊或绑扎连接，但实际工程中很少连接，有的甚至都没有搭接，上下钢筋网片是断开的。一般情况下喷射混凝土面层与面层下的岩土层粘结较为牢靠，也不会有什么问题；但有时，面层下土体松散、孔隙率大，地下水容易渗透到面层边，暴雨时地下水位迅速上升来不及排走，刚好又有水的通道直通面板，水压力迅速上升，面层承受不住时，就从最薄弱位置，即钢筋网片没有搭接或搭接不良处开裂甚至断裂，形成水平通缝。这种破坏危害一般不大，重新挂网补喷一下、面层下注浆密实一下即可。至于有时能看到面层上漏了一个洞、有泥水流出，是因为喷射混凝土的混合料拌合不均匀、局部水泥用量不足、混凝土强度不足甚至无胶结造成的，与土侧压力无关。

续表

序号	工程名称	坑深(m)	土钉排数	帷幕形式	帷幕排数	位移(mm)	位移深度比	K_{s0}	K_{s1}	$K_{s0}+K_{s1}$	η_3	K_{s3}	K_s
35	济南市儿童医院外科楼	7.0	4	旋喷桩	1	一般	0.50%	0.61	0.52	1.13	0.3	0.31	1.34
36	福州某18层住宅	6.0	4	搅拌桩	3	40	0.67%	0.66	0.32	0.98	0.4	0.38	1.36
37	南京玄武湖隧道梁洲段	9.2	9	搅拌桩	1	19	0.21%	1.16	0.16	1.32	0.5	0.04	1.36
38	上海某基坑	5.5	5	搅拌桩	1	38	0.69%	0.73	0.44	1.17	0.4	0.21	1.38
39	杭州湖墅南路红石中央花园2	6.1	5	搅拌桩	4	27	0.45%	0.45	0.46	0.91	0.4	0.48	1.39
40	郑州天下城8号楼	9.0	7	高喷桩	1	40	0.44%	0.62	0.49	1.11	0.5	0.28	1.39
41	广州二沙岛政协俱乐部	10.1	8	搅拌桩	1	微小	0.10%	0.70	0.59	1.29	0.5	0.11	1.40
42	杭州湖墅南路红石中央花园1	5.3	5	搅拌桩	4	31	0.58%	0.44	0.58	1.02	0.4	0.40	1.42
43	深圳南山区留学生创业园1	4.6	4	搅拌桩	1	18	0.39%	0.79	0.26	1.05	0.5	0.37	1.42
44	武汉汉口万松园路26层	5.0	3	粉喷桩	1	26	0.52%	0.90	0.09	0.99	0.5	0.16	1.46
45	苏州润捷广场基坑	7.9	7	搅拌桩	2	7	0.09%	0.72	0.41	1.13	0.5	0.34	1.47
46	深圳松日电子研发厂房2	4.4	3	搅拌桩	1	13	0.30%	1.25	0.02	1.27	0.5	0.21	1.48
47	深圳都荟名苑2	7.0	4	搅拌桩	1	13	0.19%	0.90	0.38	1.28	0.5	0.23	1.51
48	合肥金雅迪大厦2	9.9	5	旋喷桩	1	21	0.21%	0.85	0.45	1.30	0.4	0.22	1.52
49	深圳后海大道后海花园3期	8.3	4	搅拌桩	1	20	0.24%	1.18	0.25	1.43	0.3	0.11	1.54
50	深圳水贝市场综合楼3	6.0	4	搅拌桩	1	23	0.38%	0.67	0.60	1.27	0.4	0.29	1.54
51	上海宝山区长逸路某综合楼1	5.6	4	搅拌桩	2	较小	0.25%	1.13	0.36	1.49	0.3	0.12	1.61
52	深圳得景大厦	8.4	7	搅拌桩	2	9	0.10%	0.64	0.87	1.51	0.3	0.12	1.63
53	赣州中航K25地块1	8.6	7	旋喷桩	1	10	0.12%	1.06	0.31	1.37	0.4	0.31	1.68
54	深圳都荟名苑1	6.9	6	搅拌桩	1	8	0.12%	1.15	0.39	1.54	0.4	0.17	1.71
55	南京金鼎湾花园1	6.5	5	搅拌桩	3	18	0.28%	0.99	0.74	1.73	0.3	0.20	1.93

3. 几点讨论

在截水帷幕抗力作用的折减问题上，不同规范的作法有一定差别：

（1）有的规范不考虑截水帷幕的抗力作用。表中案例9、34、39等，如果不考虑截水帷幕对稳定性的帮助，只计算土钉的抗力作用，整体稳定安全系数小于1.0，但工程好好的，没啥毛病。

（2）上海市《基坑工程技术规范》DG/T J 08—61—2010 中，以内摩擦角 φ 及黏聚力 c 指标形式计取了搅拌桩的抗剪强度贡献。相对来说，这种作法对经验的要求更高一些。式（11-1）直接计取了水泥土的抗剪强度，由于相关规范、手册等建议了水泥土的抗剪强度如何取值，故操作可能容易一些，更容易推广使用。

11.5 微型桩复合土钉墙

1. 作用机理

微型桩复合土钉墙的工作机理与性能与搅拌桩复合土钉墙类似。不同之处在于：搅拌桩连续分布，对桩后土约束极强，迫使桩后复合土体与搅拌桩几乎同时剪切破坏，而微型桩断续分布，不能强迫桩后土体与之同时变形，且因其含金属构件，刚度更大，抗剪强度更高，其抗剪强度不能与土钉、土体同时达到极限状态，与面层的复合刚度越大，受力机理越接近于桩锚支护体系。

2. 抗力折减方法

与截水帷幕相比，微型桩强迫桩后复合土体共同作用的能力较弱，且与土体的刚度比更大，折减系数取值不应比截水帷幕更高，故不宜超过 0.3。微型桩复合土钉墙案例收集到了 25 个，按图 11-1 所示验算模型及式（11-1）反算时亦发现，绝大部分案例中微型桩的折减系数取到 0.3 即可达到较好的安全系数。同时，与搅拌桩情况类似，部分案例中，如果不计取微型桩的贡献，则总的安全系数略大于 1.0 或甚至小于 1.0，而基坑并未出现险情，位移量也并不大。故微型桩的折减系数确定为 0.1～0.3，在较好的土层中（硬塑状以上的黏性土及风化岩中）可提高至 0.4。案例验算结果汇总如表 11-3 所示，表中第 1～2 项案例为核心数据。

微型桩复合土钉墙整体稳定验算结果汇总表　　　　　表 11-3

序号	工程名称	坑深(m)	土钉排数	微桩骨架形式	微桩排数	位移(mm)	位移深度比	K_{s0}	K_{s1}	$K_{s0}+K_{s1}$	η_4	K_{s4}	K_s
1	杭州中山中路某18层住宅1	5.5	4	木桩	1	几乎塌方	1.50%	0.57	0.33	0.90	0.3	0.15	1.05
2	温州华侨饭店一期2	6.4	6	48钢管	3	位移较快	1.50%	0.47	0.45	0.92	0.3	0.13	1.05
3	北京某基坑	12.0	8	108钢管	1	28	0.23%	0.86	0.15	1.01	0.3	0.05	1.06
4	某高层	6.8	5	25槽钢	1	较大	0.75%	0.51	0.41	0.92	0.3	0.14	1.06
5	北京某基坑	12.0	8	80钢管	1	30	0.25%	0.74	0.23	0.97	0.3	0.10	1.07
6	温州华侨饭店一期1	6.4	5	48钢管	3	一般	0.50%	0.57	0.47	1.04	0.3	0.23	1.13
7	福州某16层住宅	5.8	4	木桩	1	50	0.86%	0.68	0.35	1.03	0.3	0.13	1.16
8	东莞黄江金士柏山二期1	6.2	4	管桩	1	68	1.10%	0.65	0.28	0.93	0.3	0.24	1.17
9	浙江高级人民法院办公大楼	5.7	5	48钢管	1	16	0.28%	1.12	0.01	1.13	0.3	0.05	1.17
10	深圳福田商城2	12.5	9	水泥土	1	20	0.16%	0.88	0.29	1.17	0.3	0.04	1.21
11	深圳龙华梅陇镇3期污水池	6.7	5	钢筋笼	1	24	0.36%	0.61	0.44	1.05	0.1	0.20	1.25
12	东莞黄江金士柏山二期2	6.6	5	管桩	1	18	0.27%	0.67	0.39	1.06	0.3	0.21	1.26
13	广州安信大厦	16.0	13	108钢管	1	40	0.25%	0.68	0.52	1.20	0.3	0.09	1.29
14	杭州庆隆苑小区二期	4.9	4	竹桩	2	22	0.45%	0.87	0.04	0.91	0.2	0.41	1.32
15	杭州中山中路某18层住宅1	6.5	5	木桩	1	36	0.55%	0.64	0.66	1.30	0.3	0.04	1.34
16	山东省科院人才公寓	8.6	5	钢筋笼	1	一般	0.50%	0.95	0.30	1.25	0.3	0.09	1.34
17	深圳地铁竹子林站	12.9	8	108钢管	1	22	0.17%	0.66	0.44	1.10	0.3	0.25	1.35
18	济南泉景天沅1~3号楼	11.0	8	146钢管	1	较小	0.25%	0.85	0.29	1.14	0.3	0.25	1.39
19	深圳都荟名苑4	7.0	5	I20	1	17	0.24%	0.90	0.38	1.28	0.3	0.11	1.39
20	福州工业路南某基坑	4.5	3	木桩	1	53	1.18%	0.97	0.20	1.17	0.1	0.25	1.42
21	上海紫都莘庄小区C栋	7.1	6	48钢管	1	18	0.25%	1.38	0.05	1.43	0.3	0.06	1.49
22	广州农林下路商住大厦	13.1	10	89钢管	2	22	0.17%	0.88	0.45	1.33	0.3	0.17	1.50
23	杭州华元世纪广场	7.5	5	钢管	1	23	0.31%	0.93	0.64	1.57	0.3	0.39	1.62
24	深圳都荟名苑3	6.9	5	I20	1	10	0.14%	1.15	0.39	1.54	0.3	0.10	1.64
25	深圳和黄御龙居	6.2	5	I20	1	5	0.08%	1.62	0.02	1.64	0.1	0.02	1.66

3. 几点讨论

在微型桩抗力作用的折减问题上，不同规范的作法有一定差别：

（1）有的规范不考虑微型桩的抗力作用。表中案例 8、19 等，如果不考虑微型桩对稳定性的帮助，只计算土钉的抗力作用，整体稳定安全系数小于 1.0，但工程好好的，没啥问题。

（2）有的规范计取了微型桩的抗弯强度，即抗拉强度。实际上，微型桩的贡献以抗剪为主，抗剪强度通常为抗拉强度的 50%～60%，如果按抗拉强度计算，可能会高估了微型桩的抗力作用从而造成工程的不安全。

11.6 其他类型复合土钉墙

1. 锚杆＋截水帷幕复合

如前所述，锚杆一般对安全系数的影响并不显著，这类复合形式的工作性能主要取决于截水帷幕，二者可以与土钉墙共同良好工作，对安全系数的贡献可直接累加。计算及经验表明，截水帷幕复合土钉墙的规律及规定同样适用于这类支护形式。

2. 锚杆＋微型桩复合土钉墙

与锚杆＋截水帷幕复合形式类似，这类复合形式的工作性能主要取决于微型桩。计算及经验表明，微型桩复合土钉墙的规律及规定同样适用于这类支护形式。

3. 微型桩＋截水帷幕复合土钉墙

这类支护形式中，一般因为截水帷幕提供的抗剪强度偏低或不考虑其作用，希望通过微型桩来补强，复合工作性能表现为抗剪强度得到一定提高的截水帷幕复合土钉墙，故截水帷幕复合土钉墙的规律及规定同样适用于这类支护形式。

4. 锚杆＋微型桩＋截水帷幕复合土钉墙

这类复合形式最为复杂。计算结果表明，这类复合形式中复合构件的折减系数不能同时取上限，尤其是微型桩，否则会造成计算安全系数较大，偏于不安全。这主要是由于微型桩造成的。这类支护形式中，基坑一般较深，微型桩设计强度一般较大，折减系数每增加 0.1，可提高安全系数 0.03～0.12。当微型桩强度及刚度更大时，支护结构带有桩锚结构的性状，已不太适合采用图 11-1 所示复合土钉墙理论及验算公式。

另外，研究发现，土、钉及锚杆提供的安全系数大于 1.0 时，基坑位移均不大；而在小于 1.0 的 3 个案例中，有 2 个位移很大。故结合计算结果建议：微型桩与土钉墙单独复合、与锚杆共同复合、与锚杆及截水帷幕共同复合作用时，应保证土、钉及锚（折减系数为 0.5）提供的安全系数大于 1.0 以减小基坑变形。

5. 验算结果

上述第 1 类案例收集到了 35 个，第 2 类案例收集到了 14 个，第 3 类案例收集到了 15 个，第 4 类案例收集到了 18 个。按图 11-1 所示验算模型及式（11-1）反算。验算数据略，可参见相关文献[3,5]。验算结果表明 η_2 可取 $0.5\sim0.7$，η_3 可取 $0.3\sim0.5$；η_4 可取 $0.1\sim0.3$。

参考文献

[1]　Recommendations CLOUTERRE 1991 for Designing，Calculating，Constructing and Inspecting Earth Support Systems Using Soil Nailing，FHWA/SA-93/026，1993.

[2]　陈肇元，崔京浩主编. 土钉支护在基坑工程中的应用（第二版）[M]. 北京：中国建筑工业出版社，2000.

[3]　付文光，杨志银. 复合土钉墙整体稳定性验算公式研究 [J]. 岩土工程学报，2012，34（4）：742-747.

[4]　刘国彬，王卫东主编. 基坑工程手册（第二版）[M]. 北京：中国建筑工业出版社，2009：294-295.

[5]　付文光，杨志银. 复合土钉墙整体稳定验算公式专题研究报告 [R]. 复合土钉墙基坑支护技术规范编制组，2011：13-35.

　　郑重声明：本章所引用的案例超过 80%来源于各种学术会议论文集、书籍、期刊等，涉及文献及作者太多，不能一一列举，在此一并深表感谢及歉意！

第 12 章　静载荷试验

12.1　复合地基试验

1. 比例界限

《建筑地基处理技术规范》JGJ 79—2012（简称地基处理规范）规定了可采用比例界限法确定复合地基承载特征值。不少人的疑惑是：比例界限真的存在吗？

比例界限的概念来源于对地基土破坏模式的分析研究。地基土的破坏模式分为整体剪切破坏、局部剪切破坏和冲切剪切破坏三种，其中整体剪切破坏模式的压力-沉降（p-s）曲线如图 12-1（a）曲线 A 所示，可大体分为三个阶段：当荷载小于比例界限（或称临塑荷载）p_0 时，地基土的变形主要是因为土的压密而产生的弹性变形；当荷载超过 p_0 后，土体开始发生剪切破坏，产生塑性变形，随着荷载的增加，塑性变形区逐渐扩大；当荷载继续增加到极限荷载 p_u 后，承压板急剧下沉，土从板下挤出，地基完全破坏，丧失稳定。整体剪切破坏模式最有可能在密实的砂土和坚硬的黏土中发生，p-s 曲线上具有明显的拐点；而局部剪切破坏和冲剪破坏的 p-s 曲线如图 12-1（a）曲线 B、C 所示，线形光滑，很难确定曲线上有没有拐点。搅拌桩等柔性桩复合地基的破坏模式类似于地基土的后两种破坏模式，如

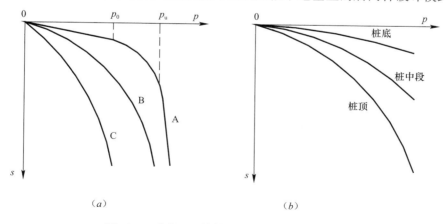

（a）　　　　　　　　　　（b）

图 12-1　地基土及搅拌桩不同部位的 p-s 曲线

（a）地基土；（b）搅拌桩

图 12-1（b）所示。一般情况下，搅拌桩均设计为摩擦桩或端承摩擦桩，桩侧摩阻力与桩身变形大体相适应，由上到下逐渐发挥，桩身轴向应力及桩身压缩量由上而下逐渐减小，其受力及变形主要集中在桩身上部。随着荷载的逐渐增加，桩身轴向应力及变形也逐渐地、连续地增加，用 p-s 曲线来表示，线形基本是光滑的，曲线上没有明显的拐点，这已经被大量的工程实践所证实。从土力学意义上说，地基土的比例界限标志着地基土从弹性变形开始塑性变形，而搅拌桩等柔性桩复合地基及刚性桩复合地基的比例界限如果存在，又意味着什么呢，桩开始塑性变形了？或者，意味着桩与地基土同时开始塑性变形了？不太可能吧。

好像没听说过哪个工程复合地基试验结果是按比例界限法确定的，怀疑比例界限点在竖向增强体复合地基中不一定会出现[1]，莫须有的。

2. 相对变形值指标

相对变形值法的核心，就是相对变形值（s/b 或 s/d，也称沉降比）指标。目前，同一形式复合地基的 s/b 指标在不同规范中不同，不同形式复合地基的 s/b 指标在同一规范中不同。

有 3 点疑惑：

（1）随着竖向增强体刚度的增长，复合地基的沉降越来越小，沉降比指标越来越严格，大体符合、也应该符合散体材料桩→柔性桩→刚性桩的排列顺序。如《复合地基技术规范》GB/T 50783 等规范中，散体材料桩 s/b 指标取 0.010～0.020，石灰桩 0.010～0.015，灰土挤密桩 0.008～0.012，夯实水泥土桩 0.008～0.010，刚性桩为 0.008～0.010。奇怪的是水泥土搅拌桩取 0.005～0.010，一些地方标准甚至取 0.004～0.005，比刚性桩的要求还高。

（2）同一形式复合地基的 s/b 指标能否在全国各地区或各行业统一？例如水泥搅拌桩复合地基，各种规范中取值范围大致为 0.004～0.010，变化范围达 2.5 倍之多。同一个试验结果，按广东标准可能会判定为不合格、上海标准可能会判定为合格；即便是同一地区、甚至同一单位，评定结果都可能会因人而异，既可能会评定合格，也可能会评定不合格。

（3）不同形式复合地基的 s/b 指标能否统一？例如，能不能统一为 0.010～0.015？图 12-2 所示为某地基土 p-s 曲线，s/b=0.015 对应的荷载为 220kPa。按规范，如果是天然地基，承载力特征值可以取 200kPa（最大试验荷载的一半）；如果是刚性桩复合地基，允许取到 175kPa（s/b=0.01）；如果是搅拌桩复合地基，可能只允许取到 130kPa（s/b=0.006）了。假如不知道有没有地基处理过、采用了哪种地基处理形式，这块地的地基承载力特征值该怎么检验、该取多少呢？因 s/b 指标不同，沉降量相同时不同形式复合地基的承载力特征值取值不同；或者说，如果想取得同样的承载力特征值，搅拌桩复合地基必须比刚性桩复合地基变形更小一些；亦即，承载力特征值取值相同、使用荷载相同时，不同形式复合地基的沉降量不同，理论上 s/b 指标低的沉降量应该小一些，但刚性桩复合地基的沉降反而会比搅拌桩的大一些，不太合理。

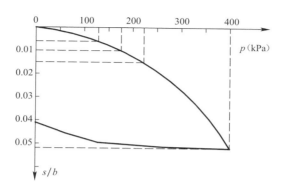

图 12-2 某场地荷载试验 p-s 曲线

指标不同是历史原因造成的，无需深究，但能不能调整得更客观、更合理一些？导致指标不同的原因大体可分为两类：一是地质条件，二是使用要求，主要指上部结构的要求。（1）如果因地质条件不同造成了各地区的指标不同，那么按不同地层确定不同指标会不会更准确一些？例如，地基处理规范规定 CFG 桩复合地基在砂砾土中为 0.008，在黏性土及粉土中为 0.01，其他类复合地基是不是也可参照？应该比因地区、因行业而异更客观、更合理。（2）不同的上部结构对地基承载力的要求不同，如路基，对沉降的要求宽松一些，框剪结构建筑物对沉降的要求严格一些，砖混结构建筑物要求更严格一些。同一种结构形式，如框架结构，并不会因为是刚性桩复合地基就允许多沉降些，或者因为是搅拌桩复合地基就要求少沉降些，不管采用什么处理方法，该种形式结构对地基沉降及差异沉降的要求都应该是相同的，上部结构允许变形值不是 s/b 指标不同的理由。

s/b 指标不同的主要原因可能是经验不同。经验从哪儿来的呢？工程实践。在工程实践中，绝大多数情况下是在"验证"地基承载力而不是"求取"，验证性试验通常并不能求取实际地基承载力特征值，除非试验过程中地基已经发生破坏；地基承载力极限值才应该是确定指标的主要依据，但不管是破坏性试验还是验证试验时地基破坏，在工程实践中其数量是很少的，绝大多数经验都是根据验证试验得来的，而这种经验是趋于保守的，知道这个指标行，是安全的，但可以放宽到什么程度，极限在哪儿，未必知道。例如水泥土搅拌桩复合地基 s/b 指标，目前规范最大值为 0.010。放宽到 0.015 行不行？缺少经验，不知道。所以，经验是可信任的，但未必是全面的、准确的、合理的。建议有关规范研究一下，各种形式的复合地基按不同土质条件、不同使用要求把 s/b 指标统一了，且应与天然地基的保持一致[2]，如第 6 章所述。

3. 最大加载压力

规范一般规定最大加载压力不小于设计承载力特征值（以下简称为设计值）的

2 倍。采用 s/b 来确定地基承载力的特征值，结果不外乎有大于和小于设计值两种情况：（1）特征值大于设计值。此时取设计值为特征值，因为"按 s/b 确定的承载力特征值不应大于最大加载压力的一半"，即按 s/b 确定的承载力特征值的上限为设计值；（2）特征值小于设计值。既然相当于 2 倍设计值的最大加载压力都没有达到极限载荷，极限载荷应该更高，那么为什么不能取最大加载压力的一半作为承载力特征值、而是取比其数值更小的按 s/b 确定的承载力特征值呢？通常认为取最大加载压力的一半是没有任何问题的，也没见过什么资料证实这么做不可以。

各检测单位在具体工程实践中，为了节省费用和时间，也是为了避免太大的荷载造成复合地基的破坏，最大加载量通常就是 2 倍设计值。规范中一般还有一条："当满足其极差不超过平均值的 30％时，可取其平均值为复合地基承载力特征值"。假如有一个检测点的结果低于设计值，因为没有任何检测点的实测结果高于设计值，故检测的平均值（即特征值）低于设计值，这就意味着该工程就要被评为不合格。不管从经济上还是技术上，这种评定方法都难说合理。

4. 载荷试验承压板计算宽度

规范一般规定：载荷试验按 s/b 确定复合地基承载力特征值时，压板宽度或直径 b 大于 2m 时，按 2m 计算。这条规定在地基处理规范 98 年版中并没有，2002年版第一次提出，以括号内补充形式，出现在对砂石桩、振冲桩及强夯块石墩复合地基试验标准中，并没有说明是否适用于其他桩型复合地基。后来该规定被其他一些规范引用，就适用于所有桩型复合地基了，包括 JGJ 79—2012。JGJ 79 没有解释原因。推测其用意是：按 s/b 确定承载力特征值时，如果载荷试验压板较宽（>2m），当 s/b 不变时则 s 偏大，意味着实际使用时绝对沉降量将偏大，而这将影响建筑物的正常使用，故应对 s 值有所限制。

以某工程[3]为例，该 3m×3m 压板载荷试验结果如图 12-3 所示。p-s 曲线为缓变型，无比例界限，加载到 1130kPa 时未破坏，极限载荷不明确。按 s/b＝0.006％确定承载力特征值 f_{spk}，取 b＝3m，则 f_{spk}＝636kPa（原文如此）；但如果取 b＝2m，则 f_{spk} 只有约 510kPa，不仅小于 636kPa，也小于最大加载量的一半 565kPa，而本人认为取 565kPa 并无不妥，取 636kPa 也是很有可能的。这种按 b＝2m 计算 s/b 造成承载力特征值取值偏小现象在不少文献中都可见到。

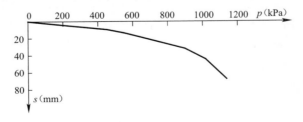

图 12-3　某复合地基载荷试验 p-s 曲线

十多年前，JGJ 79—2002 开始实施时，压板宽度大于 2m 的不多，因经验欠缺，为安全起见，制订这条规定可以理解。现在，3m 宽压板应用已越来越多，最宽甚至已达到 5m；多桩型复合地基应用越来越多，已经编制了相关规范，其需要的压板尺寸通常更大，这条按 2m 计算压板宽度的规定的适用性可能该重新考虑了。

12.2 锚杆试验

1. 基本试验

（1）试验性质

基本试验的重要性可能尚没有被充分认识。为什么要做基本试验、如何做基本试验，似乎未被广泛理解，包括一些规范。

基本试验性质应为探究性而不仅是验证性[4]。国内外普遍认为，试验按目的大致可分为探究性试验及验证性试验两类：①探究性试验不知道或不预定目标，根据试验结果确定，主要目的是"求取"，例如勘察时测定土体的含水量、孔隙比等物理力学参数的室内试验，测定天然岩土层承载力的静载、标贯等原位试验；②验证性试验事先预定目标，然后通过试验去验证，例如为工程验收目的而进行的基桩、锚杆验收试验等各种验收试验，主要目的是"验证"。验证性试验只注重结果，而探究性试验更注重过程，二者是有区别的。当然，也有不少试验兼具探究及验证性质。大多工程及规范都把锚杆的基本试验当作了验证性试验去做，最大荷载仅为 2 倍预期值，没有试验至破坏状态，锚杆的极限抗拔力到底有多少往往并不知道，基本试验做完后，通常测不出该地层提供的粘结强度极限值，不能为设计提供准确的依据，也很难评定施工工艺的优劣—自然也就很难提出施工改善建议，故探究性作用大打折扣，这个工程完成了，下个类似工程抗拔力设计值能否提高一点，心中还是没数，这无益于技术水平的提高。

另外，试验时，如果发生锚杆拔出破坏以外的其他破坏，如锚筋拉断、锚座破坏、锚具夹具破坏等，破坏荷载即为极限抗拔力，而不必是破坏荷载的上一级荷载，否则对于求取性质的基本试验来说可能会偏于保守。

（2）锚固段长度

一些规范规定：基本试验主要目的是确定锚固体与岩土层间粘结强度，为使锚固体与地层间首先破坏，可采取减短锚杆长度（锚固长度取设计锚固长度的 0.4～0.6 倍）的措施。

该条规定不够完整。锚杆锚固段存在着有效长度，超过后平均粘结应力随着锚固体长度的增加而减少，即较短的锚固体能够充分调动粘结强度、得到较高的粘结应力。如果基本试验中锚固段长度仅为设计长度的 0.4～0.6 倍，试验结果将得到偏高的粘结强度，再用于设计时，会得到偏高的、实际工程达不到的承载力设计值，从而导致工程安全度降低。所以，基本试验时的锚固段长度不宜减短，可通过增加锚筋断面尺寸、数量、强度等措施使锚筋获得较高的抗拉力，以使锚固体与地层间先破坏。如果确实需要减短，得到的粘结强度用于较长锚固段设计计算时，要进行折减。

该条规定源于国外标准，如英国锚杆标准 BS 8081：1989。但该规范说：可采用较短的锚固段以在地层—浆体界面产生破坏，但抗力随锚杆长度成比例增加这一试验结果不能用于较长锚固段。

（3）最大试验荷载

不少规范规定，以锚杆杆体承载力的 0.8～0.9 倍作为基本试验的最大试验荷载；有的规范规定，以预估荷载为最大试验荷载，但预估荷载不超过 0.9 倍杆体承载力。

既然基本试验的主要目的是取得锚固体与岩土层间的极限抗拔力，就应该做到极限破坏，否则得不到锚固体与岩土层的粘结强度极限值。0.8～0.9 倍杆体承载力与极限抗拔力没有明确对应关系，最大试验荷载为 0.8～0.9 倍杆体承载力与最大试验荷载是否达到了极限荷载之间也没有明确对应关系。如果试验荷载达到 0.8～0.9 倍锚筋破断力时锚杆没有破坏，应继续加载直到破坏。该条规定的适用对象应该是杆体而非试验荷载：预估极限承载力，大约按极限承载力的 1.25 倍计算杆体截面积，从而使试验荷载达到极限承载力时，杆体承载力还有一定裕量，此时试验荷载约为杆体承载力的 0.8 倍。

（4）破坏标准

几乎各规范都规定了试验破坏标准：①试验时后一级荷载产生的锚头位移增量不小于前一级荷载产生的 2 倍（有的规范为 3 倍，有的为 5 倍）时；②位移持续增加；③杆体破坏；④锚固体拔出。发生这 4 种情况之一可判定为锚杆破坏。

第 4 条与第 2 条意思差不多，讨论见下文，这里只讨论第 1 条。试验是分级加载的，第一级通常为预估荷载的 10%，第二级荷载为 30%～40%，即为第一级的 3～4 倍，锚杆的弹性伸长量与所受荷载成正比，故锚筋弹性位移量几乎也为 3～4 倍，加上其他弹性位移及各种塑性变形，第二级荷载产生的锚头位移增量超过第一级 2 倍实属正常。还有，如果总位移量很小，前一级为 mm 级（如 3～4mm），后一级为 cm 级（如 15～18mm），尽管后一级位移增量为前一级的 3～4 倍，但不能断定锚杆破坏了。还有，现行主流国外标准似乎没看到类似规定。

以上讨论也适用于锚杆验收试验。

（5）稳定指标

锚杆张拉时，每级加载完成后，需稳载 5～10min 观测锚头位移量。稳载期间如果锚固体与土层粘结强度不足发生松脱，则会产生位移，如位移持续增加至某一指标，则视为锚杆位移不稳定。不少规范都规定基本试验的稳定指标为 0.1mm，即稳载期锚头位移增量小于 0.1mm 视为位移稳定，可施加下一级荷载，否则视为不稳定，需延长观测时间，直至 2h 内位移增量小于 2.0mm 方可施加下一级荷载。

遍查文献，没有查到 0.1mm 的理论或试验根据。国内最早提出该指标的《土层锚杆设计与施工规范》（CECS 22：90）说是参考了国外有关标准。英、德、美、法、日、EN、ISO 等标准中稳载判别指标都不太一样，ISO、日本、EN 及欧洲各国标准大致为 0.5mm[5-8]，美国 FHWA-IF-99-015 及 PTI DC35.1-14 等则为 1.0mm。

本人咨询过 CECS 22：90 的编制专家，说当初可能是排版或抄写时笔误，错把 1.0mm 写成了 0.1mm。规范规定了验收试验时稳定指标为 1.0mm，基本试验最终是为验收试验服务的，没有理由指标与之不一致。

也有的规范并不同意这是笔误。该规范认为国内相关规范中，基桩静载荷试验，抗压或抗拔，通常都是以变形量不超过 0.1mm/h 为稳定指标的，锚杆也应采用，有的规范中桩与锚的试验指标完全相同。

但是：1）基桩静载试验，国内规范中 0.1mm/h 的稳定指标与国（境）外相比，本身就偏于严格。例如，美国 ASTM 标准抗压及抗拉试验均为 0.25mm/h（0.1in/h）[9,10]；英国 ICE 标准建议为桩顶沉降量的 1%，沉降量大于 24mm 后按 0.24mm/h[11]；英国 BSI 标准[12]中为 0.1in/h（0.25mm/h）；香港土木工程署建议为 0.05mm/10min[13]；印度 IS 标准为 0.1mm/30min 或 0.2mm/h[14]。就是说国际上通用指标约为 0.2～0.3mm/h，为国内指标的 2～3 倍。2）0.1mm/h 这个指标是几十年前提出的，如《工业与民用建筑地基基础设计规范》TJ 7—74，那时最大试验荷载通常数千千牛，而现在已达数万千牛，最大试验荷载增长了近 10 倍，但稳定标准依然不变，这本身就值得划个问号。3）与抗拔桩相比，锚杆有几个明显区别：①直径小，长径比大，施工质量的稳定性及可控性相对要差；②有非粘结段，一般不短于 4～5m，非粘结段锚筋承受全部荷载，刚度低，变形大；③千斤顶通常为穿心式，与锚筋通过锚夹具连接，接头稳定性较差；④锚筋通常与千斤顶不同心，有一定角度偏差。不敢断言是不是这些因素导致了国外规范对锚杆试验的稳定标准要求相对桩宽松一些，但忽视这些差别而采用更严格的指标实际上更难做到。

还有规范说，既然基本试验稳定标准为 0.1mm，干脆把验收试验的稳定指标也定为 0.1mm 得了；有规范说，岩石锚杆比土层锚杆更易于稳定，于是更进一步，把岩石锚杆基本试验的稳定指标定为 0.01mm。关于 0.01mm，很多人尤其感到困惑：为达到这个要求，测量仪器的精度等级必须高于 0.01mm，应达到 0.001～0.002mm 才行。大致上，量程与精度等级是一对矛盾，精度等级高量程就小，量程大精度等级就低，不仅千分表及百分表，绝大多数仪表都是如此。该规范中，要求测量仪器为位移计，而常见位移计的精度等级为 0.1～1.0mm，显然无法满足该要求，故应使用千分表，百分表都不行。千分表的量程较小，一般不超过 10mm，而锚杆杆体的伸长量通常为几十毫米至上百毫米，故千分表也无法用于锚杆试验。即，目前几乎没有能够满足 0.01mm 测量精度等级的仪器。查阅国外标准，要求测量仪器的精度等级也就才 0.1mm[4]，国内规范一下子不仅达到、而且远超国际水准，不少专家不仅没感到欣喜，反而惴惴不安：国内的锚杆技术水平领先了国际这么多？

2. 蠕变试验

一些规范规定了用式（12-1）计算蠕变试验时锚杆的蠕变率 k_c，并规定 k_c 不应大于 2.0mm。

$$k_c = (s_2 - s_1)/(\lg t_2 - \lg t_1) \tag{12-1}$$

式中，s_2、s_1 分别为 t_2、t_1 时测得的蠕变量，时间 t 为 1、2、3……360min 中的某一时间。但没说明 t_2、t_1 的计时方法及 k_c 的使用方法。

有的规范采用了同样的计算公式，同样规定 k_c 不应大于 2.0mm，又规定了 t_2、t_1 的计时方法：t_2 为 t_1 的 2 倍。既然 $t_2 = 2t_1$，则 $\lg t_2 - \lg t_1 = 0.3$，那么，该规定就变成了：延长一倍时间后蠕变增量（$s_2 - s_1$）不应大于 0.6mm，这多省事。可见该规定理解得不一定准确。

蠕变试验要求源自德国标准 DIN 1990—11《地层锚杆的设计、施工及试验》[6]，国内引用的是其 DIN 4125—2 版（长期锚杆，1976）。该规范利用蠕变试验的主要目的是确定锚杆最大长期工作荷载，机理及方法为：对于长期锚杆，如果工作中蠕变量较大，将导致预应力损失较大，结构变形增加，从而降低结构的安全度，故对蠕变量应有所限制。而锚杆的长期工作性能，又不能通过长期的观测去了解，故采取蠕变试验，通过试验结果进行估算。在固定荷载下，锚杆的蠕变量与时间对数之比、即蠕变率是常数，可通过短期（一般为 1~12h）的蠕变试验测得。该常数随着荷载的增加而增加。试验荷载下，k_c 不应超过 2.0mm，则大致上相当于 1~2h 至 100y 内，锚杆的蠕变量不超过 12mm。试验过程中如果某级荷载下蠕变率超过了 2.0mm，则可停止试验，取其上一级荷载为设计最大工作荷载。

但该方法有一定缺陷：试验的前半段，蠕变率往往不是常数而是变量，尤其是荷载较大时，这为判断蠕变率造成了不便。故 DIN 4125—2 修编为 DIN 1990—11 后，改为按图 12-4 所示方法确定蠕变率，同时将蠕变率作为每级荷载下锚杆的稳定条件：如果在最短观测期（一般为 1~3h）内不能确定蠕变率，则延长观测期（一般为 2~12h），观测时间应延长至能够清楚地从位移—时间对数曲线的末端直线段确定蠕变率 α_1 为止。具体可参见 ISO 22477—5《岩土工程勘察与试验—锚杆试验》[7]。

国内外一些基坑规范要求基坑锚杆也进行蠕变试验，似乎意义不大。如果基坑因锚杆蠕变而变形增大到超过允许值了，通常再张拉一遍就行了，并不费事。

3. 验收试验

（1）最大试验荷载

各规范之间的最大不同之一是对最大试验荷载的规定，大致分为 2 类：

第 1 类：以锚杆抗拔力设计值（或标准值）为基准，最大试验荷载是其倍数，如：①长期锚杆的最大试验荷载为锚杆拉力设计值的 1.5 倍，临时锚杆为 1.2 倍；

②不分长期锚杆及短期锚杆，均为锚杆抗拔力特征值的 2 倍；③不分长期锚杆及短期锚杆，均为设计值的 1.35 倍；④不分长期锚杆及短期锚杆，均为抗拔力标准值 2 倍；⑤为设计值的 1.2 倍（长期锚杆）或 1.1 倍（短期锚杆）。

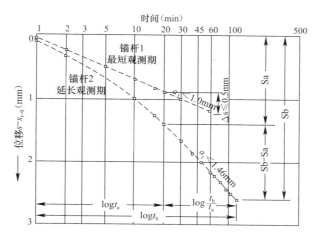

图 12-4　计算蠕变率 α_1 所需的时间—位移曲线

第 2 类：以锚筋材料的抗拉强度为基础，是锚筋抗拉力的倍数，如：①最大试验荷载值对长期锚杆为 $1.1\zeta_2 A_s f_y$（ζ_2 为工作条件系数，A_s 为锚杆杆体截面积，f_y 为杆体材料抗拉强度设计值），对于短期锚杆为 $0.95\zeta_2 A_s f_y$；②不分锚杆种类，均为 $0.8 A_s f_{yk}$（f_{yk} 为杆体材料抗拉强度标准值）；③锚杆张拉控制应力不超过 0.65 倍钢筋或钢绞线的强度标准值。

外加 1 类：自己也说不好该怎么办，一会规定锚杆张拉控制应力不超过 0.65 倍钢筋或钢绞线的强度标准值，一会又规定应按照锚杆设计应力值的 1.05～1.10 倍超张拉，一会又规定试验荷载值对长期锚杆为 $1.1\zeta_2 A_s f_y$、对短期锚杆为 $0.95\zeta_2 A_s f_y$，相互矛盾，很是考验使用者的智商。这类情况就不讨论了。

很多人对第 2 类方法很不理解：不按锚杆设计抗拔力、却按锚筋材料抗拉力来检验验收，两者之间并没有一一对应关系，验收合格，说明材料质量合格了，又怎么能够证明锚杆设计抗拔力也合格了呢？英国标准 BS 8081：1989 指出，预应力锚杆的很多作法，包括第 2 类张拉方法，都是源于预应力混凝土。预应力混凝土中，锚筋与混凝土的粘结强度很高，基本不会发生锚筋从混凝土中的拔出破坏而通常发生预应力筋的拉断破坏，因锚筋的拉应力达到抗拉强度的 0.80～0.85 倍后塑性变形增加较快，故应限制锚筋的最大拉应力而作出此类规定。而锚杆不同，土层锚杆通常发生锚固体与周边岩土体的拔出破坏而不是锚筋的拉断破坏，或设计希望是前者破坏，此时仍以锚筋强度作为试验荷载控制指标，不一定合适。

那么，就应该以第 1 类为最大试验荷载的控制指标。可是，应该以锚杆抗拔力的哪个值态为基础呢，设计值、标准值、极限标准值、还是特征值？应该是该值的多少倍呢？

看来还得说说锚杆的值态：①有的规范从锚杆试验结果（抗力）的角度，采用了"极限标准值"，为锚杆的极限抗拔力；②有的从设计（荷载）角度，采用了"标准值"，为锚杆在标准荷载下应该达到的最小抗拔力；③有的从设计（荷载）角度，采用了"特征值"，为正常使用极限状态下锚杆应该达到的最小抗拔力；④有的采用了"设计值"，在标准值的基础上乘以一个或几个不小于 1.0 的分项系数；⑤有的采用了"设计值"，在"标准值"或"极限值"的基础上除以一个或几个不小于 1.0 的分项系数；⑥有的把"锚杆在设计使用期内可能出现的最大拉力值"定义为"拉力设计值"。

对于锚杆，"极限标准值"是各种承载力值态的基础，"极限标准值"除以一个不小于 1.0 的系数后，应该称为"设计值"；"特征值"及"标准值"都不是很准确，其他办法定义的"设计值"也不是很准确。且不管各规范中是怎么命名的，本人支持采用"设计值"一词，含义为"极限标准值"除以一个不小于 1.0 的安全系数，采用式（12-2）表示。

$$N_d = N_{uk}/K_t \tag{12-2}$$

式中，N_d 为锚杆抗拔力设计值；N_{uk} 为抗拔力极限标准值；K_t 为抗拔安全系数。各规范中，K_t 取值差异很大，短期锚杆一般为 1.4～2.0，长期锚杆一般为 1.6～2.5，取哪个指标更合理，大致属于抬杠法才能解决的问题，这里就不抬了。不过有一点，为了质量检验，有的规范锚筋材料的设计抗拉安全系数要高达 2.5 倍以上，造成了较大的浪费，最好能够改进。

（2）弹性变形

规范大多规定了验收试验合格标准：①锚头位移稳定或收敛，即满足前述稳定指标；②弹性位移量满足要求，一般规定对于拉力型锚杆，最大试验荷载下所测得的弹性位移量，应超过该荷载下杆体自由段（实质上为非粘结段）长度理论弹性伸长值的 80%（下限指标），且小于杆体自由段长度与 1/2 锚固段（实质上为粘结段）长度之和的理论弹性伸长值（上限指标）。

第 2 点合格标准很多人并不理解。该条规定是针对拉力型粘结锚杆提出的，意图为：①如果小于下限指标，通常意味着锚杆的非粘结段及自由段长度不够。鉴于目前工程中偷工减料现象尚相当严重且缺乏测量锚杆长度的有效手段，该下限指标有相当重要的现实意义。②以前认为，荷载沿粘结段的传播是均匀的，应力沿锚固段全长衰减，故设定弹性位移的上限指标为自由段与 1/2 锚固段之和产生的弹性伸长值。后来业界认识到，粘结应力并非均匀分布，由于侧限，锚固段的模量很大，几乎不产生位移，故这个指标如今看来已经意义不大，国外一些较新标准已不再设置上限指标。

还要说一句：国内有的规范把弹性位移上下限指标定为 110% 及 90%。计算锚筋的弹性伸长量时采用弹性模量，例如，钢绞线的弹模通常取 195GPa。但按相关材料标准规定，弹模并不是交货标准，钢绞线的弹模未必都是 195GPa，以此计算出来的钢绞线理论伸长量未必准确。加上千斤顶误差、塑性变形及测量误差影响，达到 110%～90% 之间较难，而且伸长量又非重要参数，似乎没必要过于严格。

4. 荷载分散型锚杆的张拉方法[15]

　　荷载分散型锚杆一般在一个钻孔中安装 2～4 个单元锚杆，每个单元锚杆都有自己的粘结段及非粘结段。因为非粘结段长度不同，张拉时，如果对每个单元锚杆施加的荷载相同，则单元锚杆之间的位移不同，即产生了位移差；如果每个单元锚杆的位移相同，则承担的荷载不同，即产生了荷载差。最合理的张拉方法是采用多个千斤顶对各单元锚杆荷载控制同步张拉（荷载可以相等也可以不相等），不用考虑位移差或荷载差。但我国工程中一直采用了传统的简单作法，只使用一个千斤顶张拉。只使用一个千斤顶时，不可避免地要产生位移差或荷载差问题，围绕着如何处理，产生了不同的张拉方法。目前国内大多规范都规定采用所谓的补偿张拉法，或称差异荷载张拉法；也有规范规定采用单独张拉法，或称单拉单锁法。下面以图 12-5 所示压力分散型锚杆为例讨论一下。

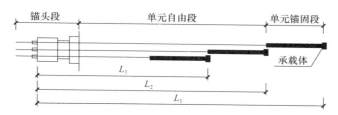

图 12-5　有 3 组单元锚杆的压力分散型锚杆结构简图

（1）单拉单锁法

　　原理：将设计总张拉荷载按某种方式分配给各单元锚杆，单元锚杆逐组张拉锁定，张拉荷载之和即设计总张拉荷载。因单元锚杆张拉是荷载直接控制，不用考虑位移，可避免产生荷载差。但实际上，各单元锚杆张拉荷载之和总要小于设计总张拉荷载，主要原因有：

　　① 压力型锚杆的应力（压力及剪力）在承载体处集中，向前传递扩散，扩散范围在土层中一般几米至十几米，如图 12-6 所示。如果单元锚杆按先短后长的顺序依次张拉锁定，较长单元锚杆张拉时，应力扩散到前面已锁定的较短单元锚杆的锚固段上产生应力叠加，将降低已锁定单元锚杆的粘结应力，造成荷载损失；如果张拉锁定顺序先长后短，较短单元锚杆张拉时，承载体可能存在着向前的位移，及张拉产生的应力叠加在后面已锁定锚杆的应力扩散范围内，均会降低后面已锁定单元锚杆的粘结应力，造成荷载损失。这样，各单元锚杆锁定荷载之和小于设计总张拉荷载。这与多个千斤顶同步张拉情况不同：同步张拉时，几个单元锚杆同时受力，应力产生叠加，由于采用荷载直接控制，锚杆受到的实际荷载是应力叠加之后的，即应力叠加造成的荷载损失已经被消除。

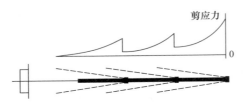

图 12-6　应力扩散及沿轴向分布示意图

② 锚杆张拉时，锚座作为支点为千斤顶提供反力，在张拉荷载作用下产生向边坡内的位移，张拉荷载越大，位移越大。逐组张拉锁定时，第 1 组单元锚杆张拉锁定，锚座产生位移；第 2 组单元张拉时，锚座继续位移，造成第 1 组单元锚杆松弛，锁定荷载损失；第 3 组单元锚杆张拉又会造成第 1、2 组的锁定荷载损失。这样，后张拉单元锚杆对已锁定单元锚杆产生卸载效应，也造成施加在锚杆上的实际总荷载要小于设计总张拉荷载。

（2）补偿张拉法

原理：按先长后短顺序依次张拉单元锚杆，逐次预先补偿各单元锚杆在相同荷载作用下因非粘结段长度不等引起的弹性位移差，再整体张拉并锁定。步骤为：①将张拉工具锚夹片安装在第 1 组单元锚杆上，张拉至第 1 次预补偿荷载；②将工具锚安装在第 2 组单元锚杆上，与第 1 组同步张拉至第 2 次预补偿荷载；③将工具锚安装在第 3 组单元锚杆上，与第 1、2 组同步分级张拉至设计总张拉荷载；④放张锁定。

该法不足在于：①锚杆变形为弹性变形与塑性变形之和，补偿张拉过程中无法测定单元锚杆的塑性变形，只能用测得的总变形替代弹性变形。补偿荷载是基于弹性位移计算的，实际控制却基于总变形，必然会损失部分补偿荷载，即不能把设计预期的补偿荷载全部施加给单元锚杆。这样，在总张拉荷载达到设计预期时，单元锚杆之间仍然存在着荷载差，单元锚杆的实际荷载并不等于设计张拉荷载，通常，较长的钢绞线因塑性变形相对较大弹性变形相对较小而承担的荷载要少一些，较短的单元锚杆承担了较多的荷载。②补偿荷载通常较小，一般为总张拉荷载的 5%～30%，在预补偿张拉时，千斤顶工作在小负载状态，一般不超过额定负载的 20%。千斤顶工作时，活塞与缸体之间存在着摩阻力，受此影响，小负载状态时误差较大（故相关规范要求千斤顶工作在额定负载的 20% 以上），施加的补偿荷载并不准确。③在操作上，预补偿张拉时，尚未被补偿的单元锚杆的工作锚夹片也要事先安装，锚夹片阻碍了钢绞线的自由伸长，钢绞线较松弛、不能被预张紧，也增大了与被补偿单元锚杆之间变形及受力的不均衡。

综上，补偿张拉法只是看上去很美。本人工程经验中，采用补偿张拉法进行基本试验时最短的单元锚杆往往先发生筋体断裂破坏，破坏时最大荷载通常达不到设计荷载，最低甚至才达到设计值的 50%～60%。

（3）同步张拉法

同步张拉法其实并不复杂，使用多个千斤顶及一个多通道液压泵即可，一个单元锚杆安装一个千斤顶，液压泵加压后多个千斤顶同步受到同样的拉力，即等荷载张拉，保证了单元锚杆受力相同。操作时通过控制压力阀门，也可以分配给每个单元锚杆的荷载不同，从而可以使预期承载力较大的单元锚杆获得更大的预应力。《岩土锚杆（索）技术规程》CECS 22：2005 把荷载分散型锚杆写入规范时，当时市场上几乎没有这类配套张拉设备，故采用一个千斤顶补偿张拉这种没有办法的办法；如今已经不同了，市场上已经有不少配套产品。

欧美日等国外规范中明确荷载分散型锚杆只能采用荷载控制张拉方法，国内规范也不宜再将补偿张拉法及单独张拉法作为试验方法标准。实践中发现，基本试验时，与同步张拉法相比，补偿张拉法施加到锚杆上的实际荷载可能会偏低 10%～40%，而单独张拉法可能会虚高 10%～30%。

5. 提离试验及锚杆锁定力试验

欧美规范规定，锚杆锁定后均要进行提离试验，也称提离检查，目的是检验锚筋上驻留的荷载。千斤顶跨立在锚头上，在不松开锚具的前提下，把荷载逐级增加到钢绞线或钢筋锚筋上，直到锚具被提起离开承压板。观察千斤顶的压力表，压力增长速率突然降低时，即发生了提离现象。对已服役锚杆的驻留荷载检测也可采用此法。

某规范参考了国外规范，拟将锚筋锁定力试验列入规范。好。但该规范规定用锚杆测力计测量锁定力，并规定锁定力与设计值相差 10% 时要采取相应措施。

（1）张拉锁定时，达到设计荷载后，千斤顶卸荷，锚筋回缩，带动夹片向锚具孔深处移动楔紧，锚筋、锚具及夹具回缩及变形，使预应力发生损失，剩余的预应力称为锁定力，锁定力与张拉时锚杆受到的最大拉力之差即为锁定损失。锁定损失属于瞬间损失。锁定后一般 2～5 天内，即使锚杆所受外力不发生变化，本身也会发生应力损失，即锚杆应力锁定后的短期损失。锚杆服役期间，锚筋上任意时刻所剩余的荷载称为驻留荷载，或称驻留，其中初始驻留荷载、即锁定后立刻测量得到的驻留荷载又称锁定荷载、即锁定力。实际上，稳定的驻留荷载才代表锚杆的真实应力状态，才是应该知道的，才是规范要求测试的真正目的；并非锁定力，锁定力是驻留荷载的最初阶段，是不稳定的。

（2）国内工程中发现，锚杆测力计测得的荷载与千斤顶出力之间存在着严重的不匹配现象，相差 20%～30% 是正常现象，相差 50% 以上也并不罕见。不匹配的原因非常复杂，千斤顶及锚力计的使用错误、数据错误等过失误差，测量仪器精度及安装误差，各种各样的施工误差，张拉损失及锁定损失等张拉工艺误差[16]，等等，很难搞得清楚。锚杆测力计并不能得到真实的荷载，不能反映真实的情况，不能以其测试结果评定驻留荷载。

（3）相差 10% 指标出自英国标准 BS 8081：1989，是用来监测应力损失的，并不用于评判锁定损失。本人不了解国外锚杆施工质量的稳定性，不敢妄言其在国外的可行性，但一直认为就国情而言，即使是监测应力损失，该指标也不适合，偏严；再将之扩大化，把测力计测得的锁定力与设计锁定力相差 10% 作为评判标准，过于严格了。为了锁定力能够达到这一要求，很多工程都大幅度超张拉，超张拉 40%～50% 都算常见。

（4）为了准确地测试锁定力及驻留荷载，只能采用提离试验。任何时候都可提离检验锚筋上的验留荷载，包括数年之后的检查。欧美日规范把提离试验作为检测锚杆驻留荷载的唯一办法，并排除了使用锚杆测力计、荷载传感器等其他方法。

12.3　桩的抗拔试验结果与自重

桩基规范提供了基桩抗拔承载力计算公式，如式（12-3）所示。

$$N_k \leqslant T_{uk}/2 + G_p \tag{12-3}$$

式中，N_k 为按荷载效应标准组合计算的基桩拔力，T_{uk} 为基桩抗拔极限承载力标准值，G_p 为桩的自重。规定建筑物为甲、乙级时，T_{uk} 应通过现场单桩上拔静载荷试验确定，具体按《建筑基桩检测技术规范》JGJ 106—2014（以下简称《基桩检测规范》）执行。

基桩检测规范规定，单桩竖向极限抗拔承载力可按下列方法综合判定：①根据上拔量随荷载变化的特征确定：对陡变型 U-δ 曲线，取陡升起始点对应的荷载值；②根据上拔量随时间变化的特征确定，取 δ-$\lg t$ 曲线斜率明显变陡或曲线尾部明显弯曲的前一级荷载值；③当在某级荷载下抗拔钢筋断裂时，取其前一级荷载值。可见，基桩检测规范从抗拔试验求取基桩极限抗拔承载力时没有单独考虑桩的自重，试验结果包括了桩的自重，为 T_{uk} 与 G_p 之和。

从式（12-3）推测桩基规范的本意，求取抗拔力时试验结果中应该扣除桩的自重 G_p。如果没有地下水，一点问题也没有；如果有地下水，好像事情就没那么简单了。桩基规范规定，地下水位以下的桩取浮重度，当桩底存在自由状态的地下水且有水压力时，桩才会受到浮力作用，如果桩没有上拔，桩端没有与桩端土脱离，桩端下不一定会有自由状态的地下水，桩不一定会受到浮力作用，地下水位以下的桩取浮重度可能不准确。遗憾的是，几乎无法知道桩到底有没有受到浮力作用。鉴于此，本人建议，从抗拔试验结果求取单桩抗拔力时，不考虑地下水的浮力作用，即地下水位以下桩的自重取天然重量而不是浮重度，这样，G_p 的计算值将会偏大，因为试验结果为 T_{uk} 与 G_p 之和，所以 T_{uk} 将会偏小，再用于工程设计时将偏于安全。

参考文献

[1] 付文光，杨志银，蔡铭. 对复合地基载荷试验标准的一些探讨 [J]. 地基处理，2004，56（3）.

［2］ 付文光，张兴杰，卓志飞. 浅议有关复合地基规范中的几条规定 ［J］. 广东公路交通，2012，122（3）：94-99.

［3］ 周德泉，张可能，刘红利. 组合桩型复合地基桩、土受力特性的试验对比与分析 ［J］. 岩石力学与工程学报，2005，24（5）：872-879.

［4］ 付文光. 国内外锚杆试验类型简介 ［J］. 岩石力学与工程学报，2014，36（S2）：191-197.

［5］ 付文光. 欧美日等国际上主要锚杆技术标准体系总览—欧洲目前主要锚杆技术标准简介之一 ［J］. 岩土锚固工程，2014（9）：14-21.

［6］ DIN 1990—11，Ground Anchorages：Design，Construction And Testing ［S］，DIN.

［7］ prEN ISO 22477-5：2009，Geotechnical investigation and testing-Testing of geotechnical structures-Part 5：Testing of anchorages ［S］，CEN.

［8］ 付文光，周凯，罗小满. prEN ISO 22477-5 等规范中锚杆载荷试验方法简介—欧洲目前主要锚杆技术标准简介之四 ［J］. 岩土锚固工程，2014（12）：15-23.

［9］ D1143/D1143M-07：Standard Test Methods for Deep Foundations Under Static Axial Compressive Load. SATM，US.

［10］ D368-90（Reapproves 1995）：Standard Test Methods for Individual Piles Under Static Axial Tensile Load. SATM，US.

［11］ ICE Specification for piling and embedded retaining walls（2nd edition），ICE，2007.

［12］ BS8004：1986 British Standard code of practice for Foundations，BSI.

［13］ GEO Publication No. 1/2006：Foundation designand construction，Geotechnical Engineering Office，HK.

［14］ IS：2911（Part4)-1985：Indian Standard-Code of practice for design and construction of pile foundations-Part4 Load test on piles. IS. Indian.

［15］ 付文光，胡建林. 荷载分散型锚杆张拉方法探讨与研究 ［J］. 铁道工程学报，2011，9（9）：40-44.

［16］ 付文光，于会来，耿培. 预应力锚索应力测量误差的试验研究与对策 ［J］. 岩土工程学报，2010，32（8）：487-491.

第 13 章　检测与监测

13.1　方案论证

某基坑监测规范规定，下列基坑工程的监测方案应进行专门论证：采用新技术、新工艺、新材料的一、二级基坑工程……

规范要求对一些重要的、特殊的、复杂的、缺少经验的基坑工程的监测方案要求论证，是恰当、合理的。有经验的设计者，通常在设计图纸中提出监测要求，监测者编制的监测方案有没有满足设计要求需要设计者审核一下，必要时可以开个专家会请专家共同把关，以避免发生检测项目、数量、位置、抽样方法等不满足工程需求现象。

不过上条规定意思似乎没说太清楚。采用新技术、新工艺、新材料的一、二级基坑工程，大多有必要针对设计方案进行论证，监测方案却未必。有些四新技术，与监测不沾边，例如支护桩施工工艺，以前都以钻冲孔为主，这几年以旋挖工艺为主，属于新技术新工艺，但几乎不对任何基坑监测项目产生影响，基坑监测方案也就没有因此而专门论证的必要。

13.2　检测监测方法的适用性

1. CFG 桩、LC 桩及微型桩的低应变检测

不少规范规定，复合地基中的 CFG 桩、LC 桩、微型桩复合地基应进行桩身完整性检测，有的明确采用低应变法，有的甚至作为了强条。

某规范规定，桩基及复合地基的桩身完整性评价应符合下列规定：一次检测 95％及其以上达到Ⅰ类桩时为一档；一次检测 90％～95％达到Ⅰ类桩、其余达到Ⅱ类桩时为二档……

工程实践表明，这些类型桩很难进行桩身完整性检测，或者说检测效果不是很好。有例为证[1]：某复合地基工程，对 520 条 LC 桩进行了低应变检测，检测结果Ⅲ类（缺陷严重）、Ⅳ类（断桩）合计约 23％。选取 30％的Ⅳ类桩及部分Ⅲ类桩进行了荷载试验，结果合格，且承压板沉降量与Ⅰ、Ⅱ类桩无明显区别，说明断桩

对复合地基承载力无明显影响，不需另外补桩。复合地基与桩基不同，基桩断桩对承载力的影响及工程应用可能是致命的，但复合地基中单桩承载力通常较低，桩间土的约束作用大体上能够弥补断桩的不良影响。深圳地区 LC 桩及 CFG 桩复合地基工程中，低应变检测结果Ⅲ、Ⅳ类桩普遍偏多，较多时可达 30%～40%，较少时也在 10% 以上，极端者如 2015 年深圳前海某市政箱涵地基处理工程 CFG 桩 20 多条试桩，结果均为Ⅲ、Ⅳ类桩。导致出现Ⅲ、Ⅳ类桩的因素如：桩顶部及上半部分缺陷，可能是桩浇灌后桩机及混凝土车辆在桩顶及附近行走所致；坚硬土层的底面附近通常有较明显的缺陷集中现象，可能是硬土中的挤土效应所致；软土中可能会受到孔隙水压力影响而产生挤土效应，导致桩身缩颈；桩径较小，混凝土不好浇灌，浇灌质量较难保证；桩距较密，附近桩沉桩过程中的挤土效应及振动，可能会造成断桩等。至于微型桩，桩径一般 150～250mm，桩径更小，桩身缺陷更多，低应变检测效果更差。2000 年深圳梅林某工程中有数十条微型桩，质监部门要求进行低应变检测，测了十几条桩，几乎都没有收集到像样的波形，只得放弃，改成开挖检验。深圳岩土工程界普遍认为：低应变法检验成果不能作为这几类桩质量验收的直接评判依据。

桩身完整性检验一般有应变法、抽芯法及声波透射法 3 类。对于这几类桩而言，因桩径较小，一般为 200～450mm，抽芯偏差与桩的偏差较难重合，容易偏出桩身；因为声测管不容易安装，声波透射法也不方便。而且，不管采用什么方法检验，Ⅲ、Ⅳ类桩偏多但基本不影响正常使用是不争事实，故完整性检验实际意义不大。因此，将之作为主要质检方法很值得商榷，作为规范强制性条文更不一定合适。

以桩身完整性作为桩施工质量优劣的评价指标同样不怎么可靠。目前普遍采用低应变法测试桩身完整性，测试结果Ⅱ类桩，并不表示桩身质量就差、承载力就低，例如，如果灌注桩鼓肚子了，测试结果可能就为Ⅱ类桩甚至Ⅲ类桩，但其承载力并不会降低反而会因此提高。影响完整性测试的因素太多，除了人工挖孔桩、只有一节的预应力管桩以及钢桩外，其他常用桩型的Ⅰ类桩很难超过 90%。普遍认为，桩身完整性适用于质量普查，不太适用于质量优良评定。

2. 砂石桩的单桩载荷试验

某规范：砂石桩应进行单桩载荷试验。

砂石桩为散体材料桩，本身没什么强度，主要靠桩间土的侧向约束来传递竖向荷载。竖向增强体复合地基有 4 种破坏模式[2]，如图 13-1 所示。

刚性桩易发生刺入破坏；柔性桩易发生剪切破坏；各类桩均可能发生滑动破坏；散体材料桩则最可能发生鼓胀破坏，各种计算模式几乎都是基于鼓胀破坏假设的。散体材料桩依靠周围土体的侧限阻力保持其桩形并传递荷载，侧限力弱则承载力低，载荷试验时，如果仅进行单桩试验，因周边土体提供的侧限力弱，容易在浅部发生鼓胀破坏，所获得的承载力通常较低。2003 年深圳宝安大道北一1 段碎石桩复合地基工程，按相关规范要求进行了十几个单桩载荷试验，基本看不出与桩间土的载荷试验结果之间有什么区别[3]，散体材料桩单桩载荷试验通常意义不大。

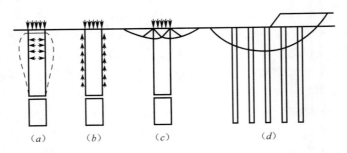

图 13-1　复合地基的破坏模式
(*a*) 鼓胀破坏；(*b*) 刺入破坏；(*c*) 剪切破坏；(*d*) 滑动破坏

3. 强夯块石墩采用圆锥动力触探法检测

某规范：强夯置换地基应采用圆锥动力触探法进行检测。

圆锥动力触探分为轻型、重型、超重型三种，锤重分别为 10kg、63.5kg 及 120kg，显然，被检测介质密实度及强度越高、粒径越大，选择的锤应越重。强夯置换形成强夯块石墩，填料通常为粒径 0.2~0.5m 以上的块石，不管采用多重的锤，都很难进尺。1992 年深圳旧机场停机坪强夯置换工程，按相关规范采用超重型圆锥动力触探检测，试验了多次，仅少数能够进尺到墩底，多数情况下都是被某个大块石阻住，后来只好改用其他方法。

4. 基坑截水帷幕的抽芯、强度及渗透性试验

某些规范：基坑截水帷幕应进行抽芯检验，芯样直径应大于 80mm，做抗压强度试验及室内渗透试验。

截水帷幕漏水，通常并不是因为强度低、不均匀、不连续等桩身缺陷，而是因为相邻两条桩或两幅墙没搭接好，就算抽芯检验质量完美，也不能保证帷幕不漏水。工程中一般都开挖检查，没啥大问题就那样了，如果漏水严重就堵一堵，通常没啥大不了的。如果一定要事先检查，还是通过抽水试验或注水试验更可靠一些。

5. 土钉的内力监测

某规范：一级基坑应监测土钉内力，监测点水平间距不宜大于 30m，每层监测点数目不应少于 3 个，各层监测点在竖向上的位置宜保持一致。

该规范没有提供土钉内力监测方法，近些年来的工程中也没听说谁在监测。各规范几乎都规定，一级基坑不允许采用土钉墙，而复合土钉墙通常监测的是锚杆内力，也不监测土钉内力。

从科研的角度，土钉内力监测有 3 种方法：①在钉头处安装锚索测力计测量压应力。但正如第 10 章所言，土钉钉头受力很小，这么做几乎没有工程意义。②在土钉上粘贴应变片，测杆体拉应变。贴应变片是个技术活儿，对手艺的要求不是一般的高，绝大多数监测单位都没这份能力。另外，应变片对生存环境要求较为苛刻，很难在基坑这种恶劣状况下长期存活。本人了解的几个科研项目，应变片的存活时间最长也没超过半年。③在土钉杆体上预装锚杆（钢筋）应力计，测量杆体的拉应力。这种方法最接近工程应用，已用于预应力锚杆。但也有问题：应力计安装在土钉的什么位置呢？如本书前文所述，因为并不清楚土钉最大内力所在位置，故只能串糖葫芦，把多个应力计串成一串形成土钉杆体。但业内缺少相关经验，监测结果的可靠度也就不得而知。

监测土钉内力有多大工程意义呢？①土钉内力监测的是构件强度，与支护结构的稳定性基本无关，而土钉墙的破坏是整体稳定性控制的，强度不起主要作用。②好像没听说过哪个土钉墙工程破坏时，土钉是被拉断而不是被拔出的。也就是说，按目前规范的设计方法，土钉强度是能够得到保证的，内力监测与否对设计安全性几乎起不到指导作用。③如果监测结果证实土钉内力较小，工程中优化杆体钢筋规格尺寸的可能性也不大。一则业界不清楚怎么准确计算土钉内力，也就很难从设计上进行改进；二则钢筋造价在土钉墙工程中所占比例不大，优化与否对工程造价影响很小；三则钢筋直径减小则刚度减小，可能对控制支护结构变形不利。综上，土钉内力监测，对支护结构的安全性帮助不大，对优化设计帮助也不大。

最大的麻烦可能是造价。按上述第 3 种土钉内力监测方法，每条土钉每次监测的费用，以深圳地区为例，约 50～60 元/m，与土钉的单位造价大致相当；按该规范上述规定，监测点间距约 30m；土钉的水平间距一般约 1.0～1.5m，即，如果监测 20～30 次，土钉的监测费用与土钉的工程造价相当。按一般监测频率，土钉墙每 2～3 天监测一次，一个基坑大约需监测 40～60 次；锚杆应力计的埋设费用与喷射混凝土面层的造价大致相当；综合比较可知，仅土钉监测的费用，可能就高达土钉墙支护工程造价的 2 倍。这真不是危言耸听，后文有具体案例。作为建设方，是愿意花这么多钱把支护结构搞得更牢靠一些，还是愿意用于基坑监测上，不言而喻。

13.3 项目选择

1. 按地基基础设计等级选择基坑监测项目

某规范：基坑开挖……监测内容可按表 13-1 选择。

基坑监测项目选择表（节选）　　　　　表 13-1

地基基础设计等级	水平位移	地下水位	基坑底隆起
甲级	√	√	
乙级	√	√	△
丙级	√	O	O

注：1. √为应测项目，△为宜测项目，O为可不测项目；
　　2. 对深度超过 15m 的基坑宜设坑底土回弹监测点；
　　3. 基坑周边环境进行保护要求严格时，地下水位监测应包括对基坑内、外地下水位进行监测。

该规范前面条款规定："地基基础设计应根据地基复杂程度、建筑物规模和功能特征以及由于地基问题可能造成建筑物破坏或影响正常使用的程度分为甲、乙、丙三个设计等级……"。就是说地基基础设计等级与基坑一丁点儿关系也没有。这本规范不根据基坑的安全等级、却根据地基基础设计等级来选择基坑监测项目，不少人绞尽脑汁也理解不了。

2. 强夯时的孔隙水压力监测

某规范：强夯施工应进行孔隙水压力等项目的监测。目的是了解超孔隙水压力的大小及消散情况，有助于判断每遍强夯之间的间歇期及地基土强度增长情况。

埋设孔隙水压力计通常采用钻孔法埋设，为测量准确，压力计周边要投放砂粒等滤料，压力计之间要投入黏土球封隔，如果靠夯坑太近，很容易被损伤，通常要小心翼翼的，强夯大面积施作时，很难保护好，很费劲的。再者说，适合强夯的地基土，通常渗透性都不会很差，孔隙水压力消散时间不会太长，少有超过 2～3 周的；从工期安排的角度，隔 2～3 周进行第二遍夯击通常也是合理的，孔隙水压力监测与否可能提供不了多大帮助。强夯大面积施作前，通常会选择 2～3 处有代表性区域进行试夯，试夯时会测量孔隙水压力，对场地土的渗透性大致上有了了解，对强夯的间歇时间有了基本判断。这种了解对于指导大面积施工通常已经够用了，不需在施工过程中再对孔隙水压力监测。

3. 基坑地下水位

某国标：基坑监测项目中应包括地下水位。基坑内地下水位监测点的布置应符合……，基坑外地下水位监测点的布置应符合……

表 13-1 注 3：基坑周边环境进行保护要求严格时，地下水位监测应包括对基坑内、外地下水位进行监测。

（1）如果基坑开挖影响范围内有地下水则监测，没有则不需监测。（2）国标中没讲监测坑内地下水位的目的，不好猜。基坑内地下水位随着基坑的开挖总会逐步下降，监测目的通常只是在基坑采用降水井降水时为了解降水效果，与保护周边环境关系并不密切；监测基坑外的地下水位才对预防水位下降及水土流失、保护周边环境更有效。

4. 基坑的坑底隆起监测

表 13-1 注 2：对深度超过 15m 的基坑宜设坑底土回弹监测点。

某基坑规范：基坑工程施工与使用中，基坑底部隆起变形超过报警值时应启动安全应急响应。

某基础规范：安全等级为一级的基坑应监测坑底隆起。

还有规范把坑底隆起监测作为强条。都没有解释坑底隆起监测为什么如此重要。《建筑基坑工程监测技术规范》GB 50497—2009 将坑底隆起监测列为一级基坑的宜测（软土地区）及可测（其他地区）项目，《建筑基坑支护技术规程》JGJ 120—2012 压根没提这事，连三级基坑都没提这个要求。这两本更专业的规范都没太把它当回事，说明可能没那么重要。坑底隆起监测大致在基坑底部以下有一定厚度的软土时有用，其他情况下真不一定，不需兴师动众作为强条。

5. 基坑的深层水平位移及支护结构顶部沉降监测

某规范：基坑应进行围护墙深层水平位移及土体深层水平位移的监测。

多数情况下，围护墙深层水平位移比土体深层水平位移数值要大一些，更有助于判断结构的安全性，如果不是为了科研、而仅工程应用目的，再监测土体的深层水平位移的必要性不大；而且，有的支护结构，如土钉墙，两者不分彼此。如果前者小于后者，监测后者也就可以了。

6. 坡顶及墙顶（指围护结构的顶部）的水平位移与沉降

某规范：基坑边坡顶部水平位移和竖向位移监测点……围护墙顶的水平位移和竖向位移监测点……

坡顶及墙顶（指围护结构的顶部）的水平位移与沉降项目的设置似乎有些重复了。从工程安全角度，基坑监测项目设置的目的要么为了判断基坑本身的安全性，要么为了判断周边环境的安全性，通常兼而具之，设置的项目够用就好，不需重复及贪多。（1）观测墙顶水平位移的主要目的是为了判断基坑本身的安全性。直立开挖的基坑中，墙（桩）顶即坡顶，水平位移与坡顶水平位移通常是分不开的，因墙顶对位移更敏感、对判断基坑安全性的可信度更高、说服力更强，故通常只进行墙顶水平位移观测即可，不需再进行坡顶或坡肩土体中的水平位移观测。分级支护时，只观测墙（桩）顶水平位移通常也够用了。（2）观测墙顶及坡顶沉降的主要目的是为了判断周边环境的安全性。一般来说，支护结构本身的沉降很小，且沉降与否对基坑安全性的影响通常可以忽略（但兼作地下室外墙的地下连续墙等例外），故通常可以不观测；坡顶沉降数值，通常也是作为判断周边环境（建构筑物、道路、管线等）安全与否的辅助参数，并非主要指标。

7. 土钉墙面层混凝土强度

某些规范：应进行土钉墙面层喷射混凝土的现场试块强度试验，每 500m^2 喷射混凝土面积的试验数量不应少于一组，每组试块不应少于 3 个。

这条规定不大好操作。相关技术标准规定抽芯制取的标准试件尺寸为 $\phi100\times100$，《钻芯法检测混凝土强度技术规程》CECS 03：2007 规定了最小尺寸不得小于 $\phi70\times70$。土钉墙喷射混凝土面层常用厚度 80～100mm，取出的芯样两端切削打磨后，试件高度一般小于 60mm，很难达到试件尺寸要求。有的工程为了省点钱，面层厚度仅 60mm，抽芯制作试块的理论机会都没有。深圳地区成千上万个土钉墙工程，面层都没检验，都好好的。

土钉墙面层是构造设计，通常不影响安全，也不影响使用，对支护结构的重要程度和排水沟差不多，通常不需要质量检验；强度如果太低都粘不到土体上去，所以只要能与原位土粘牢连成一体，强度一般就够用了。如果为了验收，检验一下面层厚度可能更有用。

13.4　数量、频率与量程

1. 土钉墙面层厚度

某规范：土钉墙墙面喷射混凝土厚度应进行检测，检测方法可采用钻孔法，抽检数量宜每 100m² 墙面积一组，每组不少于 3 点。

为了看看有没有偷工减料或验收需要，检测一下土钉墙面层厚度未尝不可。但 3 点/100m² 太密了，面层都快被钻成筛子了，钻洞又不好修补，不漏水也要漏水了。

2. 边坡锚杆监测数量

某规范：边坡非预应力锚杆监测数量不宜少于锚杆总数的 5%，预应力锚索的应力监测根数不应少于锚索总数的 10%，一级边坡工程竣工后的监测时间不应少于 2 年。

5% 及 10% 的比例似乎太高了，监测费用太高，工程中很难落实，况且通常没这个必要，大致 2%~3% 的比例就可以对锚杆的工作状况有个较为全面的了解了。国内对边坡的长期监测经验较少，就目前来说，把监测时间延长个五年八年可能比增加监测点密度更有意义。

3. 边坡锚杆的重新抽检比例

某规范：验收试验锚杆的数量取每种类型锚杆总数的 5%，当验收锚杆不合格时应按锚杆总数的 30% 重新抽检，若再有锚杆不合格时应全数进行检验。

按字面意思，如果重新抽检的 30% 中有 1 条不合格，则进行全数检验；全数检验时，剩余的 65% 中如果有 1 条不合格，整个锚杆工程就可以判定为不合格了。那么，如果第 1 次检验的 5% 中有 1 条不合格，施工方基本上就在劫难逃了：30% 中有 1 条不合格的概率大约是 5% 中有 1 条不合格概率的 6 倍，剩余 65% 中有 1 条不合格的概率大约是 13 倍，所以这 5% 中只要有 1 条不合格，该工程总体不合格的概率就不小于 95%。施工方可能不仅要全部重新做，可能还要承担全数检测的费用，还不算工期索赔。当然，如果真按该规范执行，是不会发生验收检测不合格现象的——你懂的——施工方宁可贴本，也不敢有 1 条锚杆不合格。该条规定在深圳地区没敢用。

4. 既有边坡加固时的调查与检测数量

某规范：对既有边坡支护结构及构件进行检查和抽样检测……检测数据离散性大时应全数检测。既有边坡工程现场检测抽样原则和抽样数量应符合《建筑结构检测技术标准》GB/T 50344[4] 规定，支护结构构件的抽样数量可按检测类别 B 的要求执行，检测数据离散性大时应全数检测。

"检测数据离散性大时应全数检测"才叫吓人呢。（1）检测费用可不低呀。既有边坡的检测难度大，检测单价通常是新建工程的数倍，如果全数检测，检测费用与重新支护一遍费用相比，说不定更高。（2）数据离散性大？数据离散性大本来就是岩土工程的特点，是岩土的不确定性决定的，是天性。如果哪个工程中桩、锚等岩土工程构件的检测结果的离散程度像梁板柱等结构构件一样小，在数据真实的前提下，要么安全系数过大，要么运气太好，几乎再无其他可能。（3）该规范没有提供"大小"的标准，也没相关规范可依，那就意味着十有八九由检测者自行决定了。这对施工方来说可不像是福音。

这条规定怎么来的？该规范解释说参考了国家现行有关验收、检测标准。该规范引用了 15 本标准，本人挨个查阅了一遍，特别学习了一下该规范重点提到的《建筑结构检测技术标准》GB/T 50344（2004 版）。其规定，建筑结构外部缺陷的检测，宜选用全数检测方案；同时规定，检测批中的异常数据可予以舍弃。也就是说，有"全数检测"要求，但仅限于外观缺陷的检测，即目测，其余项目均是按某种比例抽检；同时，非但没有"检测数据离散性大"就全数检测的要求，反而允许舍弃异常数据。《建筑工程施工质量验收统一标准》GB 50300—2013 有类似规定：检验批的质量检验，对重要的检验项目，当有简易快速的检验方法时，可选用全数检验方案；但明显不合格的个体可不纳入检验批。可见，"全数检测"是有前提条件的，即检验方法简易快速，最好是目测。

具体到岩土工程相关规范，如《建筑地基基础工程施工质量验收规范》GB 50202、《建筑基坑支护技术规程》JGJ 120、《建筑地基处理技术规范》JGJ 79、《建筑基桩检测技术规范》JGJ 106 等，基本上都是这个意思：如果检验不合格，应该先按原来的检测方法或准确度更高的检测方法扩大比例抽检，抽检数量一般为不合格数量的 1～2 倍；如仍不合格，则设计者复核能否降低标准使用，即让步接收，如不能，最后再行返工等处理。这些规范规定，检测结果当极差超过平均值的 30% 时，应分析极差过大的原因，结合工程具体情况综合确定，必要时可增加检测数量，最终按 95% 的置信概率取值。

可见，"检测数据离散性大时应全数检测"是该规范的创造性发挥。但愿不要因为这样一条规定毁掉了一本规范。

5. 基坑监测频率

某国标规定一级基坑的监测频率如表 13-2 所示，表中 H 为基坑设计深度。

某规范规定的基坑监测频率（节选）　　　　　　表 13-2

施工进程		$H \leqslant 5m$	$5m < H \leqslant 10m$	$H > 10m$
开挖深度	$\leqslant 5m$	1 次/1d	1 次/2d	1 次/2d
	5～10m	—	1 次/1d	1 次/1d
	>10m	—	—	2 次/1d
底板浇筑后时间	$\leqslant 7d$	1 次/1d	1 次/1d	2 次/1d
	7～14d	1 次/3d	1 次/2d	1 次/1d

很多人都对该表中监测频率如此之高瞠目结舌，尤其是小于 5m 的基坑每天 1 次，以及设计深度超过 10m 的基坑开挖深度超过 10m 后每天 2 次。几年前，该规范刚实施不久，深圳市宝安区某政府投资项目，工务局负责兴建，基坑规模不大，深度 12～13m，复合土钉墙支护，造价咨询公司测算工程造价约 180 万元，测算基坑监测费用约 430 万元，约为工程造价的 2.4 倍。工务局召开施工图专家审查会，本人是专家之一。图纸没什么大毛病，所提的基坑监测要求完全执行该规范，一点儿都没有超出。基坑初步设计时没执行该规范，概算监测费用 20 多万，大致靠谱；施工图执行该规范，因监测项目多、监测点密、监测频率高、监测精度高，例如上表中的 2 次/1d，是正常监测频率的 4～6 倍；监测点数量增加到 2～4 倍，监测项目增加到 1.5～2 倍，监测频率增加到 4～6 倍，加上监测精度提高造成的测量单价增加，导致监测造价增加了近 20 倍。专家最终建议不采用该规范。本质上，基坑的安全是设计方案及施工质量决定的，不是监测；监测是为基坑安全服务的，盲目地增加监测强度并不会使基坑更安全；把更多的钱用在了监测上，本末倒置了。

还有个小疑惑：按该表，开挖深度小于 5m 时，设计深度小于 5m 的基坑监测频率 1 次/1d，设计深度大于 5m 却 1 次/2d，即基坑深了，监测频率反而降低了，为什么呢？

6. 水位观测井的埋置深度

某规范：水位观测井（监测管）的埋置深度（管底标高）应在最低设计水位之下 3～5m（也有规范规定为 1～2m）。

最低设计水位通常比正常水位低 1～5m，地下水位较高地区如果基坑较深，按该规定，水位观测井的井底可能要比基坑底高几米甚至一、二十米。通常，水位观测井的井底应深过基坑底面 2～3m，理由为：基坑工程中通常会有一些意外因素导致局部水位下降很多，如果水位观测井深度不够，容易因水位降深很快超过井底而失效。

基坑监测的目的，除了获得正常工况下的各种数据外，还有一项重要作用是监测意外的发生，那些意外往往会对基坑的安全形成更大威胁，而且意外发生时，监测数据通常是判断基坑安全性的重要依据。因此监测仪器设备的量程必须足够大，不允许意外发生时仪器设备已经超量程、没读数了。但量程一事，有的规范似乎没太关注。常见的超量程现象的仪器设备中，除了地下水位观测井外，还有钢筋应力计及锚索测力计等。

13.5　基坑变形测量精确度

基坑监测项目中最基本也是最核心的当属变形监测。各规范对变形测量结果的可靠程度都提出了要求。某些基坑规范规定：水平位移和沉降观测点的施测，应符合《工程测量规范》GB 50026—2007 及《建筑变形测量规范》JGJ 8—2007 的规定，精度应不低于该两部规范中精度等级为二等（二级）的指标要求。有的规范要求更高：基坑安全等级一、二级对应的监测精度指标，分别与该两部规范中精度等级为一、二等（级）对应的指标相同。

现行规范中这些对监测结果可靠程度的规定可归纳为两点：①方法上，采用"精度"评定方法；②质量上，"精度"指标不应低于相关规范中的二等或二级"精度等级"指标。

先解释一下"精度"及"精度等级"的概念。

《工程测量基本术语标准》GB/T 50228—2011 描述测量误差用"准确度"、"精密度"、"精确度"术语，分别表征系统误差、随机误差、系统误差＋随机误差对测量结果的影响；而《通用计量术语及定义》JJF 1001—2011 描述测量误差时，分别采用"正确度"、"精密度"、"准确度"与之一一对应，两者用词有矛盾。GB 50026 及 JGJ 8 均采用了 GB/T 50228 中的术语，为表达一致，本节亦如此。

我国长期以来一直习惯使用"精度"名词，但该词在各种文献资料中，有的指精密度，有的指准确度，有的指精确度，乱哄哄的，故目前相关专业规范已不再采用。民间一般认为，"精度"用于测量时指精确度，用于仪器性能时大多指精密度，为避免节外生枝，本节仅在引用文献时采用"精度"名词，通常采用"精确度"。"精度等级"不是规范术语，"准确度等级"是，国内习惯上把准确度等级称为精度等级。

13.5.1　不确定度理论与误差理论

测量测绘等学科，如基坑变形监测，一直在采用传统的精度（即精确度）评定方法，用误差来评价，误差是测量结果与约定值的接近程度的数字表达。在测量学中，精确度的定量特征通常采用中误差来表示。

不确定度是表征赋予被测量之值的分散性、与测量结果相联系的如标准差等参数，可简单理解为对测量结果不能肯定的程度，而测量结果可理解为被测量之值的最佳估计。不确定度反映了人们对"真值"认识不足的程度：由于测不准，测得的"真值"在一定区间内都认为是合理的，即不是唯一的，测量结果只能是一个最佳估计值，而该值包含在"真值"范围中。不确定度不是测量误差。以某次基坑位移监测点 WY1 的测量结果为例，用误差理论及不确定度理论可分别表达如下：

（1）误差评定方法：WY1＝25.3mm，测量结果达到三等精度等级。

（2）不确定度评定方法：WY1＝25.3mm±2.7mm，P＝95％。2.7mm 为扩展不确定度，P 为包含概率，以前也称为置信概率、置信水准、置信水平等。评定结果可简单理解为：WY1 位移在 22.6～28.0mm 之间的置信概率为 95％，最佳估计为 25.3mm。

测量不确定度理论于 20 世纪 90 年代开始实行，目前是国际上表示测量结果及其可靠度的通行做法，我国也已应用到了几乎所有的学科及领域[5,6]。采用不确定度理论替代误差理论对测量结果进行可靠度评价，应该是国内各相关规范大势所趋。不确定度理论比误差理论更科学、更合理、更先进，但与基坑监测相关的现行各规范尚未采用、仍在采用误差理论，需要从理论体系上进行质的改变。

13.5.2　二等（级）精度测量

1. "等"与"级"

JGJ 8 中测量精度等级采用了"级"作为单位，GB 50026 等多数规范采用了"等"。采用不同的"等"、"级"，可能有其历史原因，但目前已看不出有什么差别，可能只是因规范不同而已。"等"以指标数据的 2 倍关系划分等级，"级"以 3 倍，引用该两本规范的其他规范通常不加以区别，视为等同。两本规范均以中误差作为衡量精确度的标准，以 2 倍中误差作为极限误差。

JGJ 8 中各级变形测量精确度指标如表 13-3 所示，其中"位移观测"项括号内数据为本人根据该规范表注所补充的。

《建筑变形测量规范》JGJ 8 中变形监测精度指标　　　　　表 13-3

变形测量级别	沉降观测点测站高差中误差（mm）	位移观测点坐标（点位）中误差（mm）
特级	±0.05	±0.3（0.4）
一级	±0.15	±1.0（1.4）
二级	±0.5	±3.0（4.2）
三级	±1.5	±10.0（14.1）

该规范没有明确基坑变形监测应达到的精度等级，规定：基坑壁侧向位移观测的精度应根据基坑支护结构类型、基坑形状、大小和深度、周边建筑及设施的重要程度、工程地质与水文地质条件和设计变形报警预估值等因素综合确定；各类沉降观测的级别和精度要求，应视工程的规模、性质及沉降量的大小及速度确定。

GB 50026 中各等变形测量精确度指标如表 13-4 所示，明确规定基坑的变形监测的精度等级不宜低于三等。

《工程测量规范》GB 50026 中变形监测等级划分及精度要求　　　　　表 13-4

等级	变形观测点的高程中误差（mm）	变形观测点的点位中误差（mm）
一等	0.3	1.5
二等	0.5	3.0
三等	1.0	6.0
四等	2.0	12.0

两本规范的变形测量精确度要求均是对测量结果而言的，测点高程中误差及点位中误差均可认为是观测点相对于工作基点（测站点）的中误差，故指标可直接比较。从两表数据可知，两本规范的测量精确度要求不一致：二级沉降精确度指标与

二等相同，但二级水平位移精确度指标介于二、三等之间，一等与一级、三等与三级精确度指标也相互矛盾，故有关规范将"等"、"级"作为同等精确度指标引用是欠妥当的。就基坑监测而言，通常认为"等"的可操作性更强一些。

有规范明确要求一级基坑监测精度等级不低于二等，二、三级基坑不低于三等。简单讨论一下。

2. 测量条件

不少人误以为测量仪器的精度等级就是测量结果的精度等级。实际上，影响变形测量精确度的因素很多，除了测量装置及校准（包括标准器、仪器仪表及附件的误差等）外，还有测量原理、作业人员、工作环境（温度、湿度、照明度、气压、大地的震动、含尘量、电磁场强度等）、被测对象的特征及变化、测量方法与数据处理方法等，一般来说，只有这些测量条件完全符合规范要求且没有粗差时，测量精确度才有可能达到表中精度等级指标。但对于基坑监测来说，要完全满足这些测量条件谈何容易。以工作环境为例：（1）JGJ 8 规定，二级沉降监测视线长度不得大于 50m，三级不得大于 75m。基坑监测的工作环境通常较为恶劣，很多基坑的监测条件都受到限制，很难找到合适的位置设置工作基点及观测点，有些基点甚至本身亦不得不处于动态变化之中，与观测点的距离很难满足视线长度要求，有些甚至不得不超过了 100m，很多情况下都要设置转点。（2）JGJ 8 规定，观测作业应在标尺分划线成像清晰和稳定的条件下进行，不得在日出后或日落前约半小时、太阳中天前后、风力大于四级、气温突变时以及标尺分划线的成像跳动而难以照准时进行观测。其他规范有类似规定。适宜的天气是变形监测仪器成像清晰及读数稳定的重要前提条件，但对于基坑，工作环境往往是无法选择的；在交通繁忙的道路边监测，部分地区多风的季节里，有时很难保证读数的稳定，有时恰恰应在气象条件恶劣时加强监测，如雨后甚至雨中，有时甚至需要夜间监测。如果工作环境不能满足某精度等级的测量条件，硬逼着测量结果要达到该精度等级，只能是采取自欺欺人法。实际上，如果采用深奥一点的办法，如误差分析，或采用不确定度分析方法对测量误差进行合成分析，就会发现各种水平位移测量方法的误差都较大，正常工作条件下监测结果都很难达到二等精度等级[7,8]，达到三等有时都很困难，更不要说在一些特殊工作状况下了——例如当有转点时，二等精确度基本上就是不可能完成的任务。相对来说，沉降测量的情况好一些，比较容易达到二等。随着技术的进步，测量仪器设备的精度等级仍将会进一步提高，但测量环境条件等很难有实质性改善而且呈越来越复杂越来越恶劣的趋势，所以可能是测量结果的精确度很难提高。

3. 较高精度等级的必要性

（1）基坑安全评估及变形控制方法

基坑安全程度评估通常采用专家系统，以支护结构的桩（墙）顶水平位移作为最重要的判断依据，事先会根据经验、规范或计算结果给定某具体基坑的位移允许值，实际位移如果超出，则认为基坑可能进入不安全状态。位移允许值指标分为绝对值及相对值两种，相对值也称位移比（绝对位移值与基坑深度 h 的比值）。

① 假如一个采用桩锚支护结构的基坑，桩顶水平位移 100mm，问：基坑安全吗？专家往往无法回答，因为还需要知道基坑深度以计算相对位移。就一般情况而言，如果坑深 5m（位移比 2.0%），会认为基坑相当危险了，要赶紧处理；如果坑深 10m（位移比 1.0%），则会认为风险较大，可能需要采取加强措施；如果坑深 20m（位移比 0.5%），则会认为有一定风险但问题不是很大，一般不需要采取加强措施、继续监测就好了。就是说，判断一定深度范围内的基坑安全性，位移绝对值固然重要，但专家们更注重位移比。客观上，基坑越深绝对位移值越大，故绝对位移允许值相应越大；但在一定深度范围内（如 5~20m），位移比允许值是大致不变的，专家们更注重实际位移比有没有达到允许值。对某种支护形式而言，位移比允许值可以根据经验确定，比如桩锚结构，大多认为 1.0% 是可以接受的安全底线。位移比允许值大致不变，绝对位移允许值则随着基坑深度增加而增加，在某一确定深度大致为定值，基坑监测直接测量实际位移是否超过了该定值，从而判断基坑的安全性。

② 基坑周边环境对基坑变形的承受能力是确定的，通常与基坑深度无关。例如，某周边建筑物在基坑 5m 深时能承受基坑 10mm（位移比 0.2%）的位移，基坑 20m 深时也只能承受 10mm（位移比 0.05%），并不会因为坑深了就可以承受 40mm（位移比 0.2%），就是说周边环境通常要求采用位移绝对值来控制基坑变形。

③ 基坑越浅、绝对位移越小、位移绝对允许值就应越小吗？不一定。一般来说，基坑越浅、安全等级越低、位移比允许值越大，使得绝对位移允许值越大，位移比允许值与绝对位移值两者作用效果相反，共同造成绝对位移允许值并不会太小。这一结论在基坑安全等级较高的浅基坑也成立，较浅的基坑技术上通常都允许发生较大的位移比。此时判断基坑安全性通常采用绝对位移及位移比双控，基坑越浅越注重前者。

更深的基坑，例如超过 20m，经验表明，仅靠位移比允许值控制同样偏于不安全，也需要和绝对位移值双控。深圳地区的经验表明，对于大多数支护形式而言，绝对位移允许值最好控制在 100mm 以内，一般认为 100mm 是心理防线，悬臂式排桩、钢板桩等大变形支护形式允许更大一些。

综上，在基坑较浅（如小于 5m）或较深（如大于 20m）时，工程中通常采用双控以判断基坑的安全性；在适宜的深度范围内（如 5~20m），主要采用位移比允许值判断，如果规范不区分基坑的深浅均采用双控，此时更多是出于控制基坑总体变形的需要而不仅是出于基坑安全考虑。就一般情况而言，可认为相对位移更多地用于判断基坑本身的安全性，而绝对位移更多地用于判断基坑周边环境的安全性。

（2）基坑安全等级与允许测量误差的关系

① 基坑越深对测量误差的要求可以越低。测量学认为，目标数值越大，允许的测量误差就越大，对精度等级的要求就越低。例如测量身高，可精确到 mm 级；测量北京到上海的路程，精确到 m 级即可；而测量地球到太阳的距离，精确到 km 级就足够了。对于基坑变形，基坑越深，位移允许值越大，允许的测量误差也就越大，精度等级可以越低。为满足判断基坑安全性目的的测量，测量误差，或说精度等级，国外较为公认的，取位移允许值的 5%～10% 即可，即相对误差为 5%～10%，不需过高。比如对于一个深度 10m 采用桩锚支护的基坑，水平位移绝对值 30mm、即位移比 0.3%，通常不会认为安全性有什么问题，测量误差是 3mm（二等精度点位中误差）、即测量误差相对值 10%，或是 6mm（三等精度点位中误差）、即相对误差 20%，都不会影响这个判断结果；测量数据增长了 1 倍，达到 60mm、即位移比 0.6% 了，通常也还会认为安全问题不大；增长了 2 倍，达到 90mm、即位移比 0.9% 了，综合各种条件，可能会认为需要对基坑提高警惕或采取加强措施了，此时专家们同样不会关心 90mm 中的误差究竟有 3mm（相对误差 0.33%）还是 6mm（相对误差 0.67%），因为不管是 3mm 还是 6mm，即便是 10mm（相对误差 1.0%），基本上也不会影响这个判断。有规范认为基坑越深安全等级就越高，相应的变形测量精度等级也就应该越高，这是一厢情愿的直觉，往往并不符合基坑变形的客观规律，可能也不是很符合工程真正需要。

② 测量精度等级不应根据基坑安全等级确定，而应该根据绝对位移允许值确定，而该值是由基坑支护形式、深度、安全等级及位移比允许值等因素综合确定的。确定了绝对位移允许值后，再取其一定比例，如 10%，作为测量误差，再根据测量误差选择测量精度等级，最后再根据精度等级选择测量仪器设备及测量方法等。仅根据安全等级确定测量精度等级似乎没有抓住问题的本质。

综上，较高的监测精度等级要求，如二等，通常都是没有必要的。全国各地基坑规范中，几乎都明示或暗示，接受以位移允许值 100mm 作为判断基坑安全性的典型指标，取其 10%、即 10mm 作为允许测量误差是工程中可以接受的，那么测量精度为三等就足够了。精度等级要求和目的相匹配就好，无需过高。

至于沉降，不是判断基坑安全程度的主要指标，对其要求就更低了。比如基坑坡顶沉降了 50mm，通常认为没什么危险，继续观测就好，专家并不关心 50mm 中的误差是 0.5mm（二等精度高程中误差）、即相对误差 1%，还是 1.0mm（三等精度高程中误差）、即相对误差 2%，即使为 2.0mm（四等精度高程中误差）、即相对误差 4%，也影响不了这个判断。不仅是坡顶沉降，建筑物沉降对测量精确度的要求其实也并不高。比如，《建筑地基基础设计规范》GB 50007 规定，高度不超过 100m 的高耸结构基础的允许沉降量为 400mm；假如因基坑开挖导致其产生了 50mm 的附加沉降，专家们通常可能并不担心其安全性，不太关心 50mm 中的误差是 1.0mm 还是 2.0mm，更关心的通常是差异沉降及沉降速率。沉降测量精确度，或说测量误差，不超过 0.5mm 或者 1.0mm，只是说明了测量结果可能能够达到二等或三等这个精度等级，但判断基坑或建筑物的安全性并不需要，更低一些，如四等，都可被工程接受。

总之，本人以为，《工程测量规范》GB 50026 要求基坑变形监测精度等级不宜低于三等是适合的，沉降测量甚至达到四等都够用；如果不是科研目的，提高到二等，甚至一等，几乎没有工程意义，且工程中很难做到，多少有点自欺欺人。当然，也有例外，例如地铁监测，确实应该采用较高的精度等级，但能不能做得到，如果实话实说，那就说还有待证实吧。

13.6　检测、监测结果的评价及处理

1. 锚索应力监测值的变化

某些规范：锚索应力监测值变化率如超过 10%，应采取报警、补偿张拉、适当卸载等措施。

规范通常规定锁定值为设计值的 0.6～0.85 倍，因为锁定损失等原因，驻留荷载还要小。驻留荷载较小时，随着基坑或边坡的开挖、土压力的增加，锚索应力增加 10% 是正常的，通常是设计预期的，不需采取报警、补张拉甚至卸载等措施。例如附近锚杆大面积张拉，会造成已张拉锚杆驻留荷载的减少；锚杆锁定后会有短期应力损失，损失率超过 10% 也是正常的，但并不都需要补张拉，要根据减少的程度、位置、整体荷载水平、变形情况等综合确定。

2. 基坑监测报（预）警值与处理

（1）报警值

某些规范：基坑地下水位变化累计达到 1m，或变化速率达到 0.5m/d 时，应报警。

地下水位下降，除了基坑开挖侧壁渗漏水外，另一主要原因是地下水位的四季波动。从国土资源部发布的《我国主要城市和地区地下水水情通报》（2009 年度）可以看出，全国只有东北地区一年四季的地下水位波动幅度多在 ±0.5m 之间，其他地区地下水位波动幅度在 2m 内完全正常。基坑渗漏水导致的地下水位下降，与地下水位的正常波动，有时很难分辨得出来。如果水位下降，没有对周边环境造成明显扰动——主要指没有引起周边环境的附加沉降，通常无须大惊小怪。因地下水位引起的虚报警太多，深圳业界目前通常把地下水位变化排除在报警项目之外，或者有时将水位下降 3m 甚至 5m 作为报警值。

（2）报警后处理

某规范：基坑工程施工过程中，当监测结果达到报警值后，应启动应急预案，查明原因采取妥善措施后再恢复施工。

　　某规范强制性条文：基坑工程变形监测数据超过报警值，应立即停止施工作业，撤离人员，待险情排除后方可恢复施工。

　　某规范：基坑工程应进行实时监测，发现支护结构或周边环境的监测值达到预警值时，施工单位应及时采取有效的应急加固措施。

　　什么叫报（预）警值？一般以基坑正常使用极限状态时的变形值为设计允许值（或称控制值），以其70％～80％作为报警值，目的是提醒工程各方，尽管基坑是安全的，但监测结果临近设计允许值了，大家要注意了啊。基坑工程中不可知及不可预见因素太多，监测结果达到报警值司空见惯，一旦报警就要施工单位启动应急预案、暂停施工、撤离、加固，好像有点夸张了，还没达到控制值（正常使用极限状态）呢。

　　某规范：锚头或被锚固的结构物变形明显增大并接近变形预警值时，应增补锚杆或采用其他措施予以加强。

　　刚一接近预警值就要加固？有点夸张了吧。

参考文献

[1]　付文光，卓志飞，张兴杰. 持力层为基岩的 LC 桩复合地基技术探讨［A］//地基处理理论与技术进展［C］. 海口：南海出版公司，2010：362-366.

[2]　龚晓南编著. 复合地基理论及工程应用［M］. 北京：中国建筑工业出版社，2002：13-14、114.

[3]　赵广晖，付文光，杨志银. 对振动沉管灌注桩的几点认识［J］. 岩土工程界，2006，104（8）：36-39.

[4]　GB/T 50344—2004. 建筑结构检测技术标准［S］. 北京：中国建筑工业出版社，2004.

[5]　叶晓明，凌模，周强等. 论精度与不确定度的理论基础差异［C］//中国测绘学会 2010 年学术年会论文集，2010：207-213.

[6]　萧岩，王光明. 地铁基坑工程水平位移观测结果测量不确定度的分析［J］. 市政技术，2004，6（22 增刊）：172-176.

[7]　沈震方，王敏华. 建筑变形测量结果的不确定度评定探讨［J］. 东北测绘，2003，6（26）：9-11.

[8]　郭晓松，丁红全. 测量不确定度和测量误差的区别与联系［J］. 计量与测试技术，2006，33（12）：47-50.

第14章 质量评价与验收

14.1 相关验收规范主控项目设置的不足

《建筑工程施工质量验收统一标准》GB 50300[1]等验收规范规定，验收项目分为主控项目和一般项目：主控项目指建筑工程中对安全、节能、环境保护和主要使用功能起决定性作用的检验项目，具有"一票否决权"，点合格率应为100%；一般项目点合格率通常不应低于75%～80%。各专业规范对重要的检验验收项目几乎都有具体规定。

相关验收规范在主控项目的设置上或许存在着如下不足：

（1）有的检验项目已经陈旧过时，可能对大多数工程已不再适用。例如填方压实度（及压实系数）。

（2）有的主控项目被不当引用。典型例子为混凝土强度，在混凝土结构中是主控项目，在基坑工程的支撑梁、立柱等构件中也应该是，但对于仅用作止水帷幕的素混凝土桩（例如咬合桩）就不再起主要作用，不应被设置为主控项目。

（3）有些不重要构件或辅助性措施的某些性能当作了主控项目。例如，某规范把基坑工程中的疏干降水井的滤管孔隙率等参数作为主控项目。基坑工程中设置疏干降水井的主要目的是减少土层含水量及降低地下水位以利于土方开挖，仅是方便施工的措施，效果不好大不了就多降几天，通常都不需验收，更不需这么严格。

（4）有的主控项目过多，良莠不齐。例如某规范中，锚索质量检验项目30项，其中17项为主控项目；一般项目中，又有9项没有给出允许偏差，要求不得低于设计要求，也相当于主控项目。

（5）有的主控项目与一般项目本末倒置。例如某规范的灌注桩钢筋笼检验项目中，没有把钢筋的品种、规格、级别及数量作为主控项目，却把主筋间距等作为主控项目。

（6）有的主控项目检验结果的准确度不高，离散性较大。有几种原因：①检验方法本身就比较粗略。例如一些规范把灰土、素土及砂石地基的配合比作为主控项目，规定可采用体积比或重量比检测。如果采用体积比，因为每个填料样本的充满程度及密实程度不可能完全相同，测量结果的离散性较大；如果采用重量比，因为填料的粒径、级配、含水量及天然密度不同，就算每个样本的重量比完全相同，混合料的均匀程度也不相同，而均匀性对混合料强度（或承载力）的稳定性影响可能更大。因为填料样本的天然密度或工后密度的差异性较大，体积比与重量比这两种方法本身就是相互矛盾的。粗略的检测方法自然得不到精确的测量结果。②没有直接的检验方法，只能采用间接方法。例如，一些规范把锚杆的钻孔直径作为主控项目。但几乎没有办法直接测量锚杆孔径，一般通过测量钻头的直径来推算。但是，实际工程中，钻头的直径往往要小于钻孔的设计直径，例如设计 130mm 的孔径，钻头外径通常为 110～120mm，钻进过程中钻头的随机偏心及晃动，使成孔直径能够达到 130mm；此外，钻头形状往往并不规则，外径很难测准，因此，测量钻头外径并不能准确推算孔径。至于拿钢尺直接测孔径，测到的只是孔口直径，信服力同样不强。

（7）有些过程控制项目作为主控项目。例如，某规范把地下连续墙的泥浆黏度作为主控项目，理由为：墙身混凝土为主控项目；槽壁质量对保证混凝土质量很重要，故槽壁质量为主控项目；泥浆的主要作用就是保持成槽质量，故黏度等泥浆重要参数应为主控项目。如果以此类推，泥浆主要由膨润土等材料配制，故膨润土应设置为主控项目；膨润土的主要矿物成分为蒙脱石，故蒙脱石应设置为主控项目……过程控制的目的是为了保证工程的最终性能，但很多情况下两者之间并不是充分必要关系，过程控制指标达到了设计要求，并不意味着工程的最终性能也一定能达到；过程控制指标达不到设计要求，并不意味着最终性能也达不到。上例中，泥浆黏度合格与否，一般并不影响地连墙的最终性能与质量。过程控制当然重要，但过程控制参数作为主控项目不一定合理，"强化验收、过程控制"，并不意味着一定要把一些过程控制项目作为主控项目。

（8）把天然材料的一些性能作为主控项目。典型材料如岩、土，某规范把砂石桩复合地基的桩间土强度作为主控项目。强调桩间土强度的目的是为了保证复合地基的承载力，但桩间土强度与砂石桩的施工质量之间没什么必然关系，桩间土强度达不到设计要求，不能断定施工质量就一定不合格，况且土的强度并非施工内容，不能作为施工质量项目去检验。

（9）一些理论计算值作为主控项目。如某规范把排水预压地基土的固结度作为主控项目。固结度的计算很是复杂，涉及的土工参数很多，如渗透系数、孔隙比、压缩系数等，这些参数的离散性很大且处在动态变化之中，还受到超固结比、土的结构性、井管涂抹效应、预压土不平衡等多种因素影响，计算结果准确度很差且离散性很大；如果采用实测变形时间曲线来推算，目前尚没有业界公认较为准确的推算方法，遑论准确程度。故固结度不能作为主控项目。

（10）主控项目的另一类问题是允许偏差。有些允许偏差指标过于严格，工程中难以企及，把验收指标写着写着就变成评优指标了。这种现象在一般项目中也不少。坦率地说，就国内现状而言，超过合理程度的指标并不能带来高质量，如果施工方竭尽全力仍达不到合格，可能就会放弃努力而另出邪招了。

14.2　各分部分项工程中的主控项目设置

本人以为，主控项目的设置应遵循以下几条原则[2]：（1）是门槛标准；（2）应少而精；（3）应保持相对稳定性；（4）宜为定值，即允许偏差项目尽量不作为主控项目。

1. 桩基础

（1）承载力。桩基抗压承载力、抗拔桩的抗拔力、承受水平荷载桩的水平抗力，作为主控项目理所当然。

（2）桩位及垂直度。规范中一般规定基桩垂直度允许偏差为 $0.01\%H$，桩位允许偏差为 70（100）$+0.01\%H$（mm），H 为桩基施工面到设计桩顶的距离。目前几乎没有直接检查成品桩垂直度偏差的方法，通常采用检查钻杆垂直度这种间接方法，检测结果并不准确。假如基坑深度 23m，采用内支撑支护，工程桩需要在地表施工，则允许桩位偏差达 300mm；如果采用桩锚支护，桩基在基坑底施工，允许偏差就只能为 70mm。同一工程同一桩，为什么要求不一样呢？还有，桩基在地表施工，基坑越深，往往意味着建筑物越高、对桩基的质量要求应该更严，但为什么偏差指标反而降低了呢？主要因为如果不降低，不增加 $0.01\%H$，工程中做不到。可见，桩位允许偏差可能没什么太多理论依据，主要就是为工程验收服务的。垂直度偏差等大多数偏差指标都是如此。实际上，如果基坑太深，即使桩位满足 70（100）$+0.01\%H$ 的指标，可能也满足不了结构使用要求，结构上仍需对桩头进行加强处理，那么，垂直度偏差及桩位偏差设置为主控项目实际上是没有太大意义的。

（3）桩顶超灌高度。有些规范把桩顶标高高出设计标高 0.5m 作为基础桩、复合地基中单桩的主控项目，有的作为基坑及边坡支护桩的要求。这个 0.5m 指标通常可能没那么重要，不需作为主控项目。可参见第 15 章。

（4）静压桩的压桩力。有的规范把压桩力不超过设计值±5%作为主控项目，采用查压力表读数方法检查。控制压桩力的目的是保证桩的承载力，但静压桩的承载力是多个因素共同决定的，压桩力限定在设计值±5%，也并不能保证承载力一定能够达到设计要求；且其是个过程参数、间接参数、瞬时参数，不应作为主控项目。

（5）灌注桩钢筋笼主筋间距及长度。从桩受力机理来看，不管是基础桩还是支护桩，都是越往桩底受力越小，主筋间距及长度误差并不会直接影响桩基的质量与安全。随着建筑物越来越高，桩基越来越长，钢筋笼长度也越来越长，很多需在空中接长，即前节放入钻孔中，后节用起重机悬吊接长作业。这种情况下，主筋间距及长度既无法达到允许偏差要求，也测量不准。故这两项指标不宜作为主控项目。

（6）灌注桩的持力层。有的规范把桩端进入某种岩层一定深度作为主控指标。对于嵌岩桩及端承桩，桩端入岩是桩基承载力及变形的主要保证条件，作为主控项目尚在情理之中。但不宜把入岩一定深度作为主控项目，因为工程现场对基岩风化程度的定性困难，定量更困难，入岩深度几乎无法搞得准确，因全风化与强风化界面、中风化岩与微风化岩界面的划分而产生的工程纠纷屡见不鲜。实际上，桩底沉渣厚度对抗压承载力有明显影响，限制沉渣厚度比控制入岩深度往往更为重要及可行。

（7）灌注桩桩身强度及混凝土试块。桩身混凝土强度在桩身强度控制的嵌岩桩中很重要，可作为主控项目；除此外，控制桩基承载力的主要因素是桩长、桩径、持力层及沉渣厚度等，通常并非混凝土强度，这种情况下无需作为桩基主控项目。至于混凝土试块，可能没有想象的那么重要，无需作为主控项目，工程中无需大量留置，可参见第 15 章。

（8）灌注桩桩长及桩径。桩长及桩径对于灌注桩的重要程度与预制桩相同，但大部分规范把灌注桩的列入了主控项目，没有列入预制桩的。没有解释原因，但推断灌注桩中是不是也不必列入？亦即，技术上及功能上，其重要性没有那么突出？除了挖孔桩，各种等断面及非等断面灌注桩，几乎都没有办法直接检测桩径，采用测量钻头、套管以及采用井径仪测量钻孔直径等间接方法得到的结果都不准确。桩长也是如此。因为施工技术原因桩底通常并不平整，有时桩底被有意设计为锅底状，采用重锤测量钻孔深度、测量钻机的钻杆长度等间接方法均不准确；采用取芯方法，取芯钻机的定位、垂直度偏差以及相对桩截面积而言较小的取芯面积等，使测量结果也不准确。因此，灌注桩桩长及桩径也不宜划分为主控项目。支盘桩的成盘直径及成盘位置、扩底桩的扩孔直径及扩孔高度等也是如此。

（9）桩身完整性。无论是高低应变法、取芯法还是超声波法，很多情况下都无法对桩身的完整性做出全面准确的判断，往往还要通过荷载试验方法去验证，故不宜将其作为主控项目。

（10）后压浆桩的压浆量。压浆量与地层的性状密切相关，不可能设计或预估很准确，实际用量也很难计量准确，不适合作为主控项目。

2. 复合地基及地基处理

（1）承载力。地基处理后的地基承载力及复合地基承载力，作为主控项目理所当然。

复合地基中的单桩承载力是否应为主控项目呢？技术上，由于桩土之间相互作用等原因，单桩承载力、地基土承载力与复合地基承载力之间并不是 $1+1=2$ 的关系，单桩承载力如果与复合地基承载力同时作为主控项目，必然产生矛盾且很难调和，最好还是作为一般项目。

（2）低强度混凝土桩（CFG 桩、LC 桩、微型桩及预制方桩等）的桩身强度、桩身完整性、桩长及桩径。这些指标在作为基础桩时都不一定适合作为主控项目，在复合地基中重要程度更弱、更不适合了。

（3）旋喷桩、搅拌桩、夯实水泥土桩等水泥土桩的水泥用量、桩体强度或完整性、桩径及桩长。这些参数对于低强度混凝土桩都不是特别重要，对这些柔性桩的重要程度就更弱了，均无需作为主控项目。①水泥用量影响了桩体强度、从而影响了单桩承载力及复合地基承载力，虽然重要，但属于过程参数及间接参数，不宜列入主控项目。②桩体强度及完整性也如此。旋喷桩及搅拌桩是水泥与原位土拌和，强度离散性很大，经常出现断桩，检验桩身强度及完整性的意义不大。③旋喷桩桩径大小受地层性状影响很大，通常非人力因素能决定，检测桩径意义不大。

（4）砂桩、砂石桩、碎石桩的填料粒径、桩体强度、灌砂量、桩间土强度、桩体直径及孔深。这些项目均不需作为主控项目，主因同上。老实说，因为质量不可靠等原因，重要工程几乎都不会采用这些散体材料桩，施工质量要求很严格似乎无的放矢。①很难说填料粒径与复合地基的承载力之间有什么必然联系，也很难说清楚其与桩身强度之间的关系。②有的规范将桩体强度列入主控项目，采用重型动力触探检查。重探是一种较为粗略的检测方法，检测结果通常为范围值，每个点的检测结果具有较大的偶然性。③灌料量并不是复合地基承载力的直接决定性因素，且测量结果误差较大。

（5）压实系数及抗剪强度指标。压实度指标用于场平、路基及填方挡土墙等类型工程的主控项目也许还是适合的。建筑填方地基，应采用载荷试验、标贯或动力触探等方法检验填筑质量。另外，有规范用内摩擦角及黏聚力作为检验填方质量的主控项目，也不妥，因为填土的这两个参数的试验结果离散性很大，不能作为主要质量评价指标。

（6）配合比。素土及灰土地基、砂及砂石地基中的配合比，如前所述，是决定地基土承载力的过程参数，又很难测量准确，不应作为主控项目。

（7）强夯后地基土的强度和均匀性，以及注浆地基的均匀性。地基土强度不是明确的检测项目，也没有明确的检测方法，不应作为主控项目。注浆地基的均匀性除了很难定量检测外，其目的性也可疑：地层中有较大裂缝时注浆量会大一些，而裂隙不发育时注浆量会小一些，注浆不均匀是必然的，要达到什么程度才叫"均匀"呢？

（8）排水堆载预压地基的预压荷载。某规范规定预压荷载为主控项目，采用水准仪测量填筑标高，允许偏差为 2% 设计值。填筑是个动态变化的过程，且堆载过程中软土一直在固结沉降，填筑面标高是与时间相关的变量，很难测准，作为一般项目就行了。堆载预压法普遍作为场地预处理手段，之后一般都要进行二次地基处理或打桩，用途没那么重要。

3. 基坑与边坡

边坡工程与基坑工程对构件的功能要求类似，以抗拔、抗剪、抗弯等功能为主。主要区别在于边坡工程一般为永久性工程，对构件耐久性要求更高；而基坑工程是临时工程，通常要对付地下水，需设置止水帷幕。

（1）排桩。支护桩的主要功能为抗剪及抗弯，主要由钢筋提供，故钢筋的品种、规格、级别、数量及连接性能应为主控项目，而其他项目，如桩位、孔深、孔径、混凝土强度、桩体完整性、钢筋笼主筋间距及长度等，对桩的主要功能帮助不大，均不宜作为主控项目；方向性配筋时钢筋笼安装方向很难测准，也不宜作为主控项目。当作为边坡支护桩、有耐久性要求时，保护层厚度应作为主控项目。

（2）板桩。板桩由于变形较大、缝间漏水、插拔时扰民等缺点，通常只用于周边环境简单的基坑中，最主要的功能即抗弯性能，故板桩的规格、型号、截面尺寸等应作为主控项目，长度、桩身弯曲度、桩顶标高、咬合程度等作为一般项目即可。

（3）旋喷桩及搅拌桩等水泥土截水帷幕。截水帷幕的主要功能就是基坑隔水。实际工程中，产生渗漏现象的最主要原因是桩之间搭接不好，水泥用量、桩身强度、桩底标高、渗透系数等并不重要，不需设置为主控项目。与搭接有关的参数，如桩径、桩位、垂直度等，即使完全符合现行规范中主控项目允许偏差要求，较深基坑中仍可能会因搭接不良而漏水。较深、要求较严格的基坑，通常会采取更为有效的隔水形式，如地下连续墙、软切割咬合桩＋接头加强、渠式切割水泥土连续墙、双排截水帷幕等，水泥土截水帷幕往往用于要求不高、地下水的渗漏对周边环境不会产生重大不良影响的基坑，用途没那么重要，无需找点什么参数作为主控项目。

（4）咬合桩。咬合桩除了基坑支护功能外，有时还要提供较高的隔水性能，此时除了钢筋的品种、规格、级别、数量外，孔位、孔径、钻孔垂直度等也应作为主控项目。施工咬合桩通常采用精密度较高的成孔机械，能够达到规范中的允许偏差要求。

（5）地下连续墙。地下连续墙除了支护功能，通常需具备隔水功能，有时与地下室外墙二合一，有时兼承重作用，大多为永久性结构，需遵守主体结构工程的检验验收要求，主控项目比较复杂，不深入讨论。

（6）重力式水泥土墙。因安全性较差，重力式水泥土墙一般用于较浅基坑中，水泥土的抗拉及抗剪强度决定了水泥土墙的安全性。但抗拉及抗剪强度很难检测，故一般检验抗压强度以替代，将之作为主控项目。其通常设计为多排，水泥用量、桩底标高、垂直度、搭接长度等参数作为一般项目即可。

（7）土钉墙与喷锚。土钉墙与喷锚的结构构造基本相同，但土钉墙主要用于基坑工程，而喷锚主要用于边坡工程，喷锚中的锚杆通常为非预应力锚杆。受其特点决定，抗拔力检测通常并不能检测出土钉与锚杆的长度，而长度对于这两种支护结构的安全至关重要。故土钉及锚杆的抗拔力及长度、喷射混凝土需要在喷锚结构中起抗剪作用时的厚度及强度应作为主控项目，孔径等其他参数则应作为一般项目。

（8）预应力锚杆。预应力锚杆的长度与抗拔力，锚杆张拉时的弹性伸长量及边坡锚杆的某些防腐措施，均应为主控项目。弹性伸长量不直接影响支护结构的安全，但目前缺少检测锚杆总体施工质量的有效手段，故采用弹性伸长量作为检验评价锚杆施工质量的重要参数。锚杆是细长构件，锚固段长度及位置误差对抗拔承载力的影响并不明显；张拉荷载及锁定荷载的主要作用是控制边坡变形，没那么重要；锚固段的岩性，与基桩的持力层一样，很难判断准确；注浆体强度的主要作用是传递剪力，通常不影响锚杆的抗拔承载力；锚筋与注浆体的粘结力足够大，没有特殊原因不会拉脱；面层上的泄水孔是辅助措施；故这些参数均不应作为主控项目。

（9）重力式挡土墙。重力式挡土墙主要用于边坡工程，墙身尺寸、墙身强度、埋置深度及填方的压实度等参数决定了挡土墙的安全性，故这些参数应设置为主控项目。压顶的尺寸、强度及高程，以及挡土墙的平面定位等，作为一般项目即可。

（10）地下水及雨水控制。基坑内地下水的抽排是辅助性措施，并不重要，降水井、集水坑、排水沟等，均没必要设置主控项目。边坡排水或防护虽为永久结构，但仍为附属结构及辅助措施，截排水沟、盲沟、泄水孔及坡面绿化等分项工程，不对边坡安全产生直接影响，均无需设置主控项目。

（11）土石方工程。不管是基坑、边坡还是场平的土石方工程，不管挖方还是填方，欠挖了再修一下，超挖了用素混凝土或土石方填一下，不会产生难以处理的不良后果，高程、坡脚或坡顶偏位、坡率、平整度等设置为一般项目就可以了。

（12）支护桩及截水帷幕桩头。有的规范把基坑及边坡支护桩、截水帷幕桩桩头超灌 0.5m 作为主控项目。基础桩及复合地基桩承受竖向荷载，要求超灌一定高度以保证桩头质量，但支护桩主要承受水平力，桩头几乎不受力或受力很小，要求超灌 0.5m 通常意义不大，作为一般项目足矣。要求截水帷幕桩桩头也超高 0.5m 的目的就更难以理解了：难道担心桩头会渗漏水？作为一般项目的必要性都不大。

14.3　主控项目指标的允许偏差水准

（1）锚杆长度。某规范规定，锚杆长度允许偏差 ±30mm，用钢卷测量。锚杆有效长度为锚固段与自由段之和，作为质量指标，要检验的应该是有效长度。但锚杆杆体置入钻孔注浆后就无法测量长度了，有效长度不能直接测量到，只好测量包括锚头在内的杆体下料总长度。锚杆杆体材料有钢绞线、钢束、钢筋、钢管等，钢筋、钢管平直易测；而钢绞线是成捆包装运输的，打开后呈自然弯曲状态，不可能像盘圆一样去调直，长度只能用卷尺、顺着钢绞线的弯曲形状测量，钢绞线锚索通常较长，基坑工程中常用长度为 20～40m，钢绞线弯曲造成的误差往往已经不止 30mm 了。假定锚索长度 30m，因允许偏差为 ±30mm，则相对误差仅为 ±0.1%，要求太严格了。该规范灌注桩钢筋笼的长度允许偏差为100mm，是适合的，锚杆的长度误差要求与之相比尺度差别太大，不协调。最令人费解的是：正误差超过30mm也不允许？实际上，钢绞线被安装到孔内时，由于多种原因，很难控制外露的、以后作为张拉段的长度，通常都会有100～200mm的安装误差。该误差对于锚杆承载力而言几无影响，下料长度要求如此精确似无必要。建议锚杆长度允许负偏差可放宽至长度的0.5%，正偏差可不要求或放宽到500mm。

（2）锚杆杆体下料长度。某规范规定，钢绞线或高强钢丝应严格按设计尺寸下料，钢绞线之间的下料长度误差不应大于50mm。实际上，锚杆制作时，有经验的工人，会故意将钢绞线张拉段端头长短错开，以便锚具安装时，钢绞线可依次穿入锚具，安装容易；如果各钢绞线端头平齐，则安装锚具困难，穿千斤顶也不方便。锚筋张拉段长短不一，有利于施工，又不影响锚杆质量，有何不可？规范解释说，钢丝、钢绞线长度应尽量相同，以满足杆体中每根钢丝、钢绞线受力均匀的要求。但各钢绞线长短不一与其受力均匀与否没什么关系：采用荷载控制张拉法时，各钢绞线受力是否均匀与其长短任何关系；采用位移控制张拉法时，各钢绞线受力是否均匀则取决于其非粘结段是否等长，也与下料长度误差几乎无关系。

（3）钢筋笼直径及桩墙参数的正误差。某规范规定，钢筋笼直径允许偏差为±10mm。建议放宽为20mm，桩径大于2m后按桩径的1%计。此外，还建议取消对桩长、桩径、孔深、板长、钉长、墙厚、钢筋长度等的正偏差要求或大幅度放宽。实际上，就深圳地区而言，所有建设相关单位中，几乎没有人执行这些指标的正偏差要求。

（4）边坡坡面平整度及土钉墙厚度。某规范规定，边坡平整度±20mm，土钉墙面厚度允许偏差±10mm。随着建筑工人日益稀缺，目前边坡修坡基本都用挖土机，平整度±20mm做不到，±50mm都很勉强，如果再有点块石或卵石，±100mm都很难达到。修坡后在坡面上施工土钉墙面层，按该规范，面层厚度允许偏差±10mm、即小于边坡平整度允许偏差±20mm，其中关于正偏差的规定尤其让人不解：面层显然不需随着边坡凹凸不平而凹凸不平，低洼处可多喷点混凝土找平，即应该允许局部面层喷厚一些。

（5）基础水泥土桩的搭接长度。某检测规范规定，基础搅拌桩及旋喷桩搭接长度大于200mm，用钢尺量。搭接长度，亦即桩的水平间距，应该是设计图纸确定的，不该由检测规范决定。

（6）止水帷幕搅拌桩的搭接长度。某规范规定，止水帷幕搅拌桩相邻两桩桩端的平面搭接长度不小于200mm。假定搅拌桩直径550mm（单轴搅拌桩的通用直径），桩长20m，相邻两根桩1根没有偏差另1根偏差1%（符合规范要求），按该规范，为保证桩端搭接200mm，就算放线误差（一般要求不大于20mm）及定位误差（一般要求不大于50mm）为0，搅拌桩地面水平中心距也必须不大于150mm才能满足规范要求。间距密得夸张了。

参考文献

[1]　GB 50300—2013. 建筑工程施工质量验收统一标准 [S]. 北京：中国建筑工业出版社，2013.

[2]　付文光. 议有关地基基础施工质量验收规范中的主控项目 [C]//地基处理理论与实践新进展. 北京：人民交通出版社；2014，93-102.

第 15 章　强制性条文

15.1　勘察

1. 岩土工程勘察报告应包括的内容

以《岩土工程勘察规范》GB 50021（2009 年版）及《高层建筑岩土工程勘察规程》JGJ 72—2004 为例。前者规定："岩土工程勘察报告应包括下列内容：岩土的地基承载力的建议值；土和水对建筑材料的腐蚀性"。后者规定："详细勘察报告应为高层建筑地基处理等方案的确定提供岩土工程资料，并应作出相应的分析和评价；应进行场地稳定性评价……"

上述规定，是：（1）必须提供勘察范围内（每层岩土）的地基承载力吗？（2）必须（同时）提供土和水对建筑材料的腐蚀性评价吗？（3）必须为高层建筑提供确定（所有的）地基处理方案所需的岩土参数吗？（4）是所有的场地都必须进行稳定性评价吗？很多人，尤其是勘察报告审查者，就是这么理解的。

真的是吗？

（1）地基承载力

通常，采用浅基础、复合地基、处理地基的建构筑物，以及软弱下卧层验算时，有时需要岩土层的地基承载力指标，但也并非每层都需提供；采用桩基时则不需要。第 4 章已经讨论过这个问题，不再赘述。

（2）水和土的腐蚀性

一般来说，地下水的腐蚀性高于土的腐蚀性。分几种情况：①结构长期位于地下水位以下，此时只取水样试验即可，再取土样没有意义；②结构部分位于地下水位以上、部分位于地下水位以下时，一般情况应分别取土样及水样；③结构部分位于地下水位以上、部分位于地下水位以下，但地下水位很浅，水位以上的土长年处于毛细带，此时可仅取水样、不取土样；④结构位于地下水位以上，不会被水浸没，也不受毛细水侵扰，此时只取土样即可；⑤结构位于地下水位以上，不会被水浸没，但部分处于毛细水带，此时应分别取水样、土样；⑥结构位于地下水位以上，但地下水位上升后可能被浸没，此时应取水样。可见，同时取水样及土样，或仅取水样或土样，都是不准确的，应根据工程的具体情况决定，不需要，就不做，也不需提供相应的评价；需要，再做；需要什么，就做什么。

为避免必须都做的教条主义，该句话可稍加修改为"水或（和）土对建筑材料的腐蚀性"，且不要列为强条。

（3）为地基处理方案提供岩土参数及场地的稳定性评价

适合采用地基处理的建筑物并不多，大多数勘察报告都无需提供相关的岩土参数。大多数建筑场地一马平川且没有不良地质作用，也不需要进行稳定性评价。这和地基承载力问题相同，不再赘述。

2. 预测建筑物的变形特征

《岩土工程勘察规范》GB 50021 规定，详细勘察主要应进行下列工作："预测建筑物的变形特征……"。《高层建筑岩土工程勘察规程》JGJ 72—2004 有类似规定。

该规范允许部分类型工程可合并勘察，即一次性详勘。此时，建筑物平面、高度、结构形式、基础形式等通常还没有确定，如何预测建筑物的变形特征？因为是强条，缺失则审图通不过，于是勘察报告通常会暂定一个建筑物高度及结构形式，再根据经验选定一个或多个可能采用的基础形式，对其进行预测，基本上就是文字游戏，没太多实际作用。这条规定有时是必要的，但不一定适合作为强条。

15.2　边坡

1. 边坡支护结构设计时应验算的内容

《建筑边坡工程技术规范》GB 50330—2013 规定，边坡支护结构设计时应进行下列计算和验算：（1）支护结构及其基础的抗压、抗弯、抗剪、局部抗压承载力的计算；支护结构基础的地基承载力计算；（2）锚杆锚固体的抗拔承载力及锚杆杆体的抗拉承载力的计算；（3）支护结构稳定性验算。

不同的支护结构需要验算的项目当然不会相同，例如没有锚杆自然不需要验算锚杆的相关参数，桩锚支护不需验算抗压、局部抗压、地基承载力等内容，需要则验算，不需要则不必验算。这和地基承载力问题相同，不再赘述。

2. 塌滑区有重要建构筑物的一级边坡的监测要求

《建筑边坡工程技术规范》GB 50330—2013：边坡塌滑区有重要建构筑物的一级边坡工程施工时，必须对坡顶水平位移、垂直位移、地表裂缝和坡顶建构筑物变形进行监测。

不少人没理解这条强条在强调什么：①边坡都应该进行变形监测，就算塌滑区没有重要建构筑物，或者重要建构筑物位于坡脚，也必须进行这些监测，而且不仅一级边坡，二级、三级边坡也应如此。②既然是重要建构筑物，就不能只在施工时监测，边坡竣工后也应该监测一段时间，直到变形稳定。

3. 避免震害的工程措施

《建筑边坡工程技术规范》GB 50330—2013：岩石边坡开挖爆破施工应采取避

免边坡及邻近建构筑物震害的工程措施。

这条规定的字面意思是：应采取避免震害的措施，重点在于"措施"。如果避免震害的措施也采取了，震害还是发生了，那么，有没有违背该强条呢？故其要表达的准确意思更像是：应采取措施避免震害，意即，采取措施后必须能够避免震害，强调的是结果。

4. 边坡改变用途和使用条件后的安全性鉴定

《建筑边坡工程鉴定与加固技术规范》GB 50843—2013：加固后的边坡……当改变其用途和使用条件时应进行边坡工程安全性鉴定。规范解释说："使用条件的改变一般是边坡顶地面使用荷载增大、坡顶建筑荷载超过原边坡支护结构荷载允许值、边坡高度增高、排水系统失效等造成边坡安全系数降低的改变"。

不少人不理解：①所谓的改变，通常是双向的，条文说明中仅指安全系数降低，但实际上还有可能提高，如果没降低甚至提高了，应该就不需要鉴定了吧？②条文说明解释了什么是使用条件，没有解释正文中边坡的"用途"指什么。边坡还能用来干什么呢？③排水系统失效就要进行安全性鉴定？失效后及时修复通常就可以了，安全鉴定的必要性似乎不大。

5. 既有边坡加固前的勘察

《建筑边坡工程鉴定与加固技术规范》GB 50843—2013：既有边坡工程加固前应进行边坡加固工程勘察。

既有边坡加固前在任何条件下都应该先勘察吗？似乎不是。当既有边坡工程无勘察资料或原勘察资料不能满足工程需求时才需要。

15.3　地基基础

《建筑地基基础设计规范》GB 5007—2011 规定，建筑物的地基变形允许值应按表 15-1 采用。

建筑物的地基变形允许值（节选）　　　表 15-1

变形特征		地基土类别	
		中、低压缩性土	高压缩性土
砌体承重结构基础的局部倾斜		0.002	0.003
工业与民用建筑相邻柱基的沉降差	框架结构	0.002l	0.003l
	砌体墙填充的边排柱	0.0007l	0.001l
体型简单的高层建筑基础的平均沉降量（mm）		200	

注：l 为相邻柱基的中心距离（mm）。

该规范中，少部分建筑物的地基变形允许值因地基土类别的不同而不同，如表中前 3 行数据所示；大部分建筑物的地基变形允许值则与地基土的类型无关，如表中最后 1 行数据所示。规范解释说，表中数据是数十年大量工程的实测统计结果，是行之有效的；但规范没有解释，为什么少量建筑物类型对地基土类型敏感（变形允许值较低），而大多数建筑物类型则不敏感。

地基的允许变形，对应于建筑物的正常使用极限状态，可通过一些现象判断：是否影响了建筑物的正常使用功能（如电梯、门窗、排水等）；是否影响到了建筑物的结构安全（如产生次生应力导致梁板柱墙开裂），是否影响到了建筑物的外观及耐久性。影响允许变形值的主要因素为建筑物的结构特点以及使用要求，与地基土的变形特征是否直接相关呢？地基土变形当然会影响建筑物的变形，但会不会影响允许变形值呢？例如框架结构建筑物，如果建在高压缩性上，按上表，允许差异变形为 $0.003l$；如果建在中、低压缩性土上，允许差异变形则 $0.002l$，假如变形没控制住、达到了 $0.003l$，后果会如何呢？如果后果严重，为什么建在高压缩性土上就认为没有问题而被允许呢？有人认为，高压缩性土的固结时间较长，不均匀沉降发展比较慢，上部结构混凝土或砖墙体由于徐变的作用，能适应发展比较慢的不均匀变形，故允许变形值较大。但是从表中数据来看，变形允许值似乎与时间无关，表中并没有提到变形速率；况且这也解释不了表中大多数建筑物的允许变形值与地基土类型无关这一现象。因此，是不是可以大胆推断，建筑物的允许变形值与地基土的类型其实是无关的，上表"中、低压缩性土"栏与"高压缩性土"栏中的指标，实际上是可以合并的？

15.4　基坑

1. 先撑后挖及锚杆先拉后挖

"基坑内支撑结构的施工……必须遵循先撑后挖的原则"，这句话俨然已成了金科玉律，被很多规范列为强条。

那么谁来讲解一下，怎么做才叫"先撑后挖"？

一般理解，"先撑后挖"就是，先把支撑做好，之后才能开挖支撑下面对应的土方。举几种工况，分别如图 15-1 所示。

（1）狭长较深基坑，常采用上下同步倒退＋平台转运开挖方法，如图 15-1（a）所示，为了不影响挖土，平台上方对应的支撑，在平台形成之后再架设。这种挖土法充分利用了未开挖土方的支撑作用形成了时空效应，基坑安全性没有问题，但支撑与土没有在竖向形成一一对应关系，对于平台土方而言，没有支撑就开挖了。地铁基坑常这么干。

（2）拉槽法，如图 15-1（b）所示，也适用于狭长基坑，中间先开深槽以方便行车，两侧土方挖一层撑一层。这种挖法，相对中间条带土方来说，也属先挖后撑。这也是地铁基坑常用开挖办法。

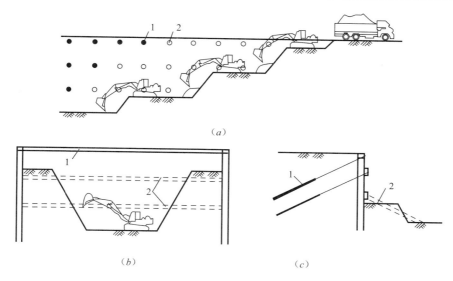

图 15-1　基坑工程中几种先挖后撑作法
(a) 上下同步开挖法；(b) 拉槽法；(c) 抛撑法
1—已施工支撑或锚杆；2—待施工支撑（抛撑）

（3）宽大基坑，有时采用抛撑＋盆式开挖法，如图 15-1 (c) 所示，中央区域先开挖到底，做好桩、打好底板后设置抛撑，再开挖抛撑下土方。相对于中央区域土方来说，也是先挖后撑。

（4）采用内支撑的基坑，基坑较深时，有时不在地表施工工程桩，而是先开挖一定深度（如 4～6m）形成悬臂桩（墙）后施工工程桩，之后就地架设支撑或架空设置首层钢支撑。这么做的好处有：减少了工程桩空桩长度及垂直度偏差；旧城改造项目地表下几米深度范围内可能有旧基础等施工障碍，正好先挖除以利于工程桩施工；有时基坑开挖时工程桩设计尚未最终完成，先开挖一定深度能够为工程桩设计赢得时间。

（5）有时基坑赶在旱季开挖，可采用桩锚支护结构迅速开挖到底，再在坑底架设抛撑、角撑等以增加支护结构抗抵变形的能力，提高其在雨季期间的安全度。

这些工况，严格意义上都没有遵守"先撑后挖"法则，甚至可认为是先挖后撑的，关键在于设计是否许可。如果设计允许先挖后撑，或就是按先挖后撑这种工况设计的，规范又有什么充分理由不允许呢。看来，"先撑后挖"不是金科玉律，"支撑的安装及拆除与土方的开挖顺序应符合设计工况"才是。

另外，一些规范把"锚杆必须张拉后才能向下开挖"列为强条。锚杆复合土钉墙工程中，锚杆施工完成后通常不张拉，向下开挖施工 1～2 层土钉及喷射混凝土面层，此时锚杆的龄期已有个六、七天，可以张拉了，再返回来张拉，只要设计允许即可。再如锚杆格构梁用于边坡支护时，不太可能张拉一层再开挖一层，否则仅锚杆龄期就要耗去很长时间，工人才不会干等呢，所以边坡常常分级开挖、支护，每级边坡的锚杆及格构梁完成后养护几天，张拉锁定后再开挖下一级边坡。有丰富经验的设计者通常都会按这种工况进行设计，"锚杆必须张拉后才能向下开挖"也不一定是金科玉律，"锚杆张拉与土方的开挖顺序应符合设计工况"才是。

2. 支护结构上放置或悬挂重物

《建筑施工土石方工程安全技术规范》JGJ 180—2009：施工过程中，不得在支护结构上放置或悬挂重物。

真的不允许吗？很多建筑基坑都沿着红线开挖，没有施工场地，为便于施工，往往在首层内支撑上设置钢筋混凝土板，以堆放建筑材料及作为加工场地。如果设计许可，考虑了这些附加荷载，规范就不该禁止。

15.5 复合地基

1. 有粘结桩的桩身完整性检验

《建筑地基处理技术规范》JGJ 79—2012：对有粘结强度复合地基增强体应进行强度及桩身完整性检验。

第13章已经讨论过，有些类型的桩，如CFG桩、LC桩、微型桩等，桩径小、桩身强度低，没有适合的办法进行桩身的完整性检验。从深圳地区乃至广东地区的复合地基工程实践来看，预应力管桩复合地基的桩身适合低应变完整性检测，其他貌似均不适合。相关规范中，没有提供复合地基中竖向增强体的完整性评价标准，实际工程中只能套用桩基的，但由于复合地基桩间土的侧向约束作用，对竖向增强体的完整性的要求其实并不高，套用桩基的质量标准或许并不适合。搅拌桩、旋喷桩等水泥土桩同理。水泥土桩一般通过抽芯来判断完整性。水泥土桩是水泥和原状土拌和形成的，由于天然岩土的复杂性及施工工艺的可控性较差等原因，不可避免地造成部分桩段胶结性、连续性较差，存在夹层、夹块、松散、破碎、蜂窝、麻面、孔洞、疏松、富水、泥化等桩身缺陷，但通常也不会影响到复合地基承载力。所以，如果一定要检测，最好考虑到复合地基的特点，先单独制订适合的竖向增强体完整性评价指标。实际上，深圳地区的工程实践中，通常把完整性检验结果作为静载试验的选桩依据，而不是直接作为工程质量评判依据。

2. 桩间土检验

《建筑地基基础设计规范》GB 5007—2011：复合地基应进行桩身完整性和单桩竖向承载力检验以及单桩或多桩复合地基载荷试验，施工工艺对桩间土承载力有影响时还应进行桩间土承载力检验。

散体材料桩的桩身当然是不完整、不连续的，检验其完整性基本上没有意义；粘结桩的完整性检验要求也有待完善，不再赘述。但"亮点"不在这儿，在于后半句的"桩间土"。

规范解释说："当施工工艺对地基土承载力影响小、有地区经验时，可采用单桩静载试验和桩间土静载试验结果确定刚性桩复合地基承载力"。看来桩间土承载力检验目的，用于间接确定复合地基承载力。但这种方法有较大缺陷：复合地基的桩通常比较密，受到桩的侧限的影响，同等条件下桩间土承载力偏高；桩土共同作用时，由于应力叠加，分开试验得到的单桩承载力与桩间土的承载力之和，通常大于桩土共同作用、即复合地基的承载力，即 1+1>2，而实际使用的是复合地基的承载力。因误差较大，这种方法设计时用于估算复合地基承载力尚可，不到迫不得已不应作为质量检验方法，《建筑地基处理技术规范》JGJ 120—2012 没有把这种方法作为质量检验方法，《复合地基技术规范》GB/T 50783—2012 也仅建议长短桩复合地基中没其他办法时再采用。是啊，如果能够采用复合地基试验直接得到成果，为什么要采用这种间接方法得到的不准确的结果作为施工质量的评判依据呢？再者，"施工工艺对桩间土承载力有影响"意义含糊不清，严格意义上，所有施工工艺都对桩间土承载力有影响，有正有负，有大有小，不检验就不知道，于是某些地区就执行为：所有的桩间土都要检验。

15.6 桩基

1. 灌注桩的混凝土试块

《建筑地基基础工程施工质量验收规范》GB 50202—2002：灌注桩每浇注 50m³ 混凝土必须有一组试件。

主体结构的梁墙板柱等，主要功能为承受压力、弯矩、剪力、拉力等作用，几乎都无法直接检验，所以采取了间接方法，检验混凝土强度及配筋等；又因为采用取芯等方法截取混凝土试件对成品本身有损伤，故特别注重混凝土试块的留置与检验。但桩基不同，基桩的主要功能是提供承载力及模量，基桩能够进行载荷试验，载荷试验结果就是承载力及模量的综合反映，即桩基的主要功能是可以直接检验验收的，这种情况下，混凝土桩身强度及试块强度等间接指标就没那么重要了。还有，桩基承载力安全系数一般为 2.0，远高于主体结构构件的 1.15～1.35，混凝土强度偏差较大的危害性要弱得多。工程中强制性留置大量试块，实际上没多大作用。

2. 桩头超灌

《建筑地基基础工程施工质量验收规范》GB 50202—2002：灌注桩桩顶标高至少比设计标高高出 0.5m。

灌注桩浇灌过程中，由于混凝土埋于泥浆内或土中、混凝土离析、地下水渗入、混凝土泌水等原因，导致桩头聚集一定厚度的浮浆或夹泥，浮浆凝固后强度通常达不到设计要求，需要凿除。把有效桩顶标高以上至少 0.5m 视为浮浆凿除，目的就是确保凿除后桩头混凝土强度达到设计要求。

该规定起源于采用泥浆护壁的水下灌注桩，现在仍适合于该类桩型，但并不一定适用于其他类型，如干作业灌注桩。以人工挖孔桩为例：无地下水时，可以做到几乎没有浮浆；而且，无塌孔、扩孔等现象，混凝土用量准确，桩顶标高能够控制准确，桩头混凝土可以充分振捣，桩质量容易保证，基本不需要凿除桩头。此时，超灌弊多利少：①浪费了混凝土，产生了凿除及碎块外运费用，增加了工程造价；②增加了工期；③凿除桩头是技术活儿，不易凿平，但易折断桩头钢筋，尤其是目前广泛使用的强度等级 400 级[1]及以上的钢筋，钢筋折断不好接长；④不符合国家倡导的低碳节能的绿色建筑理念。所以，最好按灌注桩不同工艺形式及用途确定不同的超灌高度指标，没必要均强制性超灌至少 0.5m。

参考文献

[1]　GB 1499.2—2007. 钢筋混凝土用钢带肋钢筋 [S]. 北京：中国标准出版社，2007.

第16章 对规范的几许期盼

16.1 对规范严格程度的再认识

规范中的"错"其实是极少的。规范是专家们组成的编制组编写的，写好后有同行专家审查，有业内人士提意见，执行中还要反馈修改，经过了层层把关后，大的方面没有错误，也不会有，有点小失误也仅在细枝末节上。岩土工程是门人人都对的学问，本书中所引用的规范条文，严格意义上确实错了的只有零星几条，绝大多数都谈不上对错，只是"度"的问题，即对"度"的看法不同，也就是李广信教授所说的"岩土工程规范存在着偏细、偏死、偏保守的问题[1]"。这些在"度"上可能有点欠火或过火的条文主要体现为：（1）扩大化了，如把地区经验扩大到了全国，把特殊情况下的做法当成了普遍经验，把仅适用于某种技术的要求套用于其他技术，把不太成熟的做法标准化了，把经典理论当作普世真理等；（2）严格化及高标准化了，如可松可紧的要求严格了，无足轻重的变得举轻若重了，把习惯做法或要求提高了标准变得困难了等；（3）细碎化了，如不必做的要求做了，过于纠缠于细枝末节，提供了过多的工程经验数据以及图表等；（4）复杂化了，如原本不大的事小题大做了，可通过构造解决的措施公式化了，直线做法曲折化了，同时提出了相互矛盾的要求等；（5）过时了，不再适用新时代了。

要掌握好火候，首先要把握好条文的性质。本人认为，岩土工程按工作性质大致可分为两类：第一类是执行性工作，是"死"工作，目标、途径及方式几乎唯一，执行者按确定的程序、标准操作即可达成目标，基本不需要探索、推理、判断与决策，不需要有多强的创新能力，几乎也没什么决策风险；第二类是决策性工作，即"活"工作，目标、途径及方式有多种选择，执行者要不断地收集信息、综合判断、探索方案、做出决策、纠偏改进，需要有较强的创新与决策能力，决策风险较大，其主观能动性对工作成果有重要影响。工程建设各环节中，施工、安装、监理、检测、监测、验收、维修等工作中的大部分内容属于第一类，以施工为代表，少量属于第二类的集中在检测及监测等工作中；规划、勘察、设计、科研等工作中的大部分内容属于第二类，以设计为代表。规范中的条文大致分为约束性及非约束性两大类，后者是对前者的解释说明，本身不具有约束性；约束性条文可分为指令性规定及指导性规定两类，指令性规定与执行性工作相对应，指导性规定则与决策性工作相对应。两类规定适用的对象不同，性质不同，编制要求自然也应不同。本书所讨论的规范条文的不足——如果能够冒昧地称其为"不足"的话——可概括为：指令性规定太严格太宽泛，指导性规定太细碎太具体且又带有指令性，优化建议性条文具有约束性。

当然，使用者的身份不同，对规范的理解不同，对规范编制的要求也不同。政府主管部门或协会等监督方、监理方、勘察报告及施工图审查方、建设方、检测方、监测方等权力机构，即"执法者"，希望规范越细致、越宽泛、越具体、越智能化（又称傻瓜化）、越严格越好，以便于操作、检查、评判及控制，勘察设计检测监测者中的少数不求有功但求无过的懒人及外专业者也希望越细致越具体越好；但绝大多数勘察方、设计方及施工方等"被执法者"，显然不这么希望，本书的大多数观点都是站在"被执法者"的立场提出来的。

规范要讨所有使用者的喜欢，是不可能完成的任务。可是，再难，要求或说期望，该提还得提。这也是一本规范应该承受之重。

16.2　指令性规定

对指令性规定的期盼：不要过于严格过于宽泛。

1. 几个条文及案例

（1）几条指令性规定

① 某规范：水泥土搅拌桩施工应符合下列规定：成桩直径和桩长不得小于设计值；搅拌头的直径应定期复核检查，其磨耗量不得大于 10mm。

按字面意义，搅拌桩的直径 D "不得小于设计值"，磨损量"不得大于 10mm"，也就是说只能在 $D \sim D+10$mm 之间，否则就不符合规范，对岩土工程这种粗活来说，很难做到。当初，写规范的专家们深入工地现场，观察到施工中的种种不确定因素，确定了搅拌桩桩径允许有 $\pm 4\% D$ 的偏差（当时直径 D 普遍为 $0.5 \sim 0.7$m，即桩径允许偏差约 $20 \sim 30$mm）、桩长有 ± 200mm 的偏差，如果没相当把握，指标别轻易提高。

② 某规范：基坑开挖过程中发现地质条件或环境条件与原地质报告、环境调查报告不相符合时，应停止施工，及时会同相关设计、勘察单位进行设计验算或设计修改后方可恢复施工。

发现不相符合不一定就要停工，首先需要看看不符到什么程度。原来认为是填土，开挖一看，是原状残积土，不符，但比预期要好，不需停工。

③ 某基坑规范有规定类似，要求遇到下列情况之一时应立即停止作业：施工标志被损坏。

施工标志是一种交通警示标志，放在施工场地前面合适的位置，用以告示路人及车辆前方正在施工，要减速慢行或绕行，以避免发生安全事故。发现施工标志被损坏了，应立即修复、替代或派人警戒而不是停工。

④ 某规范：基坑土石方开挖前，应对支护结构施工质量进行检验，合格后方可进行。

这条规定在某些地区是严格执行的。例如排桩支护，完成施工达到龄期后，进行低应变、抽芯等质量检验、质量评定，合格后方可进行土方开挖，所以这些地区的基坑工程工期一般较长。不过如果较真起来，一些著名的应用广泛的施工方法，如盆式开挖法、中心岛开挖法、半逆作法、盖挖逆作法等，因为部分土方不用等支护结构施工质量检验就已经开挖了，可能都涉嫌违反这条规定；再极端点，内支撑体系中，桩墙等竖向支护结构施工质量检验合格之前，向下开挖施作首层支撑都不太符合。

⑤ 某规范：基坑四周每一边，应设置不少于 2 个人员上下坡道或爬梯，不得在坑壁上掏窝攀登上下。

不分基坑大小、形状、深浅、支护结构类型、周边环境，都这么要求，呵呵。比如电梯井基坑，尺寸大多不超过 10m×10m，不需要每边都设置 2 条通道。"不得在坑壁上掏窝"，如果基坑放坡开挖、坡面较缓，窝内打上砂浆垫层，挺好的呀。大多工人都认为，掏窝通常比爬梯可靠、省力、安全、逃得快。

⑥ 某规范：山区挖填方工程不宜在雨期施工。

深圳坂田某工厂边坡项目，有挖填方，原计划 5 月份动工，到了 7 月份还没动静，问原因，说街道办说等过了雨期再开工，说是规范说的。于是看到了这条规定。雨期施工，应该注意什么事项、有什么特殊要求，规范可以提出来，直接建议不施工似乎因噎废食了。

⑦ 某规范：基坑使用期间使用单位应有专人对基坑安全进行巡查，每天早晚各 1 次。

一方面，如果变形已经稳定就没必要那么频繁巡查；另一方面，如果不太稳定一天增加个一两次也是可以的。

（2）几个因违反指令性规定而遭受处罚的工程案例

① 深圳盐田某基坑某次质量安全检查，检查组给了施工单位一个警示，原因是坡顶排水沟漏水，回流到基坑里了。处罚依据是某规范"严格防止基坑内排出的水和地面雨水倒流入基坑"。检查组认为按该条规定的严格程度完全可以给黄牌的，考虑到实际问题不是很严重，就只给了个警示。

② 某次广东省基坑质量安全大检查，检查到深圳福田某桩撑基坑工地，给了施工单位及项目经理各一个黄牌，原因是基坑土方开挖的分层厚度约 4m，不符合某规范"分层支撑和开挖的基坑，在内支撑以下挖土时，每层开挖深度不得大于 2m"。不得大于 2m，可能是担心一次性开挖较深会产生较大不均衡土压力，导致基坑支护结构受力不平衡。如果确实如此，支护结构能承受多大的不平衡力，也应

该是设计确定啊。退一步说，2m 厚的淤泥和 2m 厚的残积土产生的土压力，差得不是一星半点，不分土质均按 2m 要求不一定合适。

③ 深圳龙岗某工地有次雨后检查，工地很大，地面没有全部硬化，有些坑洼，有点滑，某安全监督员差点摔了一跤后，给了施工单位一个警示。项目经理觉得很委屈：为什么呀？监督员给他看了处罚依据，即某规范"场地内有洼坑或暗沟时，应在平整时填埋压实。未及时填实的，必须设置明显的警示标志"。监督员说：按这条规定的严格程度，应该给你一张黄牌，"警示"已经算是轻的了！

2. 讨论

作为一个资深项目经理，站在施工方的立场上说几句。

指令性规定中，针对施工方提的质量指标占了很大比例，最具代表性，是否合理，主要体现在施工质量检测数据与设计及规范指标的符合程度上。任何一起工程质量事故，施工质量不符合规范指标几乎都是当仁不让的第一选项，俨然已成为了思维定式；加上众多的工程质量纠纷，导致公众普遍认为国内施工质量偏低。深入分析，有时施工质量看起来偏低的真正原因可能是要求的质量目标偏高。近些年来新编制及新修编的规范中，施工质量指标呈越来越高、越来越严格及越来越保守趋势，但标准的最佳境界是适度而不是严格，对质量的把握应以适度为原则，脱离实际的所谓严格保证不了更高的质量。一定要摒弃越严格越好的想法，一定要摒弃哪本规范严格就遵守哪本、不同规范之间有矛盾时以严格的为准的想法。

质量指标是否合理，指令性规定是否过于严格，施工方最有发言权，但在规划、勘察、设计、施工、检测、监测、监理等工程建设各方组成的技术链中，施工方处于最底层、最弱势地位，极少有机会从事规范编制工作，也极少有机会能与规范编制专家交流，且人微言轻，一线的声音即使能够传到专家们耳中，也往往会受到质疑而很难被重视，某些合理要求也就很难反映到规范中。但越是这样，编制规范时越应该加强倾听一线的声音。我们盼望着，规范中的施工质量指标更为适度，指令性规定更为合理。

16.3　指导性规定

对指导性规定的期盼：不要过于细碎过于具体。

1. 几个条文及案例

（1）几个条文

① 某规范：基坑工程应在四周设置高度大于 0.15m 的防水围挡，并应设置防护栏杆，防护栏杆埋深不应小于 0.60m，距离坑边水平距离不得小于 0.50m。基坑上部排水沟与基坑边缘的距离应大于 2m。

基坑坡顶上一般要设置排水沟，设置了排水沟通常就不需要再设置挡水墙。采用排桩支护时，安全栏杆通常设置在桩顶冠梁上，埋深 0.2m 左右就已经足够牢靠，不一定不小于 0.60m，埋设牢靠才是目的；至于与坑边的水平距离，有空间就远一点，空间紧就近一点，"不得小于 0.50m"有时确实做不到。很多基坑坡顶空间都很窄，如果排水沟不允许紧邻坑边就没地方放了，"距离应大于 2m"有时确定做不到。

② 有规范给出了岩石锚杆挡墙的设计方法，如图 16-1 所示：

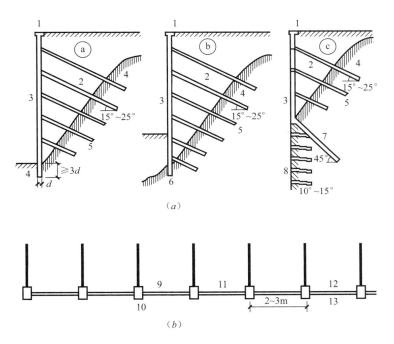

图 16-1 锚杆体系支挡结构

(a) 剖面图；(b) 平面图

1—压顶梁；2—土层；3—立柱及面板；4—岩石；5—岩石锚杆；6—立柱嵌入岩体；7—顶撑锚杆；
8—护面；9—面板；10—立柱（竖柱）；11—土体；12—土坡顶部；13—土坡坡脚

挡墙多种多样，规范只示范了其中一种，厚此薄彼有何深意吗？另外，老实说，图中有个细节本人没看太懂：为什么"7—顶撑锚杆"的倾角一定要 45°？

③ 某基坑规范：支撑立柱长细比不宜大于 25，间距不宜大于 15m。

假设地下室只有一层，开挖深度 6m，采用桩撑支护结构，立柱采用 ϕ600 钢管混凝土。这种设计在软土地区较为常见。假定立柱与水平支撑铰接，下端与立柱桩固接，则计算长度的调整系数取 0.8，立柱的计算长度为 4.8m，回转半径 0.15m，其长细比为 32，不满足规范要求。还有一种情况：较深基坑中，可采用桩撑与桩锚混合支护形式[2]，桩顶设置一层支撑以控制桩顶水平位移，下部设置数层锚索，这种情况下，立柱的长细比可能达到 80～100。木结构、钢结构、混凝土结构等规范中，长细比限值［λ］一般为 120～250，是基坑规范的 6～10 倍，基坑规范也许过于严格了。立柱的材料是混凝土还是钢构不清楚，与支撑及立柱桩的连接是固接、半固接还是铰接不清楚，所受力值范围不清楚，就贸然规定了个长细比限值，不一定合适。

深圳蛇口某基坑深约 16m，主要土层为残积土及全风化花岗岩，设计采用桩撑与桩锚混合支护，一层顶支撑＋三排锚索，顶撑主要作用是控制桩顶水平位移。方案通过了专家评审及审图公司审查，政府相关部门审查时认为，立柱长细比约 70，不满足基坑行业规范"立柱长细比不宜大于 25"的规定，审查没通过，最终增加了一层支撑。

④ 某些规范：钢管土钉宜采用外径不小于 48mm、壁厚不小于 3mm 的钢管制作，应沿土钉全长每隔 0.2～0.8m 设置倒刺和对开出浆孔，孔径宜为 10mm……

钢管土钉结构如图 16-2 所示。设置出浆孔的目的就是为了出浆，如果没浆出，还用不用设置？这个问题并不蠢。现场开挖经验表明，通常并不是每个出浆孔都在出浆。为了使每个出浆孔都能出浆，各出浆孔的截面积总和应小于进浆口面积、即钢管内截面积。按上述规定，钢管内径 42mm，出浆孔直径 10mm，钢管的截面积相当于 18 个出浆孔的截面积总和，即最多只有 18 个出浆孔有浆出。考虑到对开，只有 9 对出浆孔有浆出；如果按间距 0.2m 一对，钢管土钉只有约 1.8m 长是出浆的，其余长度是没浆的；即使按 0.8m 间距一对，也只有约 7.2m 长是出浆的，土钉再长，其余段是没有浆出的。如果没有浆出，还需要设置出浆孔吗？实际上，为了保持管内有一定的浆压，出浆孔的总面积应该小于进浆口面积，李象范教授认为，以不大于 40％为宜[3]。土钉较长时，为保证每个出浆孔都出浆，可减少数量、减小孔径及螺旋开孔，不一定全都对开。但孔径过小出浆不畅且易堵塞，一般应不少于 4mm。

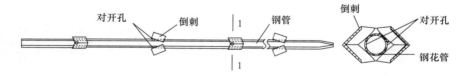

图 16-2　土钉管注浆土钉大样

⑤ 某规范：基坑边坡顶部水平位移和竖向位移监测点间距不宜大于 20m，每边不应少于 3 个；围护墙顶的水平位移和竖向位移监测点间距不宜大于 20m，每边不应少于 3 个；深层水平位移监测孔每边不应少于 1 个；围护墙内力监测点每边不应少于 1 个；每道支撑的内力监测点不应少于 3 个……

深圳南山区某电梯井基坑，尺寸约 5m×6m×5m，采用钢板桩＋钢支撑支护，基坑四周、钢板桩、钢支撑上密密麻麻布满了沉降、位移、深层位移、水位、支撑内力等各种各样的监测点。粗算一下，支护费用约 7 万元，监测费用约 23 万元。

专家组认为没必要：基坑四边，每边设置一个沉降兼位移监测点就够了，其他监测项目均可取消。设计者表示异议：这是按某国标的上述规定设置的，如果不执行，通不过公司内部及审图公司审查。该设计只是执行了该规范中的"应"条，每条边设了3个监测点；还没执行"宜"条呢，如果都执行了监测费用就要达到40万元了。最终专家建议不执行该规范。

⑥ 某规范：压实填土地基的填方分段施工时，接头部位如不能交替填筑，应按1∶1坡度分层留台阶。

东莞松山湖某住宅项目基础工程，有较厚填方。某次政府组织的质量安全大检查，检查组拟对施工方扣分处罚，原因是现场留置坡度约1∶1.5，违反了上述规定。施工单位技术负责人说1∶1.5坡度更安全了，为什么一定要按1∶1？检查人员说规范要求1∶1肯定是有理由的，理解不理解都要执行，最终还是扣了施工方3分。

⑦ 某规范：基坑开挖结束后，应在基坑底做出排水盲沟及集水井。

某规范：对坑底渗出的地下水，可采用盲沟排水。

有次参加深圳一个基坑设计方案评审，见图中坑底设置了排水盲沟。与会专家都奇怪为什么采用盲沟而不是明沟，因为从排水效果、施工难度、工程造价、工期等各方面来说，明沟都要好于盲沟。设计者解释说在深圳地区尚没有设计经验，所以完全按上述规范要求进行的设计。专家一致认为，就本地的基坑经验而言，使用明沟排水就可以了，不需要盲沟。

（2）几个因为不符合基坑规范中的指导性规定而修改设计的案例

① 佛山某基坑深度7m，地下水位埋深约5m，周边空旷，主要地层为粉质黏土，地下水位埋深约2m，原设计采用大放坡＋土钉墙支护。设计方案评审时当地专家认为，按相关规范，土钉墙适用于地下水位以上的基坑，故该基坑不能采用土钉墙。专家评审没通过，最终改为了复合土钉墙方案。

② 南京栖霞区某基坑最深约17m，周边空旷，主要土层为坡残积土，设计采用放坡＋锚杆复合土钉墙支护，设计者认为，按《复合土钉墙基坑支护技术规范》GB 50739，这种支护形式适用深度为18m，且还有约1∶0.8的坡率，方案可行；审图者认为，按《建筑基坑支护技术规程》JGJ 120—2012，复合土钉墙支护形式适用深度不超过15m，规范矛盾时以严格者为准。审图没通过，最终改为了桩锚方案。

③ 深圳宝安区某基坑深度6.5m，主要地层为冲洪积粉质黏土及残积砾质黏性土，采用锚拉钢板桩支护。基坑开挖到底后，因地下室调整，加深了1m，支护设计增加了1～2排锚杆加强。设计变更通过了专家及审图公司审查，但政府建设部门质量监督者不同意，理由是当地基坑规范规定，钢板桩适用深度小于7.0m，而该基坑加深后为7.5m，超过了钢板桩的适用范围，最终改为了中心岛开挖法施工。

2. 讨论

顾宝和大师把岩土工程技术工作分为两类[4]：第一类涉及的是大量重复性的技术规则，可以制订标准或规范，或者说可以标准化的，如常用的术语、符号、图形、计量单位、基本分类、钻探、取样、室内试验、原位测试、分析计算方法、施工方法、现场检测、工程监测等。由于岩土工程专业的固有特点，工程中充满着各种各样的不确定性，有些技术工作难以制订统一的技术标准，需由岩土工程师根据具体情况综合判断，因地制宜，因工程制宜，综合决策，这就是岩土工程的第二类技术工作。

本人理解，第一类工作即上述"死"工作，适用于指令性规定；第二类工作即上述"活"工作，是需要充分发挥技术人员主观能动性的，工程师的水平高低、能力强弱也因此而得到体现，适用于指导性规定。指导性规定的主要作用应该是告知及适当引导，帮助工程师做出最准确的判断及最佳决策，而不是制订一系列的条条框框去约束技术人员的独立判断、创造性思维及创新行为，更不能将规范规定作为这类工作的评价标准；指导性规定无需像指令性规定一样事事指示如何为之，此即"指导性"而非"指令性"规定的含义。指导性规定应该少而精，主要内容应为第2章张在明院士所言的"基本原理"与部分"应用规则"，即通常只做出原则性规定即可，不必都列有工程数据。规范不是手册、工具书或作业指导书，这类经验数据越具体，可实施性就越差；图画得越细微，通用性就越差。这些替决策者大包大揽的细致规定：①不符合岩土工程的客观规律。岩土工程存在着巨大的不确定性、差异性、个性、区域性，非常复杂，很难用一个标准去统一，如果硬要做出规定，只能是原则性的，必须要允许差异存在。②影响了技术人员的独立判断、分析与决策，束缚住了工程师的手脚，压抑了技术人员的创新，不利于工程师个人的进取和社会的总体技术进步。③有违责任自负的法律精神，因为如果规范有问题，法律上是使用者而不是规范或"执法者"承担责任的。

为了达到培养与鼓励的目的，指导性规定应从宽制订，约束用词尽量别采用"必须、严禁、应、不得、不应"等限制比较严格的词，主要采用"宜、可、不宜"等宽松的词，尽量去其约束性，像欧美标准一样，给工程师更大的自主性及自由量裁权。规范还需努力，我们期盼着指引性规定能够进一步宽松化。

16.4　执行规范

对规范执行者的期盼：执行规范别抠得太死。

1. 几个实例

（1）《深圳市建筑基桩检测规程》SJG 09—2015 规定："试验桩的承载力试验数量应按设计要求或相关规范确定，且同类型桩不应少于 3 根，当工程桩总数小于

50 根时，不应少于 2 根"。条文说明："本规程中的'同类型桩'，对混凝土灌注桩，由于桩径和设计承载力特征值分布丰富多变，通常宜按成桩工艺、桩端持力层等因素划分；类型划分时，在按桩端持力层类型划分的基础上，再划分到能区分承压、抗拔和水平三种受力状态为止，不再进一步按设计承载力特征值变化细分"。以前因为没有明确承载力是否作为划分"同类型桩"的依据，有的工程作为划分依据，导致静载试验桩数量太多，建设方叫苦不迭。该规范认为明确了"同类型桩"的划分方法，既能够保证检测结果的可靠性，又减少了试验桩数量为建设单位节省了工期及造价。

2015 年深圳公明某桩基工程，工程桩有 A、B、C 三种型号，桩长 6～18m 不等，A 桩数量 8 条，直径 0.8m；B 桩数量 10 条，直径 1.0m；C 桩数量 7 条，直径 1.2m，设计抗拔承载力特征值 1000kN。总桩数 25 条，最初计划静载抗拔试验 2 条，A、B 桩各 1 条。结果特征值均没达到 1000kN，于是扩大 2 倍抽检，共试验 6 条，A、B、C 桩各 2 条，结果 C 桩 2 条均合格，B 桩有 1 条合格。设计拟对 A、B 桩加固处理，认为 C 桩合格，不需处理。政府质量监督人员不同意，认为按上述规范，A、B、C 属于同类型桩，都要加固处理。专家组认为按规范原则，可以把 C 桩划分为不同类型桩，其承载力完全满足设计要求（只计算浮重几乎就能够满足），不需再处理，但意见最终未得到采纳。

（2）某基坑规范：挡土构件的嵌固深度……对单支点支挡式结构，尚不宜小于 0.3h；对多支点支挡式结构，尚不宜小于 0.2h（h 为基坑深度）。

基岩较浅时吊脚支护结构较为常见，即支护桩（墙）不伸入到坑底、嵌入位于基坑底面之上的基岩（一般为中风化、微风化坚硬或较坚硬岩石）一定深度（通常 0.5～2.0m）即可，此时无需嵌入基坑底 0.2h～0.3h，即这条规定不适用于这种情况。

2014 年南宁某基坑，深度约 19m，下半部分进入微风化砂岩 5～10m，原设计采用桩锚支护，支护桩嵌入基岩 3m，没有嵌入坑底。审图公司不同意，认为违反了上条规定，最终桩全部加长至满足上述规定。

（3）某基坑规范：重力式水泥土挡墙的长度应穿透软土层，不宜悬于淤泥或淤泥质土之中，嵌固深度不宜小于 0.8h。

这个案例与上例相似。公认水泥土挡墙是非主流支护形式，不怎么可靠，近些年国内工程应用不多。但这种形式也有用武之地，比如深厚软土中的浅基坑，周边环境要求不严时。这种条件下的基坑很难处理，没有太好办法，重力式水泥土挡墙算是较佳选择之一。

2004 年东莞市某基坑，淤泥厚度近 20m，流塑，基坑深度 3.2m，受红线限制不能放坡。多种方案比较之后，最终还是选择了这种形式。但墙底只能悬于淤泥中，如果穿透淤泥，一来技术上没必要，二来还不如采用排桩支护省钱呢。按当地规定这个基坑不属于深基坑，只需监理审查即可，监理公司不同意该方案，认为违反了上述规定。最终在技术专家的建议下，增加了一排预应力管桩。

（4）某规范：重力式挡墙墙后填土必须分层夯实。

2005 年深圳龙华某边坡挡土墙工程，设计图按该规范注明"墙后填土必须分层夯实"。施工单位现场采用了分层碾压法压实。政府建设质量监督部门到工地检查，认为施工工艺不符合设计要求，因为设计要求的是"夯实"不是"压实"。最终以设计变更的形式确认了该施工工艺。

（5）2010 年佛山禅城区某基坑深 4.8m，主要地层为填土及淤泥质土，基坑周边两侧邻近市政道路，另两侧较为空旷，原设计采用桩锚支护，两排锚索，设计抗拔力 150kN，基本试验证实可轻松达到。设计方案评审时当地专家认为按相关规范，锚杆锚固段不应设置在淤泥质土层中，评审未通过，最终改用排桩抛撑方案。

（6）2013 年本人主持的某次勘察报告中，因在相关地区有充足经验，锚杆锚固体与岩石的粘结强度值建议取 500kPa，超过了相关规范中的最大建议值（400kPa）。勘察报告审查者要求下调至 400kPa，态度很坚决，否则不给盖审查合格章。本人最终妥协。

（7）某规范：边坡工程爆破施工时，应监控爆破对周边环境的影响。

大多情况下是需要监控爆破对周边环境的影响，但如果在荒郊野外的周边啥也没有，就不一定需要了。有次参加某市政道路边坡工程方案评审，见设计概算数千万的爆破工程中监测费用高达数百万，与会专家都认为没必要花这么多银子监测爆破，因为爆破点周边数百米内除了花草树木山石土，再没其他什么东西。设计者说这是按规范要求，要执行。最终在专家建议下，减少了大部分监测点数量及监测次数。

（8）某规范：监测期间遇到下列情况应及时报警……支护结构坡顶水平位移速度连续 3d 大于 2mm/d。

2007 年某日中午接到工地紧急电话，说基坑位移超标报警，监测单位已上报到质监站，要赶快去处理。本人是设计人，觉得基坑深度不过 5m 多，有约 1∶0.6 的坡率又采用了土钉墙支护，会有什么问题呢？到现场一看，基坑挖了 3m 多深，局部填土较厚，支护不太及时，某个监测点位移速度连续 3d 大于 2mm/d，达到规范报警条件。但是累计位移也才 9mm，虚惊一场。

（9）《建筑地基基础设计规范》GB 5007—2011 强条规定，基坑工程设计应包括下列内容：基坑土方开挖方案。

都是"方案"二字惹的祸。一般来说，在职责分工上，开挖"方案"应是施工方的事，是施工组织设计或施工安全专项方案的一部分，设计方案中包括的应是开挖"要求"。2014 年深圳宝安区某政府投资项目基坑，设计方案中提出了土石方开挖要求，甚至示意了车道的位置及作法等，但施工方认为没有达到相关规范及政府文件中对"方案"的深度要求，违反了上述强条，以此为由要求建设方修改设计、大幅增加工程造价。建设方多次协商不成，召开几次专家会无果，无奈之下找到了

GB 5007—2011 规范编制组，请主编解释规范。主编认为该设计方案中的基坑开挖要求已经满足了该规范强条，出具了书面意见，施工方这才善罢甘休。

2. 讨论一下

上述案例，应该说规范条文没什么毛病，是执行者教条，规范抠得太死。如果都像这样只知道死抠规范、盲目地服从及机械地执行规范，再好的规范也执行不出好的效果。但这样的执行者不在少数，上述案例几乎包括了工程建设所有各方。

那么，规范应该怎么执行呢？本人觉得，岩土工程规范，尤其是指导性规定，应该是创造性执行而不是"严格"执行。岩土工程不是很严谨，方法、理论、数据及计算公式大多都是经验的或半经验半理论的，很多时候只能姑妄言之、姑妄用之，不管采用什么理论设计计算，半理论半经验公式也好，解析解也好，数值分析也好，计算结果最终还要靠经验复核。所以岩土工程强调概念设计，追求的是方向正确。刘建航院士有一句被广为传诵的语录：理论导向，实测定量，经验判断，检测验证；顾宝和大师也有一句被广为传诵的语录：不求计算精确，只求判断正确[5]。都是岩土工程的至理名言啊！

16.5   结束语

最后，引用两位名家的话结束本章及本书，并与同行们共勉。

高大钊教授[6]：正确地理解规范及正确地执行规范，需要对规范的理论基础和工程经验的支撑有比较深入的了解。

顾宝和大师[7]：处理岩土工程要避免陷入两个误区：一是迷信计算，还没有弄清楚公式的假设条件和工程实际情况，还没有弄清楚选用的参数有多大的可靠性，就代入计算，并对计算结果确信无疑；二是迷信规范，不去深入理解规范总结的科学原理和基本经验，盲目套用。这两个迷信都是盲目性的，与实事求是的科学精神是完全对立的。

顾宝和大师[8]：要自觉遵守规范，不要盲目执行规范：①切忌盲目套用规范。规范要遵守，但切忌盲目，盲目就是迷信，生搬硬套可能犯概念性的错误。②理性认识规范。与官员和公众不同，作为内行的工程师，不仅要懂得规范条文的字面意义，还要知道条文字面背后的原理，了解规定所依据的基本经验。理性认识规范必须练好内功，有了深厚的理论功底和丰富的工程经验，对规范自然会有正确而深刻的理解。③避免对规范过分依赖。规范具有权威性，应当自觉遵守，但不能将其绝对化、神圣化，陷入盲目和迷信。所谓自觉遵守，就是要在理解规范条文科学原理的基础上遵守。规范其实是一把双刃剑，一方面，规范是成熟经验的结晶，按规范执行可以保证绝大多数工程的安全、经济和合理；另一方面，过细的规定又使工程师有了过多的依赖，既不用耗费太多的精力和时间，又不担当风险，渐渐不思进取，降低了自己的素质。我们现在学习规范，使用规范，更切勿盲目，务必将规范的规定与岩土工程的基本原理和基本经验结合起来思考。④立足国内和放眼国际。应避免两个偏向：一是"闭关自守"，对外国标准规范不闻不问；二是盲目采用外国标准规范，甚至抛弃我国长期积累的经验。⑤规范要开放，可以自由讨论，自由批评[7]。规范的权威是无可置疑的，必须尊重和遵守，但将规范绝对化、神圣化也是不适当的、有害的。规范权威的维护，不是靠行政权力，而是靠自身的正确性和合理性，错误的条款总是站不住脚的。应当承认，各本规范的编制水平有高有低，错误和不当也并非个别。对规范内容有不同意见很正常，很自然，可以也应该开展平等的、公开的讨论，既有助于规范的完善，也有利于广大工程师对规范的理解和业务素质的提高。

参考文献

[1]　李广信著. 岩土工程 20 讲—岩坛漫话［M］. 北京：人民交通出版社，2007：88，8.
[2]　付文光，杨志银. 深圳地区基坑工程 30 年发展综述［J］. 岩土工程学报，2010，V32（s2）：563-565.
[3]　程良奎，李象范. 岩土锚固·土钉·喷射混凝土—原理、设计与应用［M］. 北京：中国建筑工业出版社，2008：535-536.
[4]　顾宝和. 岩土工程两类技术工作刍议［J］. 工程勘察，2011（1）：1-4.
[5]　顾宝和. 浅谈岩土工程的专业特点［J］. 岩土工程界. 2007（1）：19-23.
[6]　高大钊著. 实用土力学（上）—岩土工程疑难问题答疑笔记整理之三［M］. 北京：人民交通出版社，2014：25.
[7]　顾宝和编著. 岩土工程典型案例述评［M］. 北京：中国建筑工业出版社，2015：461.
[8]　顾宝和. 谈谈我的岩土工程"规范观"［J］. 工程勘察，2015（10）：1-6.

致　　谢

这本书写得，难度与辛苦远出预料。甘苦自知。

感谢、感恩。虽是惯例，确实发自内心。

首先感谢太太。没有太太就没有我的现在。此处略去数千字。

感谢母亲。有了母亲和太太的操持，近些年我几乎没做过什么家务，得以把精力都放在专业技术上，包括写书。

感谢女儿。女儿的自立自强使得我可以把家庭教育的时间都用来写作。

感谢所有的亲人们，特别是我的二嫂。我一直对亲密的家庭关系引以为豪。具体到本书，书中与日文有关的文献是太太帮着翻译的，与俄文有关的文献是外甥女帮着查找及翻译的。

感谢杨志银教授。杨教授是国内知名岩土工程专家，厚道、正直、无私、品德高尚，于我而言亦师亦兄亦上司，技术上给予了不少指导，发展上提供了不少机会，工作上赋予了很大自由。

感谢部门同事赵苏庆、王君柱、杨崇荣、罗小满、李鑫权、卓智慧、姜晓光、张兴杰、卓志飞、孙春阳、周凯、张俊峰、刘红霞、任晓光……我以他们的勤奋肯干、吃苦耐劳、团结一致、主动奉献、不断进取精神为骄傲。他们的支持是本书得以完成的基础。

感谢胡建林、张俊、吴旭君、蔡巧灵、吴忠诚、柳建国、吴平、张智浩、范景伦、程良奎、苏自约、钟东坡、刘钟、常正非、王罡等同事及前同事，这些地区甚至国内知名岩土工程及结构工程专家们为本书提供了不少帮助，尤其是胡建林，和他探讨技术常令我有耳目一新之感。

感谢冯申铎先生、程骐先生及高翔、王志人两位好友为本书审稿。冯老先生德高望重，技术造诣深厚；程骐先生横跨技术标准管理与岩土工程两个专业，实属罕见，可内行指导内行；高翔、王志人两位 70 后技术水平突出、实践经验丰富、理论扎实、勤奋肯干，是地区岩土工程界的精英及未来。他们不仅指出了书中的一些错误及不当，还提供了不少好的意见、建议及资料。和他们的讨论令我受益匪浅。

感谢李广信教授、高大钊教授、顾宝和大师、张在明院士等方家。书中一些观点受到了他们的启迪。

感谢深圳岩土工程界的同行们。深圳地区的岩土类型繁多，经济发达，工程界学术氛围宽松、包容、开放、竞争、友善、和谐、不包庇、不教条、无成见、尊重实践、应用水平高，是各种新技术的试验田，我深受同行们的恩惠，一并感谢。在深圳从事岩土工程是幸运的。

感谢建工出版社杨允先生。他是指路者，确定了全书的基调；还是个好刀客，把初稿内容砍去了一半多，令我肉疼不已。

感谢建工出版社王梅女士。我因答应她的另一件事没做完而感到内疚，有通过完成此书将功赎罪之意。

感谢涉及书中所述规范的那些专家们的宽容。曾为如何组织书稿大费周章，几次想先肯定一下主旋律、歌功颂德一番之后再行笑里藏刀之实，最终没有。也几次想请名家作序以充门面，但终有所顾忌而作罢。本书从头到尾几乎就没有正面肯定规范，其实倒不担心有关专家拍砖，实怕造成读者误解。再三重申：规范就算有不足，也仅白璧微瑕，瑕不掩瑜。

感谢一位不知姓名的专家。本书初稿完成后，他（她）偶然看到其中一篇后批评我：文体上缺乏学术涵养，不尊重不同观点，没有容忍他人失误或错误的雅量，不是学术争鸣，而是吹毛求疵。我面红耳赤，大汗淋漓，悔过自新，全部改写。该专家如果看到本书，请受我深深一拜。

感谢本书参考资料的作者们。难免会有资料引用错误或出处遗漏，绝不是有意为之，在此深表感谢及歉意。

最后，感谢所有关心我关注我的亲人、同事、同行、朋友、读者们。祝大家吉祥如意，幸福安康。